海洋经济可持续发展丛书

国家自然科学基金面上项目（41671119）资助
国家自然科学基金青年项目（41301129）资助
人文社会科学重点研究基地重大项目（16JJD790021）资助
人文社会科学重点研究基地辽宁师范大学海洋经济与可持续发展研究中心资助

区域海洋经济系统
对海洋强国战略的响应

王泽宇　韩增林　孙才志 / 著

科学出版社

北　京

内 容 简 介

区域海洋经济系统对国家海洋战略的响应主要指区域海洋经济系统在国家发展海洋经济的各种战略、政策的激励下所产生的一系列反应，如海洋经济发展模式的转变、发展速度的变化，海洋生态环境效益的转变，海洋产业结构的转变，海洋经济发展质量的转变等。本书把海洋生物界、海洋经济、陆域经济看成是一个以系统形式存在的有机整体，通过对海洋资源子系统、海洋环境子系统、海洋产业子系统、海洋科技子系统等各子系统之间因果关系的分析来描述整个区域海洋经济系统对国家海洋战略响应的动态变化过程，并提出建设海洋强国经济系统的分区调控对策建议，以期为我国沿海地区海洋经济发展提供决策参考。

本书可作为从事海洋科学、海洋区域规划、海洋区域政策、海洋市场区划等工作的决策者、研究者和管理人员的重要参考资料，也可为高等院校海洋地理类专业师生提供参考。

图书在版编目(CIP)数据

区域海洋经济系统对海洋强国战略的响应 / 王泽宇，韩增林，孙才志著. —北京：科学出版社，2017.7

（海洋经济可持续发展丛书）

ISBN 978-7-03-052767-7

Ⅰ.①区… Ⅱ.①王…②韩…③孙… Ⅲ.①海洋经济-区域经济发展-研究-中国 Ⅳ.①P74②F127

中国版本图书馆 CIP 数据核字（2017）第100431号

责任编辑：石 卉 程 凤 / 责任校对：何艳萍
责任印制：赵 博 / 封面设计：有道文化
编辑部电话：010-64035853
E-mail：houjunlin@mail.sciencep.com

科学出版社 出版
北京东黄城根北街 16 号
邮政编码：100717
http://www.sciencep.com
北京建宏印刷有限公司印刷
科学出版社发行 各地新华书店经销
*
2017 年 7 月第 一 版 开本：B5（720×1000）
2025 年 2 月第三次印刷 印张：15 1/4
字数：307 000
定价：**86.00元**
（如有印装质量问题，我社负责调换）

丛 书 序

　　浩瀚的海洋，被人们誉为生命的摇篮、资源的宝库，是全球生命支持系统的重要组成部分，与人类的生存、发展密切相关。目前，人类面临人口、资源、环境三大严峻问题，而开发利用海洋资源、合理布局海洋产业、保护海洋生态环境、实现海洋经济可持续发展是解决上述问题的重要途径。

　　2500 年前，古希腊海洋学者特米斯托克利就预言："谁控制了海洋，谁就控制了一切。"这一论断成为 18 ～ 19 世纪海上霸权国家和海权论者最基本的信条。自 16 世纪地理大发现以来，海洋就被认为是"伟大的公路"。20 世纪以来，海洋作为全球生命支持系统的基本组成部分和人类可持续发展的宝贵财富而具有极为重要的战略价值，已为世人所普遍认同。

　　中国是一个海洋大国，拥有约 300 万公里^{2}的海洋国土，约为陆地国土面积的 1/3。大陆海岸线长约 1.84 万公里，500 米^{2}以上的海岛有 6500 多个，总面积约 8 万公里^2；岛屿岸线长约 1.4 万公里，其中约 430 个岛有常住人口。沿海水深在 200 米以内的大陆架面积有 140 多万公里^2，沿海潮间带滩涂面积有 2 万多公里^2。辽阔的海洋国土蕴藏着丰富的资源，其中，海洋生物物种约

20 000 种，海洋鱼类约 3000 种。我国滨海砂矿储量约 31 亿吨，浅海、滩涂总面积约 380 万公顷，0 ～ 15 米浅海面积约 12.4 万公里^2，按现有科学水平可进行人工养殖的水面约 260 万公顷。我国海域有 20 多个沉积盆地，面积近 70 万公里^2，石油资源量约 240 亿吨，天然气资源量约 14 亿米^3，还有大量的可燃冰资源，仅在南海就有近 800 亿吨油当量，相当于全国石油总量的 50%。我国沿海共有 160 多处海湾、400 多公里深水岸线、60 多处深水港址，适合建设港口来发展海洋运输。沿海地区共有 1500 多处旅游景观资源，适合发展海洋旅游业。此外，在国际海底区域我国还拥有分布在太平洋的 7.5 万公里^2 多金属结核矿区，开发前景十分广阔。

虽然我国资源丰富，但我国也是一个人口大国，人均资源拥有量不高。据统计，我国人均矿产储量的潜在总值只有世界人均水平的 58%，35 种重要矿产资源的人均占有量只有世界人均水平的 60%，其中石油、铁矿只有世界人均水平的 11% 和 44%。我国土地、耕地、林地、水资源人均水平与世界人均水平相比差距更大。陆域经济的发展面临着自然资源禀赋与环境保护的双重压力，向海洋要资源、向海洋要空间，已经成为缓解我国当前及未来陆域资源紧张矛盾的战略方向。开发利用海洋，发展临港经济（港）、近海养殖与远洋捕捞（渔）、滨海旅游（景）、石油与天然气开发（油）、沿海滩涂合理利用（涂）、深海矿藏勘探与开发（矿）、海洋能源开发（能）、海洋装备制造（装）以及海水淡化（水）等海洋产业和海洋经济，是实现我国经济社会永续发展的重要选择。因此，开展对海洋经济可持续发展的研究，对实现我国全面、协调、可持续发展将提供有力的科学支撑。

经济地理学是研究人类地域经济系统的科学。目前，人类活动主要集聚在陆域，陆域的资源、环境等是人类生存的基础。由于人口的增长，陆域的资源、环境已经不能满足经济发展的需要，所以提出"向海洋进军"的口号。通过对全国海岸带和海涂资源的调查，我们认识到必须进行人海经济地域系统的研究，才能使经济地理学的理论体系和研究内容更加完善。辽宁师范大学在 20 世纪 70 年代提出把海洋经济地理作为主要研究方向，至今已有 40 多年的历史。在此期间，辽宁师范大学成立了专门的研究机构，完成了数十项包括国家自然科学基金、国家社会科学基金在内的研究项目，发表了 1000 余篇高水平科研论文。2002 年 7 月 4 日，教育部批准"辽宁师范大学海洋经济与可持续发展研究中心"为教育部人文社会科学重点研究基地，这标志着辽宁师范大学海洋经济的整体研究水平已经居于全国领先地位。

辽宁师范大学海洋经济与可持续发展研究中心的设立也为辽宁师范大学海洋经济地理研究搭建了一个更高、更好的研究平台，使该研究领域进入了新的发展阶段。近几年，我们紧密结合教育部基地建设目标要求，凝练研究方向、精炼研究队伍，希望使辽宁师范大学海洋经济与可持续发展研究中心真正成为国家级海洋经济研究领域的权威机构，并逐渐发展成为"区域海洋经济领域的新型智库"与"协同创新中心"，成为服务国家和地方经济社会发展的海洋区域科学领域的学术研究基地、人才培养基地、技术交流和资料信息建设基地、咨询服务中心。目前，这些目标有的已经实现，有的正在逐步变为现实。经过多年的发展，辽宁师范大学海洋经济与可持续发展研究中心已经形成以下几个稳定的研究方向：①海洋资源开发与可持续发展研究；②海洋产业发展与布局研究；③海岸带海洋环境与经济的耦合关系研究；④沿海港口及城市经济研究；⑤海岸带海洋资源与环境的信息化研究。

党的十八大报告提出，要提高海洋资源开发能力，发展海洋经济，保护海洋生态环境，坚决维护国家海洋权益，建设海洋强国。当前，我国经济已发展成为高度依赖海洋的外向型经济，对海洋资源、空间的依赖程度大幅提高，今后，我国必将从海洋资源开发、海洋经济发展、海洋科技创新、海洋生态文明建设、海洋权益维护等多方面推动海洋强国建设。

"可上九天揽月，可下五洋捉鳖"是中国人民自古以业的梦想。"嫦娥"系列探月卫星、"蛟龙号"载人深潜器，都承载着华夏子孙的追求，书写着华夏子孙致力于实现中华民族伟大复兴的豪迈。我们坚信，探索海洋、开发海洋，同样会激荡中国人民振兴中华的壮志豪情。用中国人的智慧去开发海洋，用自主创新去建设家园，一定能够让河流山川与蔚蓝的大海一起延续五千年中华文明，书写出无愧于时代的宏伟篇章。

"海洋经济可持续发展丛书"专家委员会主任

辽宁师范大学校长、教授、博士生导师

韩增林

2017 年 3 月 27 日于辽宁师范大学

前　言

　　后金融危机时代，海洋经济已经成为各国实现经济复苏的全新驱动力。从全球视角看，人类利用海洋的时代已经到来，沿海国家纷纷调整发展战略，把目光投向了海洋。我国是一个拥有 300 多万公里 ^{2} 海域、1.8 万公里海岸线的海洋大国，党的十八大报告中首次提出"建设海洋强国"，把海洋建设放在了前所未有的重要位置上。发展海洋经济是建设海洋强国的重要手段和基础；先进的海洋科技是建设海洋强国的技术保障，也是增强海洋开发能力的重要支撑；良好的海洋生态环境是建设海洋强国的重要目标之一；不断壮大的高级海洋人才队伍是建设海洋强国的必要依托和重要力量；完备的海洋法律和制度，以及不断提升的处理海洋问题或事故的能力，是实现海洋综合管理的重要条件和保障；健康而具有公众取向的海洋文化是进一步提升国民海洋意识、培育海洋教育活动、合力发展海洋事业的重要基础和力量源泉；强大的海上国防力量是解决海洋争议问题的力量保障。这些战略目标之间相辅相成、不可分割，对推动海洋经济持续健康发展，维护国家海洋主权、发展利益，实现全面建成小康社会目标，进而实现中华民族伟大复兴具有重大而深远的意义。我国是海洋大国，拥有广泛的海洋战略利益。经过多年发展，我国海洋事业总体上进入了较好的发展时期。近年来，我国海洋经济总量逐年攀升、海洋科技发展日新月异、海洋产业结构不断优化，但目前随着海洋资源开发深化，海洋生态环境破坏加剧、海洋经济发展质量和效益降低，加之我国海洋经济系统建设尚不完善，海洋经济可持续发展依然任重而道远。在我国实施海洋强国战略过程中，一方面要提高海洋资源开发能力、逐步扩大海洋开发领域，让海洋经济成为新的增长点；另一方面要强化海洋经济系统建设，丰富和完善海洋经济系统中产业经济系统、生态经济系统、社会经济系统和文化经济系统的内容，培育和壮大海洋战略性新兴产业，逐步将海洋经济增长点从传统产业转向新兴产业，积极推动传统产业的技术转化和优化升级，加快海洋产业绿色转型步伐，实现海洋资源的绿色、安全、高效利用；提升海洋生态环境保护能力，在海洋开发利用过程中，以尽可能小的资源消耗和环境消耗，获得尽可能大的经济效益和社会效益，实现海洋经济与海洋生态系统物质循环过程的和谐，维护海洋生态系统的健康发展。

海洋经济系统作为一个开放的系统，囊括自然、经济、社会系统的不同要素，其中国家战略及政策对海洋经济发展的影响较大，海洋经济发展战略和政策的不同倾斜程度直接影响海洋经济总量、海洋经济结构，以及海洋经济的社会、环境效益。尤其是改革开放以来，我国的国家战略和区域发展政策中，对海洋政策的不同倾斜程度，带来了海洋经济系统的不同发展阶段。近年来，我国海洋经济生产总值逐年上升，沿海区域海洋经济生产总值也不断增加，尤其是 2000 年以来发展十分迅速，在国民经济中的比重也日益增加。在海洋经济快速发展的形势下，我们也清醒地认识到，海洋经济发展还存在着一些需要解决的关键问题，如区域海洋产业结构趋同现象比较突出；部分海洋产业的发展对海域生态环境的影响较大；区域海洋经济差异显著，各种海洋经济区重复建设、盲目竞争阻碍海洋经济合力的发挥等。因此，在海洋强国战略下，区域海洋经济系统如何突破瓶颈因素实现可持续健康发展，如何实现区域海洋经济系统的均衡协调发展和地域的合理分工，是相关研究需要解决的重要和紧迫问题。合理测度区域海洋经济系统对海洋强国战略的响应程度，不仅有利于科学把握海洋经济开发尺度、实现海洋经济提质增效，同时也为新常态下我国海洋经济向质量效益型转变奠定了基础，更有利于全面深入地认识海洋、经略海洋，对指导我国海洋经济强省建设和实现海洋经济强国的奋斗目标具有一定的现实意义。

目前，国内外关于海洋经济发展的研究成果较为丰富，但多是对海洋产业结构、海洋资源利用、海洋空间布局、海洋经济可持续发展等的分析与测度，对区域海洋经济系统的研究仅仅处于起步阶段，大多从生态经济学或地理学的角度分析海洋经济系统，且局限在海洋经济系统中的某一个子系统问题上，研究视角单一，未能从整体上把握海洋经济系统演进机制，进而不能全面、深刻地认识区域海洋经济系统对海洋强国战略响应的时空格局演变规律及响应机理；在评价指标体系的构建及模型方法的选择方面都处于探索阶段，而且目前也没有成熟的、实用的定量化方法来度量区域海洋经济系统对海洋强国战略的响应程度，不能为区域海洋经济系统调控策略的制定提供科学依据。有鉴于此，本书综合运用经济地理学、区域经济学、产业经济学、统计学、空间计量经济学等多学科的理论与方法，从区域海洋经济系统的科学内涵、基本特征，以及对海洋强国战略响应过程及表现形式出发，对区域海洋经济系统对海洋强国战略响应程度进行了实证研究，并对其响应机理进行了探讨；在此基础上对典型区域海洋经济系统进行模拟预测，确定建设海洋经济强国和区域海洋经济强省的最佳路径，丰富了经济地理学的研究内涵和国内外对海洋经济系统研究的内容，开拓了海洋经济系统对海洋强国战略响应研究的新思路，在理论上将海洋经济系统的研究推向纵深。

本书共分为八章。第一章为导论，主要内容为本书的研究背景、国内外研究现状及相关理论概述。第二章为区域海洋经济系统发展现状，主要论述了天津、河北、辽宁、上海、江苏、浙江、福建、山东、广东、广西、海南的区位、海洋资源、海洋产业发展现状等。第三章是区域海洋经济系统的比较分析，从区域海洋经济系统综合实力、现代海洋产业发展水平、海洋经济系统转型成效三个方面进行了详细阐述。第四章是国家海洋战略的演变历程，分别论述了新中国成立至 20 世纪 90 年代末我国的海洋战略及 20 世纪 90 年代末之后我国的海洋战略。第五章是区域海洋经济系统对海洋强国战略响应的综合测度，内容主要包括评价指标体系的构建、方法模型的概述及区域海洋经济系统对海洋强国战略响应程度的时空演变分析。第六章是区域海洋经济系统对海洋强国战略的响应机理，分别从国家战略和区域发展政策、海陆统筹发展、海洋产业集聚、海洋资源禀赋及合理利用程度、海洋科技实力、海洋行政管理体制六个层面进行了阐述。第七章是基于系统动力学的区域海洋经济系统模拟，主要内容包括系统概况、区域海洋经济发展的系统特征、区域海洋经济系统的模拟等。第八章是区域海洋经济系统的分区调控。

本书由王泽宇、韩增林、孙才志合著。在撰写本书的过程中，辽宁师范大学海洋经济与可持续发展研究中心的研究生卢雪凤参与编写了第一章第一二节、第三章、第四章、第五章、第六章、第七章的内容，卢函参与编写了第一章第三节、第二章、第八章的内容，远芳、徐静、曹坤、梁华罡参与了本书的校对工作，张震、林迎瑞在本书的数据收集、数量计算方面提供了很多帮助，在此一并表示感谢。

由于本书涉及内容广泛，难免有不足之处，敬请从事这一领域的专家、学者和广大读者及时给予批评指正。

目　录

导　论

随着经济全球化的不断深入，海洋经济已经成为国民经济的重要组成部分和新的经济增长点。海洋经济作为一个开放系统，既受陆地经济的影响，又有海洋本身的特殊性，是相互联系和作用的有机整体。区域经济实力、产业结构、经济对外开放程度、国家战略和区域政策等对海洋经济系统的演进有着至关重要的作用，尤其是改革开放以来，我国的国家战略和区域发展政策对海洋经济的不同倾斜程度，带来了海洋经济系统的不同发展阶段。因此认清我国区域海洋经济系统对海洋经济发展的国家战略及政策的不同响应过程及表现形式，并深入探究区域海洋经济系统响应的变化规律与变化机制，对深入了解我国区域海洋经济发展水平，把握海洋经济发展方向和特点，促进新常态下海洋经济可持续发展具有重要意义。

第一节　研究背景

一、"海洋强国"战略的提出是我国经济发展重心向"海陆并重"转变的重要标志

建设海洋经济强国，对推动海洋经济可持续发展、维护国家海洋权益、增强综合国力具有重大而深远的意义。海洋不仅是人类生存和发展的基本环境，也是未来人类拓展发展空间的重要领域。我国是一个拥有 300 多万公里^{2}海域、1.8 万公里海岸线的海洋大国。然而受陆地中心文化的影响，我国长期以来注重对陆地资源的开发，轻视对海洋资源的开发及利用，尤其是海洋意识不强，海洋科技装备落后，开发和利用海洋及其资源的政策及措施不够健全，海洋的重要性一直没有得到足够的认识，延滞了我国推进海洋事业发展的进程。随着当前人口不断增多、陆域资源过度开采、环境污染持续加重、生存空间不断缩小等问题的凸显，开发海洋资源、发展蓝色经济成为世界各国竞争的焦点，全球各沿海国家纷纷把目光转向了海洋，将开发利用海洋资源提升到发展战略的高度，海洋成为世界各国提高综合国力和争夺长远战略优势的新领域。然而我国作为海洋大国，对海洋的探索及开发利用远不及美国、日本、韩国等海洋经济发达国家。随着一场以发展海洋经济为标志的"蓝色革命"正在世界范围内兴

起，我国对海洋的重视程度也不断提高，由海洋大国到海洋强国，成为适应国际竞争、增强综合国力的必然选择。海洋经济是建设海洋强国的基础和核心，党的十七大报告和"十二五"规划就曾明确提出要坚持陆海统筹，推进海洋经济发展，提高海洋开发、控制、综合管理能力；党的十八大将"提高海洋资源开发能力，发展海洋经济，保护海洋生态环境，坚决维护国家海洋权益，建设海洋强国"作为优化国土开发空间格局、推进生态文明建设的重要举措；《全国海洋经济发展"十二五"规划》中明确提出"科学开发利用海洋资源，积极发展循环经济，大力推进海洋产业节能减排，加强陆源污染防治，有效保护海洋生态环境，切实增强防灾减灾能力，推进海洋经济绿色发展"的重要目标，并再次提出"海洋可持续发展能力进一步增强"的总体目标；党的十八届五中全会明确提出要拓展蓝色经济新空间，坚持陆海统筹，壮大海洋经济。海洋经济在国民经济与社会发展中居于越来越重要的战略地位，随着近年来辽宁沿海经济带、天津滨海新区、河北沿海经济带、山东半岛蓝色经济区、江苏沿海经济区、长三角经济区、浙江海洋经济发展示范区、福建海峡西岸经济区、珠三角经济区、广东海洋经济综合试验区、广西北部湾经济区、海南国际旅游岛等沿海经济区建设先后上升为国家战略，我国海洋经济发展的步伐进一步加快，海洋经济总量逐年上升，各沿海区域海洋经济总量也不断增加。2015 年我国海洋生产总值达到 64 669 亿元，比 2014 年增长 7.0%，海洋生产总值占国内生产总值的 9.6%，海洋经济在经济社会领域起着越来越重要的作用。

二、"后金融危机时代"我国海洋经济系统各种矛盾交织和凸显

准确把握区域海洋经济系统发展规律是实现我国海洋经济系统均衡协调发展、优化海洋经济空间布局的迫切需要。当前，全球进入国际金融危机的经济复苏期，也是国际产业分工格局、贸易格局、世界经济重心与经济力量对比的重大调整期。发达经济体经济增长仍较为疲软，全球需求结构变动和各种形式的贸易保护主义抬头导致我国出口增长放缓，对我国沿海地区尤其是海洋经济的稳定发展影响很大。与此同时，我国经济步入以中高速增长为标志的"新常态"，不仅意味着经济增速放缓，更意味着经济增长动力的转换和经济发展方式的转变，"新常态"对海洋经济的发展提出了更高的要求。面对错综复杂的国内外环境，海洋经济系统如何抵抗内外部扰动，维持发展的稳定性，并能稳中

有进，对维持海洋经济可持续发展意义重大。我国海洋经济正处于向质量效益型转变的关键阶段，支撑我国海洋经济发展的要素条件正在发生深刻变化，海洋经济深层次矛盾凸显，突出表现为供给侧对需求侧变化适应性调整明显滞后，海洋产业体系存在"供给老化"，传统海洋产业结构所占比重仍然较大，部分产业产能过剩矛盾凸显，无效和低端供给过多，去产能与去库存压力不断持续；海洋高端装备制造、海洋生物医药、海水利用等海洋战略性新兴产业创新能力不强，增值型、高层次海洋新兴产业发展不足，所占比重较小，有效和中高端供给不足，新产品和新服务的供给潜力得不到释放，生产要素难以从无效需求领域向有效需求领域、从低端领域向中高端领域配置，降低了海洋经济的运行效率；我国海洋科技总体水平不高，对海洋资源开发的引领和支撑不足，海洋科技成果转化率低，技术要素集聚能力不强，海洋科技自主化程度不高，尤其是在海洋开发的关键技术及深海技术研发方面自主创新能力薄弱，创新驱动远不能适应海洋经济发展新形势的需要；由海洋资源过度开发和海洋经济快速发展带来的海洋资源枯竭问题凸显，近海生物资源衰退，渔业资源锐减，赤潮等自然灾害频繁发生，某些海域趋于"荒漠化"，海洋生态系统功能退化；区域海洋经济发展不平衡，各种海洋经济区重复建设、盲目竞争导致海洋经济生产效率低下，缺乏生产要素的自由流动与海洋经济的互补协作，海洋经济规模效应和比较优势不能得到充分发挥。因此，准确把握区域海洋经济系统发展规律是实现我国海洋经济系统均衡协调发展、优化海洋经济空间布局的重要保证，对于提高我国海洋资源环境承载力、加快海洋产业绿色转型步伐、促进海洋新兴技术与海洋产业的深度融合、引导海洋经济持续健康发展具有重要的现实意义。

三、当前区域海洋经济系统的综合测度、动态模拟及系统优化的研究尚薄弱

开展区域海洋经济系统对海洋强国战略响应的研究具有学术学理的急迫性。目前，对海洋经济的研究主要集中于海洋经济发展战略、海洋经济空间布局、海洋经济空间差异、海洋产业结构优化、海洋经济可持续发展等方面，研究成果较为零散，研究视角单一，缺乏从系统的角度对海洋经济的整体研究。由于国家战略及政策对海洋经济的发展影响较大，海洋经济发展战略和政策的不同倾斜程度直接影响海洋经济总量、海洋经济结构及海洋经济的社会、环境效益，

尤其是改革开放以来，我国的国家战略和区域发展政策中，对海洋政策的不同倾斜程度，带来了海洋经济系统的不同发展阶段。现有的研究或是对中国的海洋经济发展战略或是对区域海洋发展战略进行论述，缺乏国家战略对海洋经济发展的影响及区域海洋经济系统对国家战略及政策反馈的定量分析；或是对海洋经济区域差异的研究，主要以海洋经济总值为基准，采用泰尔指数、变异系数、洛伦兹曲线、基尼系数、威佛组合指数等对区域海洋经济发展的时空差异进行定量分析，具有明显的局限性，缺乏对区域海洋经济系统的综合测度、动态模拟及系统优化的研究，而准确把握区域海洋经济系统的发展水平是科学把握海洋经济开发尺度的重要保证。因此急需开展区域海洋经济系统对国家海洋战略响应的研究，基于海洋战略的演变对典型区域海洋经济系统提出调控目标和响应策略，进而实现区域海洋经济系统的均衡协调发展和合理的地域分工。

四、将国家海洋战略和海洋经济的发展结合起来研究区域海洋经济系统对海洋强国战略的响应，有利于促进海洋经济地理学科的发展

区域海洋经济系统是一个复杂的海陆复合巨系统，囊括自然、社会、经济系统的不同要素，要实现区域海洋经济系统的持续健康发展，就必须深入了解海洋生态、经济、社会各子系统及其所构成的复合系统内部各要素之间的相互联系与相互影响。以往海洋方面的研究大多偏重于海洋经济发展的某方面或海洋资源的可持续利用或海洋生态经济可持续发展或海洋经济产业某部门的发展，或海洋开发管理的政策措施，缺乏对海洋经济系统的整体认识，进而难以真正把握区域海洋经济系统对海洋强国战略的响应机理，且多以定性研究为主，对海洋经济发展的理论研究较为薄弱，导致区域海洋经济系统的研究缺乏理论支撑，不能适应海洋强国战略下我国区域海洋经济系统发展的需要。对此应该加强海洋经济地理学的基础理论研究，为区域海洋经济系统对海洋强国战略响应的研究奠定坚实的理论基础。海洋经济地理学作为一个新兴的、众多学科交叉的研究领域，综合了地理学、资源环境经济学、产业经济学、生态学等基础学科及其内部分支学科的理论知识，在提高人们的海洋国土意识、加强海洋资源的合理开发、深化海洋的管理体制、优化海洋的产业结构、加大海洋保护力度等许多方面都做出了极大贡献。随着海洋经济地理学研究深度的逐步推进和研究广度的逐步扩大，许多方面有待于深入完善，特别是海洋经济地理的理论研

究亟须加强。因此从理论层面分析区域海洋经济系统对国家海洋战略响应的过程及表现形式，探讨区域海洋经济系统对国家海洋战略响应的变化规律与机制，对丰富完善海洋经济系统理论和促进海洋经济学科发展具有一定的理论意义。

第二节 国内外研究现状

一、国外研究现状

进入 21 世纪后，经济学的发展、海洋技术的革新及人们对海洋经济认识的逐步深化，为海洋经济更深层次的研究奠定了一定的基础，这些研究成果对沿海国家海洋资源开发策略、海洋环境保护政策和海洋经济发展战略的制定具有重要的参考价值。目前，国内外学者对海洋经济进行了有益的探索，但从系统视角对海洋经济进行研究的相对较少。国外对海洋经济发展的研究主要集中在如下几个方面。

1. 海洋经济发展战略的研究

Mahan 等（2008）详细阐述了海权的重要性及其功能等，其提出的海权三环节与三要素理论成为后来国家海洋战略的理论基础；Gilpin 等（2007）分析了国际海洋政治中，国际与国内、政治与经济等各种因素和各种行为体的互动关系，并提出解释国际制度变化的四种理论模式。

2. 海洋资源可持续利用的研究

海洋资源是海洋开发活动的物质基础，海洋资源利用的状况和资源配置的效率直接影响海洋经济的可持续发展。海洋为人类开发活动提供的资源是有限的，海洋经济发展会增加对海洋资源的开采和使用，使资源存量不断减少。在海洋经济可持续发展的前提下，要正确处理海洋资源质量、可利用量与对经济的潜在影响之间的关系，必须充分考虑海洋资源的承载能力，重新认识对海洋资源的管理问题。Barange 等（2010）通过建立耦合协调模型来量化气候变化和人类活动对海洋资源可持续利用的影响，从时间、空间两个层面探究系统耦合的相似性和相异性，从而采取有效的调控措施缓解人类活动对海洋资源开发的影响；Samonte-Tan 等（2007）通过海洋产业的相关收入来衡量海洋资源的直接使用价值，通过海岸线及海洋渔业资源的保护来衡量海洋资源的间接使用价值，以直接使用价值和间接使用价值的总和来计算海洋资源的年度净收益，以此为依据来探讨海洋资源管理的有效方式，对不可再生的资源优化利用，对可再生资源的可持续利用，在不影响海洋生态过程完整性的前提下实现海洋资源配置均衡；在一定程度上，海洋经济发展能够推动海洋技术变革，而海洋技术创新能够抵消资源的损耗价值，对海洋资源的开发具有至关重要的作用，Managi 等（2005）通过实证模型来评估技术变革对海洋资源开发的影响，以此推断资源利用率随经济增长的变化趋势；Jonathan 和 Paul（2002）通过对海洋资源开发和管理的变化及趋势的预测指出波浪能等清洁能源和海洋可再生能源的利用将成为海洋技术进步的主要推动力，强调经济发展中技术和有效的决策机制对海洋资源开发管理的重要性。

3. 海洋产业绩效、海洋产业组织与布局的研究

Kwak 等（2005）通过投入－产出分析法研究了海运业与其他部门产业之间的联动效应，以及海运业产量、就业人员、供应量、价格变化等因素对国民经济的影响；Mcconnell（2002）从产业组织的成本效率和市场获得角度研究了德国造船产业如何保持在欧洲海洋产业中的定位问题；Baird 等（1991）通过对欧洲集装箱港口的研究，探讨集装箱运输体系的空间布局与形成机制；Bess 等（2000）研究了渔业所有权对新西兰海产品产业发展布局及其影响。

4. 海洋生态经济可持续发展的研究

海洋环境是海洋资源得以存在和发展的环境场所，海洋环境的好坏对海洋开发活动有重大影响，海洋经济的可持续发展能够从资金和技术上对海洋环境的保护给予强有力的支持；但粗放的经济增长又会导致海洋环境承载力的下降，危害海洋生物生存和发展的空间，对人类生产和生活产生不良影响，造成巨大的经济损失，因此探讨海洋生态系统的服务价值，加强海洋生态环境的保护是实现海洋经济可持续发展的根本。Crowder 等（2008）通过对评估报告的分析探讨海洋生态系统服务价值的效应，提出海洋生态系统的管理和海洋空间的规划要综合考虑不同海洋生物群落为人类提供生态服务的异质性，从自然科学与社会科学的视角考虑整个海洋生态系统的运行规律，采取集成的管理办法对人类活动进行有效监管，为海洋生态系统给海洋经济系统提供可持续的生态服务提

供有力保障；Verdesca 等（2006）从经济系统和环境系统之间能量交流的视角出发，构建了描述生态系统状态和其经济附加值之间关系的指标体系，并应用该指标体系对 Sacca di Gorolagoon 海岸带生态经济系统进行了可持续性评价；Day 等（2008）应用 GIS 空间分析技术对澳大利亚海域斯潘塞湾的生态分级进行了空间分布研究，为澳大利亚的海域治理提供了辅助支撑；Field（2003）以水文学、鱼类资源评估、渔业管理、经济学等学科为基础，从不同的角度探究海洋生态环境和海洋资源可持续利用之间的关系，指出良好的生态环境是海洋资源可持续利用的前提；Halpern 等（2012）从海洋经济系统自身可持续发展与调节全球气候、为人类提供福利的视角对沿海国家人海关系进行量化分析，通过建立包含不同指标的耦合系统对不同沿海国家的发展指数进行评价，研究结果对沿海国家改善资源管理政策，实现海洋资源、环境、经济的协调发展具有一定的借鉴意义。

5. 海洋经济系统脆弱性的研究

Chen 等（2014）通过脆弱性指数的变化情况来衡量气候和环境变化给捕鱼区带来的收入损失对渔民的影响及渔民的应对能力，进一步将渔民的适应能力融入对社会经济的影响分析，通过探求建立海洋自然保护区的手段，对海洋特殊区域进行环境保护来降低海洋渔业系统的脆弱性；Cheung 等（2005）通过模糊专家系统理论来估计人类活动对海洋渔业系统脆弱性的影响，并以模糊专家系统作为一种决策支持工具为海洋渔业管理和海洋保护规划提供理论依据。

6. 海洋综合管理的研究

Magnus 等（1998）通过对非洲东部沿海地区海洋经济发展状况的分析，指出海洋意识的缺乏和海洋综合管理的不足，导致沿海地区海洋资源无序开发、海岸线的侵蚀和海洋环境的污染，在此基础上提出要通过相关海洋部门的协调建立有效的海洋综合管理机制来保护海洋资源，改善海洋生态环境；Schaefer 等（2011）通过分析欧盟海洋综合管理政策的关键原则、实施过程及路线图，进一步讨论了海洋空间规划在实施海洋综合管理中的实际应用。

国外海洋经济发展的研究倾向于通过现象分析和框架引导，将西方主流经济学中的数量方法应用于构成经济总量现象的微观行为的分析中，在研究过程中强调海洋资源环境与海洋经济发展相互影响、相互制约的关系，用生物经济学模型、耦合协调度模型、投入－产出模型等将现实海洋经济问题归入海洋生态学和资源经济学领域，通过研究海洋生态系统、海洋资源的价值等将海洋经济研究的基础理论与实际应用结合，进而从不同层面指引海洋经济政策和战略的制定。

二、国内研究现状

国内对海洋经济发展研究的内容较为丰富，与此相关的研究，具体如下。

1. 海洋发展战略

研究主要集中于中国海洋经济发展战略、地方海洋经济发展战略的对策探讨，以及海洋科技发展战略、海洋文化发展战略、海洋环境保护战略的构建层面。例如，李靖宇等（2010）提出了"海上屯田"战略，并论证了辽宁沿海经济带上升为国家战略的区域价值；戴亚南（2007）采用产业梯度转移理论与增长极理论，余文金等（2009）采用主成分分析法和集聚法对江苏海洋经济产业发展现状和未来发展方向进行分析，探讨了江苏的海洋经济发展战略；李军（2010）对山东半岛蓝色经济区海陆资源开发战略进行了研究，在对海陆资源开发战略进行国际比较的基础上，探讨了山东海陆资源开发过程中的制约因素，提出了基于海陆资源开发的山东半岛蓝色经济区建设的战略思路；宋云霞等（2007）系统研究了新中国成立以来党和国家发展海洋经济的战略思想及实践，讨论了新阶段发展海洋经济的主要战略对策；马仁锋等（2015）通过对海洋科技发展状况的梳理，立足于海洋科技国际发展趋势，指出了未来研究的前沿领域；赵宗金（2013）从海洋文化与海洋意识的角度，探讨了海洋文化发展战略；吴险峰（2005）通过对我国海洋环境保护法律法规、政策措施的分析，提出了海洋环境保护的相应对策。

2. 海洋经济系统的研究

研究主要将海洋经济视为一个大系统，研究某一具体系统的评价、模拟、预测。狄乾斌等（2012）采用模糊数学中隶属度函数模型对海洋经济系统的协调发展进行研究；李博等（2012）基于集对分析法采用脆弱性研究范式对海洋经济系统进行研究；尹紫东（2003）、刘桂春等（2007）基于系统论对海洋经济及海洋功能进行了理论方面的探讨；杨山等（2011）、徐凌等（2006）、盖美等（2003）采用系统动力学方法对海洋经济的子系统进行了模拟、预测；彭飞等（2015）运用BP（人工神经网络）模型、障碍度评价公式等对我国海洋经济系统进行评分析；孙才志等（2016）采用数据包络分析方法、核密度估计模型分析了海洋经济系统脆弱性的动态演变规律；于谨凯等（2015）基于响应面法构建海域承载力视角下海洋渔业空间布局适应性优化模型，对山东半岛蓝色经济区海洋经济系统适应性进行实证分析；孙才志等（2015）在分析人海关系地域系统协同演化机制基础上，构建综合指标体系对中国沿海地区人海关系地域系统进行评价及协同演化进行研究；张远等（2005）对海岸带城市环境 – 经济系统的协调发展进行了评价。

3. 区域海洋经济发展的研究

区域海洋经济发展的研究是从区域海洋经济发展的角度，研究区域海洋经济理论发展状况、海洋经济发展差异演化、海洋经济可持续发展水平测度、海洋经济产业结构演变、海洋经济综合评价等。张耀光等（2015）在分析中国区域海洋经济差异特征基础上，提出了中国海洋经济类型区划分问题；韩增林等（2009）基于国家规定的循环经济评价指标体系，对辽宁沿海地区循环经济发展进行评价并提出相关政策；覃雄合等（2014）以代谢循环视角对环渤海地区海洋经济可持续发展进行了测度；楼东等（2005）对我国沿海各省（自治区、直辖市）主要海洋产业进行关联度分析，并对相关产业产值进行了预测；曹忠祥等（2005）以区域视角对海洋经济的实质与特性进行了分析；孙才志等（2013）对环渤海地区 17 个城市海洋产业结构进行了评价；王泽宇等（2014）基于集对分析法对沿海 11 省（自治区、直辖市）（港澳台地区数据未统计在内）的海洋综合实力进行评价研究；王双（2012）通过指标分析对我国沿海地区海洋经济进行区域分类，并归纳了不同类型区域特征；杨羽顿等（2014）通过测算环渤海各城市的陆海统筹度，应用核密度估计模型分析其时间差异变化趋势，对各城市陆海统筹现状进行分类研究，并进行空间差异分析。

4. 海洋产业结构与空间布局的研究

研究主要以我国沿海省区层面为例，对区域差异和各海洋产业的结构演进、空间布局进行分析，探讨发展海洋产业的具体途径、模式与对策等。张耀光等（2005）应用分析区域空间差异的定量方法对沿海 11 个省（自治区、直辖市）的海洋产业及海洋三次产业结构等的空间集聚与扩散程度进行分析；韩增林等（2003）分析了 20 世纪 90 年代海洋经济发展的地区差距及海洋产业空间集聚的变动趋势；王泽宇等（2015）界定现代海洋产业的范畴，通过可变模糊识别模型得出了现代海洋产业发展水平；于谨凯等（2009）基于"点-轴"理论对我国海洋产业的布局进行研究，提出我国海洋产业"三点群两轴线"的空间布局体系；陈国亮（2015）对中国海洋产业协同集聚的空间演化特征进行分析，并对影响因素进行了探索；赵亚萍等（2014）从海陆一体化视角出发，从不同层面探讨海陆产业的关联性，为有效整合海陆资源、合理布局海陆产业、加强海陆经济联系提供科学依据。

5. 海洋经济可持续发展的研究

海洋经济可持续发展的研究主要从海洋资源环境承载力、海洋经济可持续发展的理论探讨及综合评价等方面展开。张耀光等（2010）用海洋经济资源丰裕度指数探讨了海洋经济增长与资源产出的关系；狄乾斌等（2013）基于海洋生物免疫学理论对海域承载力进行了测度；孙才志等（2013）利用海洋资源承载力和海洋环境承载力评价模型与 Romer 模型，测度了环渤海海洋资源与环境的阻尼效应，并对其进行空间分异分析；王长征等（2003）从海洋资源可持续发展的角度对海洋经济可持续发展进行了定性分析；张德贤（2000）认为海洋经济可持续发展包括三层含义：海洋经济的持续性、海洋生态的持续性和社会的持续性；柯丽娜等（2013）运用可变模糊方法对海岛可持续发展进行评价；韩增林等（2003）运用主成分分析法和层次分析法对海洋经济可持续发展进行了定量分析；高乐华等（2012）综合生态足迹法、承载力模型和可持续发展度量法对海洋生态经济系统交互胁迫关系及其协调度进行验证测算。

第三节　相关理论概述

20 世纪 70 年代末，于光远、许涤等提出要建立"海洋经济"学科和专门的机构开展海洋经济研究后，以 1982 年中国海洋经济研究会的成立为标志，学者们从各自的专业角度对海洋经济展开了丰富的研究。国内关于海洋经济的定义经历了一个由窄到宽、由资源性到产业化、由陆域经济体系附庸到与其对立的新经济体系的演化过程。2006 年国家海洋信息中心以国家标准的形式提出了海洋经济的定义：海洋经济是开发、利用和保护海洋的各类产业活动，以及与之相关的产业活动的总和。

　　海洋经济具有整体性、综合性、公共性、高技术性和国际性的特点，主要是揭示海洋经济发展规律，其研究任务可以从微观和宏观两个层面来说明。从微观层面上，海洋经济学主要是研究企业和个人的生产、交换和消费问题；从宏观层面上，海洋经济学主要是研究海洋经济与国民经济及其他部门经济之间的关系问题，具体研究对象包括海洋经济活动中经济规律与自然规律的相互关系和作用形式、海洋产业发展的特点和规律、海洋区域经济发展的特点和规律、海洋资源配置和可持续利用等方面。

　　海洋经济学根据研究内容的侧重点，又能划分为若干个学科，目前主流的有海洋区域经济学、海洋资源与环境经济学、海洋产业经济学、海洋生态经济学、产权经济学和新制度经济学等。本书选取与海洋经济学息息相关的区域经济学、资源环境经济学、产业经济学、政治经济学作为理论基础与理论前提，进一步深入研究海洋经济、海洋产业、海洋经济竞争力、海洋经济可持续发展及其对海洋强国战略的响应。

一、海洋经济学相关理论

（一）世界海洋经济相关理论

　　海洋是沿海国家的重要自然资产，是拓展经济和社会发展空间的重要载体，更是世界各国进入全球经济体系的主要通道。"海洋经济等同于全球经济"已经得到普遍认同，发展海洋经济已成为各国经济战略的重要组成部分。自20世纪70年代开始，各沿海国家纷纷着力发展海洋经济、关注海洋经济研究、推动海洋经济理论研究。在这个过程中，各国通过法律文件和政府报告，界定了海洋经济的概念。对主要沿海国家的海洋经济的比较研究说明，各国对海洋经济的重要性虽有共识，但对海洋经济的内涵和外延却存在较大差异，而且海洋经济的统计范围、统计口径、统计指标也不尽一致。从几个主要沿海国家海洋经济海洋产业的定义来看，其来源有国家法律，如日本的《海洋基本法》；有国家标准，如我国的《海洋及相关产业分类》；有国家海洋发展战略，如美国和加拿大；也有国家统计部门，如新西兰；还有科学研究成果，如澳大利亚。

　　对比分析主要沿海国家海洋经济海洋产业内涵，总结如下。

　　（1）美国。海洋经济是指来自海洋及其资源为某种经济直接或间接地提供产品或服务的活动，海洋活动主要包括海洋建筑业、海洋生物资源业、海洋矿业、海洋船舶修造业、旅游与休闲娱乐业、交通运输业、海洋研究与教育、海洋保险和海洋工程与设计等。

（2）加拿大。海洋产业是指在加拿大海洋区域及与此相连的沿海区域内的海洋娱乐、商业、贸易和开发活动，以及依赖于这些产业活动所开展的各种产业经济活动，不包括内陆水域的产业活动。

（3）澳大利亚。海洋产业是利用海洋资源进行的生产活动，或者是以海洋资源为主要投入的生产活动。《澳大利亚海洋产业发展战略》将海洋经济活动划分为水产养殖、新兴产业、渔业、海洋油气、造船、海上运输服务业、支持产业与"高技术"产业、服务业、旅游与娱乐九大产业。

（4）新西兰。海洋经济由产业和地理共同界定，是指发生在海洋或利用海洋而开展的经济活动，或者为这些经济活动提供产品和服务的经济活动，并对国民经济具有直接贡献的经济活动的总和。

（5）日本。海洋产业定义为"对海洋开发、利用和保护的活动"。日本海洋经济分为三类，即 A 类海洋产业、B 类海洋产业和 C 类海洋产业。其中 A 类海洋产业的业务活动主要发生在海上。例如，海洋渔业、航运业、拖船业、矿物、石油和天然气开发、污染防治和海洋工程建筑等。这些活动不只发生在水面，也可能发生在水中、海底和底土。B 类海洋产业主要为 A 类海洋产业提供产品和服务。例如，造船、钢铁和电子工业等。C 类海洋产业的产品由 A 类海洋产业提供，并将其转化为自己的产品和服务。例如，水产品加工业和海洋化工业等。这些产业购买并接受 A 类海洋产业的产品和服务，并将其转化为自己的产品（朱凌，2011）。

（二）我国海洋经济相关理论

伴随海洋经济的发展和深入，相关学者的研究重点由对海洋开发利用中的局部问题研究上升到全局问题研究；由对海洋经济发展的现实对策研究上升到运用经济理论对海洋经济理论基本框架、体系等原理问题的探讨。从一定意义上可以说，研究方向、研究内容、研究形式的转变，标志着海洋经济理论研究的质的飞跃。1978 年，著名经济学家于光远首次提出"海洋经济"这个概念。在全国哲学和社会科学规划大会上，他还提议建立一个新的学科——"海洋经济学"及海洋经济研究所。尽管这样，海洋经济也没有一个系统、完整的定义，直到 20 世纪 80 年代初才开始有关于海洋经济的系统研究。在海洋经济学的理论体系研究过程中，一些学者根据自己的理解，提出了自己的看法，具有代表性的观点有以下几种。①权锡鉴认为，海洋经济学是介于理论经济学与海洋自然科学之间的边缘性学科。②孙斌、徐质斌在所著《海洋经济学》一书中认为"海洋经济学是以经济学、政治经济学和生产力经济学为理论基础的""一门应用经济学""不能把海洋经济学划入边缘经济学种类""因为它是把理论经济学的基本原理应用于海洋资源开发与利用的实践，在实践的基础上进行经济总结、理论抽象与揭示客观规律，并为海洋资源的开发利用和保护服务的学科"。③陈万灵认为"海洋经济学是以海洋资源为研究对象，以海洋空间及其海洋资源的开发利用过程为研究领域，探索海洋资源开发利用活动的特点及其经济规律"。他还进一步指出，海洋经济学不仅是应用经济学，而且还属于资源经济学。④张德贤等撰写的《海洋经济可持续发展理论研究》，从人类社会与海洋系统的交互作用出发，运用可持续发展理论、现代经济学理论和方法对海洋经济可持续发展中的理论问题进行了探讨，建立了海洋经济可持续发展理论框架，资源的代际利用模型，海洋经济的宏观与微观、静态与动态配置模型，海洋高新技术产业化过程的协同学分析等。

二、海洋产业布局相关理论

（一）"点－轴"系统理论

1984 年 10 月在乌鲁木齐召开的"全国经济地理和国土规划学术讨论会"上，著名经济地理学家陆大道首次提出了"点－轴"系统理论，并以"工业的点轴开发模式与长江流域经济发展""二〇〇〇年我国工业生产力布局总图的科学基础"为题分别于 1985 年、1986 年发表在《学习与实践》和《地理科学》上。随后，陆大道在对我国宏观区域发展长期研究与深入实践的基础上，进一步阐述了"点－轴空间结构的形成过程""发展轴的结构与类型""点－轴渐进式扩散""点－轴－聚集区"等多方面内容，发表了一系列研究成果，至 20 世纪 90 年代形成了完整的"点－轴"系统理论体系。

"点－轴"系统是点轴开发模式在地域空间上的组织形式，强调的是社会经济要素在空间上的组织形态，包括集中与分散程度，合理集聚与分散和最满意或适度规模，由"点"到"点－轴"再到"点－轴－集聚区"的空间扩散过程和扩散模式。将"点－轴"理论用于经济带的形成和演进是一种对空间结构的解释，经济带的组成要素首先是轴，其次是连接在轴线上的点，再次是经济带的辐射范围，其空间形态的形成过程是先出现经济发展水平不同的点，然后出现不同层次的轴，最后才是域面。海洋经济"点-轴"形式的开发，能促进资源的有效循环、高效使用，使海洋产业结构的优化同空间布局的合理化有机结合起来，构成综合海洋经济核心区。我国提出了多个上升为国家战略的沿海经济开发带和海洋经济区，包括天津滨海新区、辽宁沿海经济带、山东半岛蓝色经济区、江苏沿海地区、浙江海洋经济示范区、福建海峡西岸经济区、广东海洋经济综合试验区、北部湾经济区等（陆大道，1986；陆大道，1991；陆大道，2002；陆大道，2003）。

（二）区位论

区位论既是产业布局理论，也是一种重要的区域理论，它研究产业区位与资源要素的空间分布关系及其空间结构特征，对海洋经济学的发展影响很大。其中，杜能的农业区位论和韦伯的工业区位论在研究海岸带经济布局中意义重大，特别是1934年高兹提出的海港区位理论，成为海洋产业布局中最为直接的理论支撑。

1826年，杜能的《孤立国》一书出版，采用孤立化的研究方法，提出了农业圈层理论。杜能认为，农业生产的集中化程度与离中心城市的距离成反比。为此，他设计了孤立国六层农业圈：第一圈层为自由农作圈，主要生产蔬菜、牛奶；第二圈层为林业圈，主要生产木材；第三圈层为轮作农业圈，主要生产谷物；第四圈层为谷草农作圈，主要生产谷物、畜产品，以谷物为重点；第五圈层为三圃农作圈，主要生产谷物和畜产品，以畜牧为重点；第六圈层以外是荒原。杜能的理论论证还提出了农业生产空间差异的形成和模式，海岛的开发利用也与其有相似之处。在海岛的陆域存在着林业、耕作的生产，在环岛海域存在滩涂养殖、浅海养殖、深海养殖等海洋农牧化的生产，与海岛城镇之间同样存在杜能圈的特征。除此之外，在海岸海洋这一空间内，滩涂种植业、海水灌溉农业及水中海洋农牧化生产也大体符合杜能的农业区位论。造船工业中的工业区位论特征最为明显，中国的造船工业多分布在江河沿岸地区。

1909年，阿尔费雷德·韦伯《工业区位论》一书出版。在这部巨著中，韦伯系统建立了"工业区位论"的概念、原理和规则，严谨地论述了一般的工业区位论理论。他认为，运费对工业布局起决定作用，工业的最优区位通常应选择在运费最低点上。劳动费用和运费一样是影响工业布局的重要因素。同时，聚集地也会对工业最优区位产生影响。工业区位论在造船工业中的应用具有明显的特征，中国的造船工业以前多数布局在江河沿岸地带，以上海而言，它是中国主要造船工业基地，占全国造船产值和产量的比重较大，为此造船业能跻身上海六大支柱产业（徐敬俊等，2010）。1934年，高兹提出"海港区位论"，创立了"总费用最小原则"，追求海港建设的最优位置，认为理想的海港位置应该能使由腹地经陆地到达海港，再经由海上到达海外诸港的总运费压缩至最低。同时，建港本身的投资应该是最小的。这一理论为海港区经济发展提供了重要启示，确定了港口与腹地相互依存、有机统一的重要关系（吴传钧等，1989）。

（三）产业集群和产业集聚理论

20世纪80年代以来，新的产业集聚原理对于经济发展的重大意义得到了国际上学界、商界和政界的空前重视。"竞争战略之父"迈克尔·波特1990年在《国家竞争优势》一书中首先提出"产业集群"概念，为人们提供了一个思考、分析国家和区域经济发展并制定相应政策的新视角。1998年，波特认为，产业集群是在某一特定领域内互相联系的、在地理位置上集中的公司和机构的集合。产业集群包括一批对竞争起重要作用的、相互联系的产业和其他实体。产业集聚是指属于某种特定产业及其相关支撑产业，或者属于不同类型的产业在一定地域范围内的集中，形成强劲、持续竞争优势的现象（苗长虹等，2011）。在海洋经济发展过程中，海洋产业的集聚效应也表现得极为明显。河北曹妃甸就是一个典型的产业集聚类型。由于北京一些重化工业外迁，为曹妃甸承接京津产业转移、发展临港重化工业提供了机遇。根据开发建设规划，曹妃甸将形成以大码头、大钢铁、大化工、大电能等"四大"主导产业为核心、相关工业组成布局、三次产业协调发展的强大产业集群。目前海洋产业中已形成的产业群包括港口群、海洋农牧化生产集群、船舶制造产业群等。

（四）中心-外围理论

1966年，美国著名城市与区域规划学家约翰·弗里德曼以中心体系与区域经济发展不平衡思想为基础，在其专著《区域发展政策》中提出了中心-外围理论，在考虑区域经济发展不平衡长期趋势的基础上，将经济系统空间结构划分为中心和外围两部分，共同构成了一个完整的空间二元结构。中心区发展条件优越，经济效益较高，处于支配地位，而外围区发展条件较差，经济效益较低，处于被支配地位。因此，经济发展必然伴随着各生产要素从外围区向中心区的净转移。在经济发展初始阶段，二元结构十分明显，最初表现为一种单核结构，随着经济进入起飞阶段，单核结构逐渐被多核结构替代；当经济进入持续增长阶段，随着政府政策干预，各区域优势充分发挥，经济获得全面发展。该理论对制定区域发展政策具有指导意义，但其关于二元区域结构随经济进入持续增长阶段而消失的观点存在很大争议。

三、海洋产业竞争相关理论

产业竞争力理论可以追溯到古典学派的经济理论，深刻阐释了国际分工前提下各国之间绝对优势或相对优势的形成机制，奠定了竞争优势理论的基础。

（一）新经济增长理论

自20世纪80年代中期以来，随着以罗默和卢卡斯为代表的"新经济增长理论"的出现，经济增长理论在经过20余年的沉寂之后再次焕发生机。新经济增长理论的重要内容之一是把新古典增长模型中的"劳动力"的定义扩大为人力资本投资，即人力不仅包括绝对的劳动力数量和该国所处的平均技术水平，而且还包括劳动力的教育水平、生产技能训练和相互协作能力的培养等，这些统称为"人力资本"。美国经济学家保罗·罗默1990年提出了技术进步内生增长模型，他在理论上第一次提出了技术进步内生的增长模型，把经济增长建立在内生技术进步上。技术进步内生增长模型的基础是：①技术进步是经济增长的核心；②大部分技术进步是市场激励导致的有意识行为的结果；③知识商品可反复使用，无须追加成本，成本只是生产开发本身的成本。

新经济增长理论强调经济可以实现内生增长，内生技术进步是经济增长的源泉，知识和人力资本存在溢出效应，国际贸易和知识（技术）扩散对经济增长具有重要作用等。这些独特理论视角与丰富政策内涵对海洋经济实践无疑将产生广泛而深远的影响。海洋经济系统作为外向型巨系统，相比内陆经济受外来影响更为直接和敏感，国际贸易和知识的扩散作为海洋经济增长的重要因素，正在产生越来越深远的影响。在海洋产业的进一步竞争优化过程中"人力资本"

这一重要因素已成为海洋产业竞争的关键。

（二）产业竞争优势理论

古典产业竞争优势理论发端于亚当·斯密创立的绝对优势学说，完善于大卫·李嘉图的比较优势说。两者都假定：企业运行于完全竞争的市场结构；劳动作为唯一的生产要素，在各国之间不流动；企业规模报酬保持不变。基于这些假设，斯密指出，各国生产同一产品的劳动熟练程度是有差别的，因而各国的劳动生产率就有高低之分，而劳动生产率的不同又导致各国单位产品的成本差异。劳动生产率较高，从而单位产品的成本较低，则该国在这项产业上就占据绝对优势。在斯密看来，劳动生产率优势是产业竞争优势的唯一源泉。因此，一个国家应当专门化地生产有绝对成本优势的产品，用来交换本国绝对成本劣势的产品。

1990 年，美国哈佛大学迈克尔·波特教授发表了其著作《国家竞争优势》，在学术界引起强烈反响，并受到多个国家政府的高度关注。波特认为，国家是企业最基本的竞争优势，因为它能创造并保持企业的竞争条件。国家不但影响企业所做出的战略，而且也是创造并延续生产与技术发展的核心。产业是研究国家竞争优势时的基本单位，波特强调，"国家竞争优势"从根本上决定了一国特定产业国际竞争优势的强弱。某个产业的国家竞争优势取决于四个关键因素，即生产要素，内需条件，相关产业和支持性产业，企业结构、战略和同业竞争。这四个要素构成了该产业国家竞争优势的"钻石体系"。基于此，波特将传统产业竞争力理论发展为动态的国际竞争优势。传统产业竞争力理论认为竞争优势来源于比较优势，而且是由资源禀赋决定的，这是静态的分析。波特的国家竞争优势理论认为，国家的竞争力和财富是创造出来的，尤其强调决定产业竞争优势的各个要素是创造出来的，因此波特的理论可以看成是动态的国际竞争优势理论，政府应当扮演激励者的角色，通过制定政策来鼓励或促使企业提高创新能力，并促使产业迈向更高的竞争阶段。波特的理论区分了"竞争优势"与"比较优势"，强调动态的竞争优势，强调国内需求的重要性，强调国家在决定竞争优势方面的能动作用，划分了国际竞争的发展阶段。

影响海洋经济发展的重要问题很大层面上是发展环境问题，但这方面并没有引起学术界应有的关注。许多专家学者从宏观角度来探讨竞争力和经济发展问题并已取得很多结论，但人们同时也逐渐认识到这些宏观改革虽然很必要，但并不充分。微观层面的问题与宏观层面的问题一样重要，甚至可以说更重要，未来应加强微观基础层面的海洋产业竞争力研究。在今后我国关于海洋产业竞争力的讨论中，市场、政府应当扮演什么角色，如何更好地发挥作用，如何在动态层面分析海洋产业竞争力有待学者们进一步探索。

（三）创新优势理论

以熊彼特理论为基础的技术创新理论认为，竞争力优势主要是以技术组织的不断更新为依托；以波特为代表的系统性竞争力优势理论认为，竞争力在于技术创新，更在于国内各方面经济资源和要素分工协作的体系化；以道格拉斯·诺斯为代表的制度创新竞争力优势理论认为，竞争力在于通过制度创新营造促进技术进步和发挥经济潜力的环境，强调竞争力优势是制度安排的产物。

（四）产业升级理论

产业升级理论的两个重要组成部分为产业结构变动趋势论和钱纳里发展模型。前者由美国经济学家库兹涅茨提出，描述了三次产业生产总值和劳动力数量变动之间的经验性规律。在长期的跟踪观察中，库兹涅茨发现上述两个指标在第一产业中同时下降；在第二产业中生产总值上升，劳动力数量下降；第三产业生产总值出现不规则波动，但劳动力数量出现稳步上升。由此可得到三次产业的发展规律，即随着经济的发展，第一产业对国民经济的重要程度将随着劳动力向第二、第三产业的转移而逐渐降低，第二、第三产业对国民经济的影响则逐渐增大。钱纳里发展模型则是在库兹涅茨的成果上发展而来的。通过将收入水平和人口作为外生变量纳入经济模型当中，钱纳里得到了与库兹涅茨相似的结论，即随着国民收入的增加，产业发展重心将由第一产业向第二、第三产业过渡。与此同时，居民食品消费下降，资本存量及其他消费将会增加。在进出口方面，初级产品的出口量将下降，制成品出口量将上升。据此，钱纳里将产业发展的三个阶段划分为初级产品生产阶段、工业化阶段和发达经济阶段。

（五）产业生命周期理论

Gort、Klepper 等经济学家率先开创了产业生命周期理论，随后该理论在 Ararwal、Graddy 等学者的研究中获得了进一步发展。产业生命周期认为，产业的发展经过了新兴时期、成长时期、成熟时期、衰退时期等四个时期，产业的这一发展过程被形象地称为"产业生命周期"。

新兴时期，是指一个新兴产业的出现时期，该时期内由于新产品刚刚投入市场，处于小批量生产使用阶段，研发和生产成本高、宣传费用大，所以该产业此时处于亏损状态；成长时期，指该产业的新产品逐步为客户所接受并进一步扩大的销售阶段，由于产量和销量的大增，生产设备和技术的逐步成熟，此时该产业逐步扭亏为盈；成熟时期，是指该产业生产的产品已经稳定并处于长效阶段，此时产品销量大、技术稳定、劳动率大大提高，成本降至最低并且主导企业的经营也逐步趋于合理，此时该产业的利润水平最高，但产品销售的增长率依然低于成长时期的增长率水平；衰退时期，是指该产业的产品销量停滞甚至逐步下降，具有优势的替代品出现，从而使得产业的发展出现萎缩。

为制定符合海洋经济各产业发展的政策，首先需要正确认识海洋经济的各产业处于生命周期理论的哪一个阶段。就一般情况而言，高新技术产业等新兴产业要尽量采取支持和保护政策，促进该产业从新兴时期尽快向成长时期过渡。对处于成长时期或成熟时期的产业应该要重点进行扶持，扩大产业的整体规模。对处于衰退期发展萎缩的产业就需要采取限制其发展的政策。

四、区域差异理论

（一）循环累积因果理论

瑞典著名经济学家冈纳·缪尔达尔在其 1957 年出版的《经济理论与不发达地区》一书中提出了"循环累积因果理论"。该理论认为，经济发展过程在空间上并不是同时产生或均匀扩散的，而是从一些条件较好的地区开始，一旦这些区域由于初始优势而比其他区域超前发展，这些区域就通过累积因果过程不断积累有利因素继续超前发展，从而进一步强化和加剧区域间的不平衡，导致增长区域和滞后区域之间发生空间相互作用。由此产生两种相反的效应：一是回流效应，表现为各生产要素从不发达区域向发达区域流动，使区域经济差异不断扩散；二是扩散效应，表现为各生产要素从发达区域向不发达区域流动，使区域发展差异缩小。在市场机制的作用下，回流效应远大于扩散效应。基于此，缪尔达尔提出了区域发展的政策主张：在经济发展初期，政府应当采取不平衡发展战略，优先发展有较强增长势头的地区，以寻求较好的投资效率和较快的经济增长速度，通过扩散效应带动其他地区的发展。但当经济发展到一定水平时，也要防止循环累积因果造成贫富差距的无限扩大，政府应采取一些特殊政策来刺激落后地区的发展，以缩小经济差距。

（二）非均衡增长理论

区域经济非均衡发展模式主要是指集中资源投向效益较高的区域，重点推进某一区域生产力布局，以谋求某些区域经济的高速增长。由于区域经济均衡发展理论不能有效地解释现实中地区经济发展有快有慢、有先有后的区域经济二元结构，1950年以来西方兴起的区域非均衡增长理论对之提出了挑战。区域非均衡增长理论认为二元经济条件下的区域增长必然伴随一个非均衡的过程，在市场机制下经济增长依赖于区域间的非均衡性。目前在一些发达国家，以及包括中国在内的发展中国家，主要应用的有增长极模式、循环积累因果理论、区域经济梯度转移理论和"中心－外围"理论等。

1958年，美国著名发展经济学家赫希曼在《经济发展战略》一书中提出了非均衡增长理论，他认为经济进步并不同时出现在某一处，其巨大的动力将使经济增长向最初的出发点集中，增长极的出现必然意味着增长在区域间的不平等是经济增长不可避免的伴生物和前提条件。在此，他提出了与回流效应和扩散效应相对应的"极化效应"（polarized effect）和"涓滴效应"（tricking-down effect）。在经济发展初期，极化效应占有主导地位，区域差异会逐渐扩大，但从长期看，涓滴效应最终会大于极化效应而占据优势，缩小区域差异。赫希曼的理论主要说明了经济发展初期实行非均衡增长的必要性。

美国经济学家鲍莫尔通过分析公共部门平均劳动生产率的状况对公共支出增长原因做出解释。他将国民经济部门区分为生产率不断提高和生产率提高缓慢两大类别，前者被称为进步部门，后者被称为非进步部门。两个部门的差异来自技术和劳动发挥的作用不同。在进步部门，技术起着决定作用；在非进步部门，劳动起着决定作用。假设两个部门工资水平相同，且工资随着劳动生产率提高而上升。由于劳动密集的公共部门是非进步部门，而该部门的工资率与进步部门的工资率呈同方向等速度变化，所以在其他因素不变的情况下，生产率偏低的公共部门的规模会随着进步部门工资率的增长而增长，换言之，政府部门的投资效率偏低导致政府支出规模不断扩大。

（三）增长极理论

"增长极"理论最早由法国经济学家朗索瓦·佩鲁提出。佩鲁认为空间发展如同部门发展一样，增长不是同时出现在所有地方，它以不同强度首先出现在一些增长点或增长极上，然后通过不同的渠道向外扩散，并对整个经济产生不同的最终影响。布德维尔把增长极同极化空间、城镇联系起来，就使增长极有了确定的地理位置，即增长极的"极"，位于城镇或其附近的中心区域。这样，增长极包含两个明确的内涵：①作为经济空间上的某种推动型工业；②作为地理空间上的产生集聚的城镇，即增长中心。增长极便具有"推动"与"空间集聚"意义上的增长的意思。后来的学者对增长极理论的发展和丰富基本上都以布德维尔的这一定义为基础。在现代区域经济研究中，增长极理论被广泛用作区域发展的指导理论，该理论的主要观点是：区域经济的发展主要依靠条件较好的少数地区和少数产业带动，应把少数区位条件好的地区和少数条件好的产业培育成经济增长极。"增长极"具有"支配"效应和"创新"的特点，对周围的区域起"支配"作用，即吸引和扩散的作用：①技术的创新与扩散作用；②资本的集中与输出作用；③获取巨大规模经济效益的作用；④产生"凝聚经济效果"的作用。"增长极"的吸引效应主要表现为资金、技术、人才等生产要素向极点聚集；扩散效应主要表现为生产要素向外围转移。在发展的初级阶段，吸引效应是主要的，当增长极发展到一定程度后，吸引效应削弱，扩散效应加强。

将这一模式应用于海洋经济的开发，必须把海洋经济按地理单元分解为海洋产业、行业和工程项目。在海洋区域经济发展过程中，增长不是区域内每个海洋产业、行业都以同样的速度增长，而是在不同时期，增长的势头往往相对集中在海洋主导产业和创新企业上，然后波及其他产业、企业；从空间上看，这类海洋产业、企业，也不是同时在各个地方都发展，一般集中在某些城市中心首先发展起来，然后向外围扩散。这种集中了海洋主导产业和创新企业的工业中心，就是海洋区域经济增长极。

（四）梯度转移理论

梯度转移理论源于弗农提出的工业生产生命周期阶段理论。该理论认为，工业各部门及各种工业产品，都处于生命周期的不同发展阶段，即创新、发展、成熟、衰退等四个阶段。此后威尔斯和赫希哲等对该理论进行了验证，并做了充实和发展。区域经济学家将这一理论引入区域经济学中，便产生了区域经济发展梯度转移理论。该理论认为，创新活动是决定区域发展梯度层次的决定性因素，而创新活动大都发生在高梯度地区。随着时间的推移及生命周期阶段的变化，生产活动逐渐从高梯度地区向低梯度地区转移，而这种梯度转移过程主要是通过多层次的城市系统扩展开来的。

梯度转移理论认为，工业生产中出现的重要新兴部门与新产品一般都发源于经济发达地区，即地区发展梯度图上一些高峰的尖端，这往往是经济最发达地区的沿海大城市。这也就在一定程度上解释了沿海地区经济发展相对较快的原因。将创新活动放在决定区域发展梯度层析的决定性地位，也为沿海地区进一步发展提供了有益指导。

（五）区域经济理论

在西方，区域经济理论起源于最早期的区位论。德国经济学家杜能根据地价的不同引起的农业分带现象，在其著作《孤立国》中阐述了农业区位理论，这是区域经济理论的科学基石。在 20 世纪初期，德国经济学家韦伯吸收了杜能的思想，提出了工业区位论，着重分析了运输费用、劳动费用、集聚和扩散等因素对工业区位的选择影响。随着西欧工业化和城市化进程不断加速，德国地理学家克里斯塔勒从区位选择的角度，研究城市和其他级别的中心地等级系统的空间结构规律，提出中心地理论。德国经济学家勒什通过研究克里斯塔勒的城镇间等级区位与联系的规律，把中心地理论逐渐丰富为产业的市场区位论。这四种理论形成了现代西方区位理论的基础。经过 100 多年的发展，区位研究已经从对传统的单个工厂的研究，逐渐演变成更加完整的学科体系，它能从区域政策的效应评价、区域可持续发展、宏观政策的区域效应、区域政策与产业政策的协调、区域经济政策、区域管治等方面为宏观区域决策提供理论依据。

国内对区域经济学的研究主要着重在生产力学方面，通过对经济地域综合体和劳动地域分工理论的研究，为国家经济计划制订与实施给予理论支持。20 世纪 80 年代末区域经济学初步形成，传统的生产力布局理论已经不能满足日益发展的经济增长的需求，在此情况下，经济发展的重心被渐渐由大力发展内陆调整到侧重发展沿海地区，经过对 T 字形生产布局、弓箭形生产布局的探讨，学界把我国经济区域划分为东、中、西三大经济带。自 20 世纪至今，中国的区域经济学相关研究得到了迅猛发展。1991 年，中国区域科学协会正式成立。此后，区域经济学成为应用经济学二级学科，这是我国区域经济学确立的标志。区域经济学的研究领域逐渐丰富，包括区域发展模式、优化区域产业结构、城市经济、城乡联系、高新技术产业区、区域经济政策等不同方面，我国区域经济学进入了一个崭新的阶段。

（六）倒"U"形假说

倒"U"形假说由美国著名经济学家威廉姆于 1965 年在研究区域经济差异时，运用经济发展理论，通过对 24 个国家的经济增长的资料进行分析，提出如下观点：在一个国家内，当经济发展处于初期阶段时，区域经济差异一般不是很大；随着国民经济整体发展速度的加快，区域之间的经济差异随之就会扩大；当国家的经济发展达到相对高的水平时，区域之间的经济差异扩大趋势就会减缓，继而停止；随着国民经济进一步发展，区域之间的差异就会呈现缩小的趋势。这样，区域间的经济差异随国民经济发展而发生从差异不大—差异扩大—差异缩小的过程，在形状上就像倒写的"U"字，因此称之为倒"U"形假说。

五、海洋经济可持续发展相关理论

（一）可持续发展理论

可持续发展的概念在 20 世纪 80 年代被提出，最早是 1972 年在斯德哥尔摩举行的联合国人类环境研讨会上被正式讨论的。世界环境与发展委员会（WCED）定义可持续发展模式为："既满足当代人的需要，又不对后代人满足其需要的能力构成危害的发展。"世界银行在 1992 年度《世界发展报告》中认为可持续发展要建立在成本效益比较和审慎经济分析的基础上。《里约环境与发展宣言》则将其进一步阐释为："人类应享有以与自然和谐的方式过健康而富有生产成果的生活权利，并公平地满足今世后代在发展与环境方面的需要"。

2012 年 8 月 12 日，国际展览局在韩国宣读的《丽水宣言》中的保护海洋环境和可持续利用的方案中，呼吁要"持续管理海洋资源"。1982 年通过，1994 年生效的《联合国海洋法公约》明确将公海、国际海底区域及其资源认为是人类的共同继承财产。这些文件都蕴含了一个重要的思想，即"可持续发展"的战略思想，并提出了实现可持续发展的途径和方法。其中《21 世纪议程》就是在全球实行可持续发展的行动纲领。《里约环境与发展宣言》《21 世纪议程》在联合国《人类环境宣言》的基础上把"可持续发展"思想再推进一步。为更好地在海洋领域贯彻《中国 21 世纪议程》精神，国家海洋局在 1996 年提出《中国海洋 21 世纪议程》，明确了"海洋产业、海洋与沿海地区、海岛可持续发展、海洋生物资源保护和可持续利用、科学技术促进海洋可持续利用"的内容。2012 年 6 月的"里约 +20"峰会在巴西里约热内卢举行，会议形成了《我们憧憬的未来》成果文件，开启了世界可持续发展的新里程。

把可持续发展的思想引入海洋经济学的理论框架中，是基于可持续发展战略在全球范围内的肯定和实施。海洋经济发展的最终目标是实现经济发展与海洋环境、海洋资源的协调一致，培养可持续发展的能力。海洋经济可持续发展理论包括：海洋生态系统与人类社会的交互作用，海洋生态系统的价值理论，海洋自然资源和生态环境价值的实现及补偿问题，海洋经济可持续发展的内涵，海洋经济可持续发展战略、海洋经济可持续发展指标体系和海洋经济可持续发展的能力建设。海洋对世界可持续发展至关重要，蓝色经济、绿色发展成为人类的共同愿景。作为一个发展中的海洋大国，海洋是中国可持续发展的基础，海洋经济是国民经济社会发展的重要推动力。"后里约时代"的中国海洋可持续发展之路，机遇与挑战并存。

（二）资源与环境经济学理论

资源与环境经济学是利用现代经济学的方法研究自然资源与环境资源配置问题的科学，或者说是分析与解决自然资源与环境问题的科学。海域资源是以海域为依托，在海洋自然力作用下生成的广泛分布于整个海域内，能够适应或满足人类物质、文化及精神需求的一种被人类开发和利用的自然或社会的资源。因此海域资源是资源与环境经济学研究的客观对象之一。资源与环境经济学的理论主要包括环境经济手段理论、环境资源价值评估理论、绿色国民经济核算理论、循环经济理论等，其最为核心的是海洋可持续理论。海域资源具有不可再生性。为避免当代人过多地占有和使用本应属于后代人的财富，特别是自然财富，而过度追求当前经济增长，要求实现海域资源的可持续开发利用。

海域资源配置是海洋经济学的重要研究内容，必须意识到海域资源的存量、环境的自净能力和消纳能力是有限的。海域资源具有稀缺性成为海洋经济发展的限制条件，而海洋经济是国民经济新的增长极，海洋经济不可持续发展势必影响到整个经济社会的增长，资源与环境经济学理论对海域资源配置具有重大的指导价值。

（三）生态补偿理论

生态补偿理论多应用于生态学领域，最具代表性的是《环境科学大辞典》中的定义，"生物有机体、种群、群落或生态系统受到干扰时，所表现出来的缓和干扰、调节自身状态使生存得以维持的能力，或者可以看作生态负荷的还原能力"。生态补偿是自然生态系统所具有的自我恢复和补偿能力，强调的是生态系统自身的补偿功能。在经济学领域，生态补偿是以保护和可持续利用生态系统服务为目的，以经济手段为主，调节相关者利益关系的制度安排。广义的生态补偿不仅包括由生态系统服务受益者向生态系统服务提供者提供的因保护生态环境所造成损失的补偿，还包括由生态环境破坏者向生态环境破坏受害者提供的赔偿。依据外部性理论、生态环境价值论、公共物品理论，将生态补偿作为经济手段的一种制度，解决市场失灵造成的生态效益外部性。

海洋生态补偿的本质在于其生态利益、经济利益和社会利益的重新分配机制。具体包括以下内容。①海洋生态保护补偿。政府代表公众对海洋生态的保护者和建设者为保护和修复海洋生态环境付出的直接成本和间接成本进行的经济补偿，是对海洋生态保护者和建设者产生的外部性收益的补偿，是一种正外部性的内部化的手段。②海洋生态损害补偿。海洋开发利用者在合法利用海洋资源的过程中造成海洋生态的损害，对海洋生态进行的补偿，是海洋生态损害的责任方对海洋生态系统服务损失的补偿，作为自然资源受托方的政府代表整个社会对海洋生态损害的责任方进行求偿，是海洋开发者造成的一种外部性成本，海洋生态损害补偿是将这种外部成本内部化的手段。海洋生态补偿协调相关主体之间的利益关系，有利于促进人海关系和谐，确保海洋及海岸带可持续发展。

海洋生态补偿是实施海洋综合管理的一个重要方面，对保护海洋生态系统和促进海洋可持续发展具有重要意义。海洋生态补偿制度因其既有利于改善因海洋经济发展而引起的海洋生态系统的破坏，又有利于缓解海洋生态环境破坏对沿海社会经济发展的冲击，是破解海洋可持续发展与海洋环境破坏难题的有效手段。海洋生态补偿制度的缺失是造成我国海洋生态环境退化的一个重要原因，要减少对海洋资源的破坏，加强对海洋生态环境的保护，实现经济社会的可持续发展，必须建立和实施海洋生态补偿制度。

（四）循环经济理论

在20世纪70年代，循环经济的思想只是一种理念，当时人们关心的主要是对污染物的无害化处理。20世纪80年代，人们认识到应采用资源化的方式处理废弃物；20世纪90年代，特别是可持续发展战略成为世界潮流的近些年，环境保护、清洁生产、绿色消费和废弃物的再生利用等才整合为一套系统的以资源循环利用、避免废物产生为特征的循环经济战略。循环经济是与线性经济相对的，是以物质资源的循环使用为特征的。循环经济的思想萌芽可以追溯到环境保护兴起的20世纪60年代。1962年美国生态学家蕾切尔·卡逊发表了《寂静的春天》，指出生物界及人类所面临的危险。"循环经济"一词，首先由美国经济学家K.波尔丁提出，主要指在人、自然资源和科学技术的大系统内，在资源投入、企业生产、产品消费及其废弃的全过程中，把传统的依赖资源消耗的线性增长经济，转变为依靠生态型资源循环来发展的经济，其"宇宙飞船理论"可以作为循环经济的早期代表。20世纪90年代以后，发展知识经济和循环经济成为国际社会的两大趋势。中国从20世纪90年代起引入了关于循环经济的思想，此后对循环经济的理论研究和实践不断深入。1998年，引入德国循环经济概念，确立"3R"原理的中心地位。其中，减量化或减物质化原则属于输入端方法，旨在减少进入生产和消费流程的物质量；再利用或反复利用原则属于过程性方法，目的是延长产品和服务的时间强度；资源化或再生利用则是输出端方法，通过把废弃物再次变成资源以减少最终处理量。1999年从可持续生产的角度对循环经济发展模式进行整合。2002年从新兴工业化的角度认识循环经济的发展意义。2003年将循环经济纳入科学发展观，确立物质减量化的发展战略。2004年，提出从不同的空间规模——城市、区域、国家层面大力发展循环经济。

海洋生态和海洋经济系统结合之后，作为一个大型的复杂闭合的物质循环流动系统，不仅海洋资源利用和生产过程中的废物污染物将由海洋生态系统自身承担，甚至陆地上的许多废弃物也将由海洋生态系统来承担，因此，为了实现可持续发展，也必须将循环经济的3R原则作为海洋经济的基本性质。

（五）生态经济学理论

生态经济学是由美国经济学家凯恩斯在20世纪60年代提出的，它将经济学与生态学相结合，以研究生态规律与经济规律的相互作用，研究人类经济活动与环境系统的关系。生态经济学是从经济学角度来研究生态系统、社会系统和经济系统所构成的复合系统——生态经济系统结构、功能、行为及其运动规律的新经济科学，是跨越生态学和经济学的新兴边缘学科。其把人口、资源、能源、生态环境、经济建设和环境建设等问题作为一个整体来研究，找出它们之间的内在联系，使之相互协调发展。综合而言，生态经济学就是探讨发展与资源、人类与环境的相互关系，以求得经济稳定持久的发展。

海洋生态经济学探讨的是海洋开发利用与海洋资源环境之间的相互关系，探讨的是海洋经济系统与海洋生态系统的协调发展，通过建立合理的海洋生态经济系统，以求得海洋经济持久稳定的发展，实现以最少的劳动和消耗，产生最大的经济效益和生态效益。从根本上来说，海洋生态经济学的研究内容和出发点就是海洋综合管理的基本出发点，都是以海洋自然生态环境的基本属性为基础，寻求海洋生态系统与海洋资源有效开发利用的平衡，从而在海洋经济发展和海洋管理事业上，实现海洋、经济、人的协调和统一，最终实现海洋和人类的可持续发展。

海岸带是海陆生态系统的交错带，脆弱并对全球变化极其敏感。海岸带也是人类活动最集聚、经济最活跃的区域。近年来，国务院先后批复了沿海各省海洋经济及相关的发展规划，我国迎来了新一轮海洋经济开发高潮，我国近岸海域生态环境面临新的巨大压力。在生态文明建设大力推进、国际海洋争端加剧的形势下，基于复合生态系统理论深入认识海洋生态监控区的概念内涵和区划指标体系，促进海洋生态监控区进行适应性调整，为针对性地解决海洋社会经济发展与海洋生态环境保护的矛盾奠定基础，促进我国海洋生态管理的顺利开展，从而为海洋经济发展服务，为和谐社会建设服务，具有重要意义。

六、海洋强国战略

鉴于海洋的巨大战略、经济和生态意义，20 世纪 80 年代以来，世界主要海洋国家纷纷调整海洋开发策略，美国于 1999 年提出"21 世纪海洋开发战略"，2004 年批准"美国海洋行动计划"；欧盟于 2005 年通过《综合性海洋政策》及第一阶段行动计划；日本于 2004 年发布第一部海洋白皮书、2007 年通过被称为"海洋宪法"的《海洋基本法》；加拿大于 2002 年制定《加拿大海洋战略》，2005 年颁布《加拿大海洋行动计划》；韩国于 2004 年出台海洋战略《海洋韩国21》……对于正致力于"两个百年目标"的中国而言，将海洋作为强国之路的新领域是一个必然的选择。

国内外学者从不同角度对海洋强国建设进行了探索和研究。在海权方面，早在 1890 年，Mahan 在《海权论》中指出治海权对国家发展至关重要，并要有强大的舰队确保治海权；张海文、王芳认为海洋战略是国家大战略的有机组成部分，实施海洋强国战略是顺应国际潮流的必然选择；刘佳和李双建、Lee Jihyun 和 Sinha、Prabhas 分别对美国、韩国和印度的海洋建设进行了研究，总结出完善的海洋法律法规、海洋权益、海洋监督和协调机制等体系，为我国海洋强国建设提供了宝贵的借鉴。

（一）发达国家海洋强国战略

1. 美国的海洋强国战略

作为第二次世界大战结束后的海上霸主，美国所依靠的绝不仅仅是其强大的综合国力。美国凭借自身科学合理的海洋战略，不仅牢牢把持着国际海洋霸权，更是大大增强了其综合国力，对美国的军事、政治、经济等各方面起了重大的推动和促进作用。在美国确立海上霸权的过程中，注重海上军事实力建设一直是一条重要的主线。20 世纪初，国际形势风云突变，美国将目标瞄准海洋，抢抓机遇，努力壮大自身的海军力量，纵身跃至海上强国的地位。第二次世界大战爆发后，特别是"珍珠港"事件后，美国迅速加强海上军事实力的建设，凭借其强大的工业实力，美国海军在第二次世界大战后牢牢占据着海上霸主的地位。第二次世界大战后至今，美国仍然十分注重海军的建设。时至今日，美国海军一直牢牢掌握着海上霸主的位置。美国为保障其自身的海洋权益，不仅注重自身海上军事力量的发展，同时，也致力于引领和制定国际海洋规则，试图通过主导海洋规则的制定，方便其更好地维护自身海洋权益。科学技术是第一生产力，依赖于强大的综合国力，美国高瞻远瞩地推动科技领域向海洋进军。在大力发展海洋科技方面，美国注重科研机构等硬件建设，20 世纪 50 年代美国先后建立起多所知名的海洋研发机构，诸如伍兹霍尔研究所、斯克里普斯海洋研究所、特拉蒙多哈蒂地质研究所及水下研究中心等。进入 20 世纪 50 年代，美国尝试以国家的意志推动实施海洋科技发展战略，从国家政策法规的层面颁布推动科技发展的规划（石莉等，2011）。

2. 日本的海洋强国战略

作为一个领土面积只有 377 835 公里^2（含领海与小岛），人口 1.26 亿人，资源极其匮乏的岛国，日本自近代以来，由一个闭关锁国的封建小国，一跃成为现代化强国。出于自身国家利益的考虑，日本为确保其领土的安全，一直以来都紧随美国，实施"美日同盟"的战略，寻求美国的庇佑。以"美日同盟"战略为基础，日本依靠美国分布于全球范围内的海上军事力量推进自身的海洋战略。在地区层面，日本借助美国强大的影响力确保自身的安全，强化美日同盟关系（束必铨，2011）。在全球层面，日本借助参与美国的海外军事行动拓展其全球海洋战略空间。伴随着《联合国海洋法公约》的生效，海洋战略日益受到国际组织的重视，日本积极构造符合自身利益的国际海洋秩序。同时，日本还积极参与同俄罗斯、韩国等国家的海洋问题的处理和应对，也非常注重参与国际海洋秩序的构建和海洋机制的建设。首先，强化和拓展美日同盟，试图以美日同盟为基础，构建美日主导下的国际海洋新秩序。其次，强化美日"海权同盟"关系，构建符合自身利益的全球海洋新秩序。日本在实行海洋战略中非常注重建立民主国家的同盟。政府牵头促进海洋的开发和利用，设立专门委员会——海洋开发审议会，确保政府在海洋开发和利用方面的主导性，为开发主体提供有利的决策信息。除明确相关海洋开发和保护的主管部门外，日本也不断推进自身的海洋法律体系建设，相继通过了《海洋生物资源保护法》《海洋渔业主权权利法》《专属经济区和大陆架法》等以维护日本的海洋权益和保护海洋环境。此后，《防止海洋污染法》《海上保安厅设法》《水产基本法》等法律法规也不断得到完善和修正。

3. 加拿大的海洋强国战略

由于自身军事实力弱小，以及历史的原因，加拿大在海上安全方面主要采取了依靠美国和北约的战略。在这一战略基础上，加拿大制定了具有自身特性的海洋战略，既强化国际海上机制建设，又可持续地开发和利用海洋。加拿大积极主动地参与甚至试图主导与其利益相关的海上机制的建设，这一点在北极地区体现得尤为明显。为最大限度地维护自身在北极地区的利益，获得在北极地区的主导地位，加拿大力主接纳非北极国家加入北极理事会，产生合作性的新的责任基金会。

加拿大在"21世纪海洋战略"里确定了三大原则和四大紧急目标。三大原则即综合管理、预防和可持续开发。四大紧急目标：一是由现在分散的海洋管理转换为彼此配合的综合管理；二是加强海洋管理与研究机构的互相合作，加大各机构的运营力和责任性；三是确保海洋的可持续开发，保护海洋环境；四是促使加拿大在海洋环境保护方面和管理方面处于遥遥领先的位置。加拿大国防和外交事务研究所研究员罗伯·胡波特也认为应当加强北极理事会的作用，加拿大应该重新塑造更强大的北极理事会，同时制定一套覆盖北极地区的国际旅游、航行、环保等的国家协定（曹升生，2010）。

（二）我国海洋强国战略

我国早在党的十六大报告中就提出"实施海洋开发"的任务，2004年政府工作报告也提出了"应重视海洋资源开发与保护"的政策，"十一五"规划提出了我国应"促进海洋经济发展"的要求，2009年政府工作报告又强调了"合理开发利用海洋资源"的重要性，《中共中央关于制定第十二个五年规划的建议》指出，我国应"发展海洋经济"，具体为：坚持陆海统筹，制定和实施海洋发展战略，提高海洋开发、控制、综合管理能力；科学规划海洋经济发展，发展海洋油气、运输、渔业等产业，合理开发利用海洋资源，加强渔港建设，保护海岛、海岸带和海洋生态环境；保障海上通道安全，维护我国海洋权益。以此为基础形成的《国民经济和社会发展第十二个五年规划纲要》第十四章"推进海洋经济发展"指出，我国要坚持陆海统筹，制定和实施海洋发展战略，提高海洋开发、控制、综合管理能力。这些内容无疑为我国推进海洋事业发展，特别是建设海洋强国提供了重要的政治保障。党的十八大报告明确指出："提高海洋资源开发能力，发展海洋经济，保护海洋生态环境，坚决维护国家海洋权益，建设海洋强国。"这是我们党准确把握时代特征和世界潮流，深刻总结世界主要海洋国家和我国海洋事业发展历程，统筹谋划党和国家工作全局而做出的战略抉择，充分体现了党的理论创新和实践创新，具有重大的现实意义和深远的历史意义。这是根据时代发展潮流和当前及今后一个时期中国发展的实际需求而做出的理性判断和战略抉择，是在新的历史时期提出的一个全新理论命题和奋斗目标，是实现"中国梦"的重要步骤和战略举措。

目前国外学者对世界海洋强国战略的研究，大都基于海权论。通过大量文献梳理发现，研究主要聚焦在对海洋强国发展战略进行定性分析上，且大都基于宏观战略层面，而对具体到某一个国家的海洋综合实力评价研究较少。国内在"海洋强国"这一领域的研究成果众多，但多数讨论仍停留在对制定中国海洋战略必要性进行认知的基础上，其对策研究也多停留在提高全民族海洋意识、大力发展海洋经济、提高海洋管理水平、维护国家海洋权益等缺乏深度的低水平的层面，没有形成对国家海洋战略决策有重要影响的重大理论成果，以及海洋战略研究的"思想库"。需要特别指出的是，国内对"中国特色海洋强国"的研究只是散见于部分论文和著作中，并无专门研究性成果，立足于"海洋强国战略响应"的视角来研究这一问题的更是少之又少。

从我国的国情出发，中国特色海洋强国的内涵应该包括认知海洋、利用海洋、生态海洋、管控海洋、和谐海洋等五个方面。探索认知海洋是开发利用和保护海洋的先决条件；科学合理地开发利用海洋，发展壮大海洋经济是人类文明进步的重要标志，也是实现海洋资源环境可持续发展的必然要求；海洋生态文明是我国生态文明建设不可或缺的重要组成部分，美丽中国离不开美丽海洋；综合管控海洋是建设海洋强国的重要保障。

第二章

区域海洋经济系统发展现状

第一节 天 津 市

天津是环渤海地区的中心城市，北靠东北经济区，西连华北、西北经济区，是东北亚连接欧亚大陆桥最近的起点。海岸线长度为 153.33 公里，管辖海域面积约 3000 公里², 海洋生物资源丰富，近岸有 142 种底栖生物，98 种浮游生物，50 余种鱼类；周边海域蕴藏着丰富的石油天然气资源；海岸带地区拥有充足的地热和淡水资源，年均可开采 2000 万米²（张耀光，2015）。天津尽管海岸线长度、滩涂和海域面积等自然条件位居全国沿岸 11 省（自治区、直辖市）之末，但是由于拥有海洋油气、海盐资源，全国最大的人工海港及雄厚的工业基础，海洋产业仍发展很快，取得了令人瞩目的成就，并为天津的经济增长注入了新的活力。1996 年，海洋经济生产总值达 111.4 亿元，占全国海洋经济生产总值的 3.96%；2013 年海洋经济生产总值达 4554.1 亿元，占全国海洋经济生产总值的 8.389%，1996～2013 年平均增长率为 27.38%。[①]

天津海洋产业主要包括八大类：海洋渔业、海洋交通运输业（包括港口）、海洋旅游业、海洋油气工业、海洋造船业、海盐业、海洋化工、海洋石油化工业。此外，还有一些新兴的海洋产业正在逐步发展，如海水利用业、海洋生物医药业及高值化产品加工业、海洋电力工业、海洋工程建筑业、海洋信息服务业、海洋环保业等。另外，与海洋产业发展密切相关的事业也在不断扩大，包括很多软环境和硬环境配套体系，诸如海洋法律法规、海洋管理、海洋科技和教育、海洋生态建设和环境保护、海洋公益服务和海上救捞等。天津渔业发展较早，经过新中国成立后 50 多年的发展，海水养殖、资源增殖、海洋捕捞和水产品加工均具备相当规模，已经形成渔、工、商经济结构比例比较协调的海洋渔业生产体系。近年来，天津滨海旅游业也有长足的发展，除了 20 世纪 80 年代建设的海滨浴场以外，旅游部门又于近年开发出渔民游、海港游等很多特色旅游项目，再加上国际游乐港、东方游艇会等大型旅游项目的开发建设，滨海旅游业已经形成了具有一定规模的产业。

近年来，国家及天津市政府先后出台了各项海洋经济发展战略、规划，力

---

① 数据来源于 1997 年、2014 年《中国海洋统计年鉴》。

求为天津海洋经济发展创造一个良好的外部政策环境。2005年，党的十六届五中全会做出"加快天津滨海新区开发开放"的重大决策，之后将滨海新区开发列入"十一五"规划；2009年经国务院批准，滨海新区正式挂牌成立；2010年为落实"双城双港"城市空间发展战略，修改大港近岸海域功能区划；2011年编制出台的《天津市海洋经济和海洋事业"十二五"规划》，为指导天津海洋经济发展起到了重要作用；2013年国务院批复同意《天津海洋经济发展试点工作方案》；2014年国务院正式批准《天津海洋经济科学发展示范区规划》，在天津开展国家海洋高技术产业基地试点工作，天津成为继山东、浙江、广东、福建之后，又一全国海洋经济发展试点地区。

天津依托现有海洋政策和产业基础，以滨海新区为核心，以蓝色产业发展和综合配套服务为产业带，重点打造南港工业区、临港经济区、天津港主体港区、塘沽海洋高新区、中新生态城滨海旅游区和中心渔港六大海洋产业集聚区，基础设施进一步完善，海洋产业集群化、循环化发展取得显著成效。2014年，天津海洋经济生产总值为5027亿元[①]，在经济新常态背景下，海洋经济总体保持平稳运行，海洋产业结构进一步优化，海洋渔业保持平稳增长态势，海洋捕捞产量稳步提升；海洋油气业强化规模增储和效益开发，产能结构不断优化；海洋船舶工业加快调整转型步伐，发展呈现上涨态势；海洋交通运输业发展稳中有进，港口形成分工明确、错位发展的"一港多区"格局；滨海旅游继续保持快速发展态势，邮轮游艇等新兴旅游业态发展迅速；海洋盐业、海洋化工业、海洋工程建筑业均保持平稳增长态势，海洋经济发展逐步从规模速度型向质量效益型转变。同时天津市加大对海洋科研的经费投入，海洋科研课题数量也不断增长，许多海洋工程技术包括海水淡化技术、海洋油气开采技术、港口及航道运输技术已达到全国领先水平，海洋科技对海洋经济发展的贡献率不断提高。2015年，天津海洋战略性新兴产业发展迅速，其中海水利用业技术和能力全国领先。海洋优势产业不断壮大，海洋石油化工业发展势头良好，渤海油田年产量达到3000万吨油当量；海洋化工业发展迅速，聚氯乙烯、烧碱、顺酐等海洋化工产品产量位居全国第一；海洋传统产业优化升级成效明显，天津建成了国内规模最大、技术最先进的全封闭、内循环养殖车间。海洋经济生产总值实现5506亿元，增长9.5%，占全市生产总值的三分之一，单位海岸线产出海洋经济规模达到35亿元，位居全国前列。临港海洋经济发展迅速，2015年天津临港经

---

① 数据来源于《2014年天津市海洋经济统计公报》。

济区内海洋经济生产总值占到临港生产总值的 36%，造修船、海工装备实现了规模发展，海水淡化及综合利用等海洋高端产业体系建设初见成效；智能制造产业也粗具规模，多个智能项目落户临港智能装备产业园；而以港口物流、研发服务为代表的海洋生产性服务业更是发展迅速，2015 年示范区实施公共服务平台项目 7 项，完成投资 10.84 亿元，服务收入突破 1 亿元，服务企业数量达到 97 家，为国家海洋局、海军、中国海洋石油工程有限公司等一大批部门和企业提供技术服务（天津市海洋局，2015）。

在集约利用海洋资源方面，天津加强海域使用管理，在全国率先实行建设项目用海规模控制指导标准，并通过优化配置有限的海域资源，破解海域资源稀缺制约。在空间布局上，加快建设了南港工业区、临港经济区、天津港主体港区、中新生态城滨海旅游区、中新生态城中心渔港、塘沽海洋高新技术开发区六大海洋产业功能区，严格按照功能分区引导项目落位。在围填海造陆上，实行海域资源精细化管理。推行公用工程岛多联产模式，整合热电、海水淡化、工业气体、污水处理企业，实现上下游企业间工业废弃物向原材料的循环转换。

尽管天津海洋经济发展成效显著，但仍面临一些亟待解决的问题，主要表现在：①海洋经济规模偏小，海洋产业结构尚待优化；②与全国其他省市相比，滨海新区的海岸线相对较短、海域面积小、近海资源稀缺，地处渤海湾底，环境脆弱，资源与环境成为制约天津滨海新区的瓶颈，且海洋资源开发压力过大，岸线、滩涂和浅海后备资源严重不足，导致近海资源衰退、渔业资源锐减；③工业废水、生活污水、石油泄漏等因素导致局部海域环境污染严重；全市海洋科技人才资源、科研投入资金等尚未得到有效整合，对新兴海洋产业科技支撑能力不足。对此天津要依托现有海洋工业基础，推动传统产业升级和战略性新兴产业培育，大力发展海洋先进制造业，壮大发展海洋工程装备制造业、海水利用业和海洋工程建筑业；积极发展海洋现代服务业，加快发展生产性服务业和生活性服务业，进一步优化和提升海洋产业结构和水平；深入推进"科技兴海"，加强海洋科技关键性、前瞻性技术研究，建设高水平海洋研发转化基地，促进海洋科技成果与产业对接；以海洋主体功能区规划为依据，规范海洋开发秩序，提高海域资源利用率，加强海域环境监测与污染治理，形成涉海多部门协同保护海洋生态环境的局面，推进海洋经济可持续发展；加快发展海洋社会事业，加强海洋灾害应急能力建设；推进海洋领域法治建设和治理能力现代化，逐步健全政务公开、法律顾问、社会监督等保障体系。

第二节 河 北 省

河北地处环渤海经济区的核心地带，是国家沿海发展战略的重要组成部分，其沿海地区与华北、东北及西北广阔的经济腹地相连，是华北、东北及西北地区进入太平洋、通向世界最便捷的出海口。河北沿海位于渤海湾西部，海岸线总长为 665 公里，其中大陆岸线长 487 公里，岛屿岸线长 178 公里，大小岛屿132 个，岛屿面积 8.43 公里^2。河北沿海经济隆起带辖区内港址资源、海洋生物资源、海洋矿产资源、滨海旅游资源都比较丰富。在河北海岸大陆海岸线上，大型港址有 4 个，中小型港址有 17 个，其中曹妃甸港水域宽广，水深条件较好；河北海域共有海洋生物资源 660 余种，其中鱼类资源估算为 4.54 万吨（张耀光，2015）；近海水域有秦皇岛油田、岐口油田等，海洋油气资源储量丰富；滨海旅游资源类型多样，其中避暑胜地北戴河、优质沙滩黄金海岸等具有特色的人文旅游景点，为临港地区发挥滨海旅游产业优势创造了良好条件。沿海未利用土地广阔，截至 2015 年河北沿海地区有 13 万公顷未利用土地可以进行大规模工业开发，这对京津两地产业转移具有非常巨大的吸引力。

近年来，随着河北省委、省政府加快推进沿海地区开发建设战略的实施，河北海洋经济综合实力不断增强，海洋经济总体规模不断扩大，与先进省份的相对差距进一步缩小。1995 年全省海洋经济生产总值为 40.35 亿元（张耀光，2015），2010 年全省海洋经济生产总值达到 1152.9 亿元，海洋经济生产总值占地区生产总值的比重达到 5.7%。2013 年，全省海洋经济生产总值达到 1741.8 亿元，占全国海洋经济生产总值的 8.4%，1996～2013 年平均增长率为 30.3%。[①]2015 年，全省海洋经济生产总值为 2070 亿元（初步核算），是 2010 年的 1.8 倍，年均增长12.4%（按现价计算），高于同期地区生产总值现价增速 4.5 个百分点，海洋经济生产总值占地区生产总值比重达到 6.9%，比 2010 年提高 1.2 个百分点。全省涉海从业人员达 99 万人，年均新增就业人员 1.3 万人（河北省海洋局，2016）。

河北海洋经济中，第二产业占比最大，且呈现逐年上升的趋势。河北是工业大省，在国民生产总值中第二产业占比也最大，在海洋经济领域，近年来河

---

① 数据来源于 2011 年、2014 年《中国海洋统计年鉴》。

北的海洋船舶工业、海洋盐业这几个行业发展速度很快，推动了第二产业的持续发展，使之一直处于上升趋势。第三产业占比次之，且呈现逐年递减的趋势。一直以来，河北的四大港口在全国处于较领先的地位，又由于其特殊的环京津区位优势，承担了很多货物运输的任务，所以第三产业在总产值中占较大比重，但近年来发展有限，其他服务业发展相对较慢，导致第三产业占比有所下降。以沧州临港化工业、唐山临港重化工业、秦皇岛滨海旅游业为特色的区域经济布局逐步形成，曹妃甸国家级循环经济示范区和沧州渤海新区建设加快推进，逐步成为河北海洋经济发展的示范区和带动区，海洋开发区域布局日趋合理。海洋交通运输业、滨海旅游业、海洋工程建筑业、海洋渔业等海洋支柱产业快速发展，海洋产业体系不断完善。港口建设取得突破性进展，2010 年年底，全省沿海港口货运生产性泊位达到 116 个，货物吞吐量达到 6 亿吨，全省港口集疏运能力大幅提高，港口辐射范围进一步拓展①。

伴随各级政府对河北海洋经济发展的高度重视，河北沿海开发开放的步伐不断加快。① 2004 年曹妃甸深水大港开工建设。② 2005 年国家将曹妃甸列为国家首批发展循环经济试点。③ 2010 年河北出台《关于加快沿海经济发展促进工业向沿海转移实施意见》。④ 2011 年《河北沿海地区发展规划》上升为国家战略，为河北海洋经济的发展指明了方向和目标，按照这一规划，河北对沿海地区确立了建设大港口、集聚大产业、发展大城市的发展目标。⑤ 2012 年河北首个综合保税区（曹妃甸综合保税区）获国家批复。⑥ 2013 年国务院正式批准设立唐山曹妃甸国家级经济技术开发区。⑦ 2014 年京津冀协同发展被确定为国家全力推动的三大战略之一，与《河北沿海地区发展规划》叠加，共同推动河北沿海开发建设；同年京冀正式签署《共同打造曹妃甸协同发展示范区框架协议》，曹妃甸 100 公里² 区域将打造成首都战略功能区和协同发展示范区，促进了河北承接北京重化工外迁产业转移项目的实施，为河北发展临港重化工业提供了重要机遇。河北依托国家政策支持，将发展海洋经济与环渤海地区崛起、京津冀协同发展有机结合起来，充分利用毗邻京津经济圈的相对比较优势，按照把沿海地区"努力建成东北亚地区经济合作的窗口城市、环渤海地区的新型工业化基地、首都经济圈的重要支点"三个战略定位，推动沿海地区跨越发展、率先崛起，遵循"以港建区、以区促港、以港兴城"的发展思路，以新区建设和重大项目建设为突破口，科学配置区域生产要素，培育海洋经济增长核心区；

---

① 数据来源于《中国海洋统计年鉴 2011》。

通过加快打造沿海经济隆起带，推动秦皇岛海洋经济区、唐山海洋经济区和沧州海洋经济区的分工协作和对外开放，海洋经济发展取得显著成效。2014年河北主要海洋产业增加值达970.7亿元，海洋交通运输业、滨海旅游业、海洋工程建筑业、海洋渔业、海洋盐业及盐化工业等海洋支柱产业快速发展，紧紧围绕海水养殖、海洋生物工程、海盐加工、水产品和海水资源综合利用等重点领域，组织进行了科技攻关和科技创新，海洋产业体系不断完善，初步形成了以沧州临港化工业、唐山临港重化工业、秦皇岛滨海旅游业为特色的区域海洋经济布局。海洋基础设施快速推进，沿海港口开通了多条国内国际航线，集疏运体系日益完善，港口辐射范围进一步拓展，有力推动了海洋经济的发展。

"十二五"期间，河北海洋产业结构持续优化。河北海洋产业体系逐步完善，海洋交通运输业、滨海旅游业、海洋渔业、海洋盐业及海洋盐化工业等传统产业规模不断扩大，海洋工程装备制造业、海水利用业等新兴产业发展迅速。2015年，全省主要海洋产业增加值达1063.9亿元，是2010年的2.02倍，年均增长15.1%；海洋相关产业增加值达914亿元，年均增长10.3%。海洋三次产业结构由2010年的4.1∶56.7∶39.2调整到2015年的3.7∶45.7∶50.6，第三产业比重提高11.4个百分点。海洋基础设施日趋完善。海陆空立体交通网络建设全面推进，综合运输体系初步形成。港口建设实现跨越式发展，截至2015年，全省沿海港口生产性泊位达到191个，设计能力突破10亿吨，比2010年增长近1倍，跃居全国第二位。集疏运体系不断完善，津秦客专、邯黄和张唐铁路、沿海、京台和唐曹高速建成通车，京沪高速、唐曹和水曹铁路建设加快，唐山和北戴河机场建成通航。黄骅、海兴风电并网发电，南水北调配套工程保沧干渠建成通水，防洪防潮工程建设稳步推进。海洋信息基础设施逐步完善，应用水平显著提高[①]。

然而，与其他沿海地区相比，河北海洋经济发展还存在较大差距，海洋生产总值远远落后于环渤海地区其他省市，与广东、上海等沿海发达地区相比海洋生产能力差距悬殊，对海洋强国战略的响应程度不高。①由于海洋资源总量偏低，绝大部分海洋开发活动集中在近岸海域，资源利用粗放、生产效率较低，海洋环境形势严峻，海洋经济可持续发展面临巨大挑战。②曹妃甸港、秦皇岛港、黄骅港等主要港口功能单一，腹地交叉重叠，临港产业同构系数较高，导致内部港群竞争激烈，无法实现产业集聚效应和规模效应。③海洋科技水平较

---

① 数据来源于《河北省海洋经济发展"十三五"规划》。

低、自主创新能力薄弱、从事海洋经济科技管理人才不足，导致海洋高新技术产业缺乏核心竞争力，不能为海洋经济发展提供增长动力。④海洋开发缺乏宏观指导，海洋产业结构性矛盾依然突出。主要港口都是能源输出型港口，功能比较单一，对经济增长拉动力偏弱。⑤海洋水产业中远洋捕捞能力弱小，养殖规模不大，养捕比例失调。⑥海洋产品以资源型和粗加工产品为主，缺少高附加值的深加工产品，新兴海洋产业尚未形成，资源优势未能充分发挥。

环渤海地区是继珠江三角洲和长江三角洲之后我国经济第三个增长极，具备参与新一轮国际分工和吸引国际资本的有利条件。河北沿海地处环渤海的中心地带，依托京津，辐射"三北"，是华北和西北重要的入海通道，随着陆域经济整体规模的扩大和海洋经济发展速度的加快，陆海之间产业的互动性将进一步增强，为河北海洋经济的发展提供了有利条件。秦皇岛港、黄骅港、京唐港等重要港口和筹建的曹妃甸港区所形成的港群体系，将有力地推动河北参与陆桥经济国际合作和竞争。伴随京津冀经济一体化进程和产业布局调整，河北现已形成的能源、钢铁、化工、建材等产业，符合当前区域经济分工要求，拥有在沿海地区进一步发展的良好条件，沿海地区将成为具有国际影响力的重化工基地。在经济全球化的大背景下，通过港口建设，大进大出，为河北在全球范围内配置各种资源，发展外向型经济提供了前所未有的机遇。为此河北要按照陆海统筹、海陆互动、梯次推进的总体要求，充分发挥海洋渔业资源、海盐资源、油气资源及滨海旅游资源的优势，提升发展现代海洋渔业、海盐及盐化工业、海洋油气业与滨海旅游业等主导产业；统筹沿海陆域与岸、滩、湾、岛、海等要素资源的开发与保护；增强海洋科技自主创新能力，促进科技成果向生产力转化，实现海洋经济又好又快发展。

第三节 辽 宁 省

辽宁地处东北亚经济圈和环渤海经济圈的结合部，濒临北黄海和渤海，与日本、韩国、朝鲜隔海邻江相望，邻近俄罗斯、蒙古国，是东北地区对外开放的重要门户，区位优势明显。全省海岸线总长为2920公里，海岸有大小港湾40多处，宜港岸线总长为186.7公里，约占全省总岸线长度的6.4%；近岸海域岛屿众多，管辖海域面积超过6万公里^2。辽宁近海各类海洋资源丰富，生物资源品种较多，已为渔业开发利用的经济种类有 80 多种；现探明和发现的海洋矿产资源主要有石油、天然气、铁、煤、硫、岩盐、重砂矿、多金属软泥等；拥有海蚀景观、滨海湿地景观、天然海水浴场等滨海自然旅游资源；依托大连、营口、锦州、丹东、盘锦、葫芦岛 6 个临海城市的综合性港口，与 160 多个国家和地区的 300 多个港口有贸易往来（张耀光，2015）。

20 世纪 80 年代，辽宁提出"建设海上辽宁"，随着海洋资源开发，海洋经济总产值不断增长，1985 年约 40 亿元，到 1995 年增长到 178.5 亿元，占国民经济总产值的 4.3%，占全国海洋经济总产值的 7.2%，年均增长速度为 10.5%（张耀光，2015）。2013 年，海洋经济生产总值达 3741.9 亿元，占全国海洋经济生产总值的 6.89%，1996～2013 年平均增长率为 19.55%。目前，全省已形成海洋渔业、海洋交通运输业、滨海旅游业、船舶修造业、海洋化工业和海洋油气业等六大海洋产业，海洋生物制药、海水综合利用等新兴产业也成为新亮点。海洋第一、第二、第三产业结构已由 2005 年的 47.2∶22.3∶30.5，转变为 2010 年的 20∶35∶45，第一产业比重显著降低，第二和第三产业比重大幅增加，产业结构实现了进一步的优化（辽宁省人民政府，2011）。

辽宁在 2000 年的海洋三次产业所占比重分别为 64.75%、18.32%、18.03%，三次产业结构整体表现为"一二三"的格局：在 2000 年，辽宁海洋第二产业和第三产业所占比重较第一产业低很多，此阶段海洋第一产业占有海洋经济的主导地位；2006 年，辽宁海洋三次产业所占比重分别为 9.95%、53.52%、36.63%，整体呈"二三一"的结构形势，海洋第二产业迅猛发展，已经占有海洋经济的主导地位。与此同时，海洋第三产业开始得到迅速发展，所占比重较 2000 年大大提高，仅次于海洋第二产业。而第一产业的比重则下降很多，已经不再是整个海洋经济的主导了。2010 年之后，海洋三次产业所占比重分别为 12.10%、43.42%、44.58%，三次产业结构已经呈现出"三二一"的高级模式了。虽然此时海洋第三产业所占比重最大，但也只是略微高于第二产业的比重而已，并没有处于主导地位（慕小萍，2014）。

近年来，国家和地方政府已经提出并实施了多项引导辽宁海洋经济发展的政府规划和海洋经济发展战略，为辽宁海洋经济发展提供了巨大的发展动力。2003 年国家提出建设东北沿海经济带的沿海地区开发战略，辽宁沿海地区在完善我国沿海经济布局、提升环渤海地区国际竞争力的同时，成为东北振兴的新引擎。2005 年，辽宁提出"五点一线"沿海经济带开发"省级"战略，以大连长兴岛工业区、营口沿海产业基地、辽西锦州湾经济区、丹东产业区和大连花园口经济区为重点发展区域，形成主导产业明确、特色优势明显的临海临港产业集聚区，辐射和带动海岸线 100 公里范围内的沿海经济带的全面发展。为进一步完善我国沿海经济布局，促进辽宁沿海经济带又好又快发展，充分发挥其对东北等周边地区的辐射带动作用，2009 年国务院批准《辽宁沿海经济带发展规划》。辽宁沿海经济带是东北老工业基地振兴和我国面向东北亚开放合作的重要区域，在促进全国区域协调发展和推动形成互利共赢的开放格局中具有重要战略意义。围绕辽宁沿海六市构建"一核、一轴、两翼"的海洋经济发展空间格局，明确了大连"三个中心、一个集聚区"的基本发展定位，进一步增强大连的综合实力，完善服务功能，提升其核心地位和龙头作用。2012 年，国务院批复了《辽宁省海洋功能区划（2011—2020 年）》，辽宁海域资源得到合理配置，海洋开发空间布局进一步优化，围填海等改变海域自然属性的用海活动得到合理控制。2013 年，辽宁省人民政府公布了《辽宁海岸带保护和利用规划》，沿海重点园区得到统筹规划，空间布局渐趋合理，集约化利用程度进一步提高，海岸带各类开发行为得到有效规范，海岸带生态系统可持续发展能力增强，环渤海区域生产力布局进一步完善。

在经济全球化和区域经济一体化深入发展的大背景下，辽宁沿海经济带发展面临着前所未有的机遇。国家继续深入实施东北地区等老工业基地振兴战略，东北地区步入全面振兴的新阶段，为辽宁沿海经济带加快发展注入新的活力。在国家战略推动下，辽宁加大海洋开发力度，海洋产业规模不断扩大，海洋产业结构调整效果初步显现，目前已形成海洋渔业、海洋交通运输业、滨海旅游、船舶工业、海洋化工业和海洋油气业等六大支柱产业，海洋经济呈持续快速健康增长态势，对区域经济和社会发展的带动作用日益明显，海洋经济成为全省经济新的增长点。

但是长期以来，辽宁海洋经济总量在沿海 11 个省份中基本处于中游位置。①伴随海洋经济的新一轮调整，支撑辽宁海洋经济发展的要素条件正在发生深刻变化，海洋经济深层次矛盾凸显，突出表现为供给侧对需求侧变化适应性调整明显滞后，导致海洋船舶工业等传统产业产能过剩，无效和低端供给过多，相关行业盈亏面趋大，去产能与去库存压力不断增加；长期依赖出口导向的产业发展模式，导致主要出口产业，如海洋渔业、海洋油气业、海洋交通运输业等易受外部环境变化的冲击，在金融危机影响下对外贸易下滑速度明显，增长乏力，推动海洋经济增长的能力不足；由于海洋科技自主化程度不高，尤其是在海洋工程装备技术、海洋油气资源勘探开发技术、海洋可再生能源开发与利用技术、海水资源综合开发利用技术、海洋生物资源开发与高效综合利用技术等方面自主创新能力薄弱，导致海洋生物医药、海洋工程装备制造、海水综合利用、海洋能源开发等海洋战略性新兴产业创新能力不强，有效和中高端供给不足，新产品和新服务的供给潜力得不到释放，生产要素难以从无效需求领域向有效需求领域、从低端领域向中高端领域配置，降低了海洋经济的运行效率。②全省沿海地区海洋经济发展差异显著，大连海洋经济总产值占全省的2/3，但辐射带动作用较小，其他沿海5个城市海洋经济规模较小，发展不够充分。③随着海洋经济的快速发展，辽宁海洋经济结构逐步发生变化，初步呈现"三二一"的产业格局，但与全国海洋产业结构相比，第三产业在海洋经济中所占比重仍低于全国平均水平，海洋渔业、海洋盐业、海洋化工业等传统海洋产业仍占全省海洋经济总量的60%以上，而海洋生物医药、海洋能源开发、海洋高端装备制造、海水综合利用等增值型、高层次海洋新兴产业发展不足。由于缺乏统筹规划，在产值占比较大的海洋渔业方面，同类海洋养殖品几乎遍布辽宁沿海各地，造成产业同质化现象严重、同类产品竞争内耗大，缺乏生产要素的自由流动与经济的互补协作，没有形成自身的特色和准确的市场定位，形成了无效供给，海洋经济的规模效应和比较优势不能充分发挥。④近年来，辽宁资源禀赋的比较优势趋于弱化，由于绝大部分海洋开发活动集中在近岸海域，深远海开发利用不足；尽管资源利用规模不断扩大，但提供高附加值产品和服务的水平不高，海洋资源可持续利用面临巨大挑战。一些地方海岸线使用管理比较粗放，项目开发层次偏低，海岸线空间利用压力不断增大。随着辽宁沿海地区工业化和城市化进程的推进，人们向海洋排放大量工业废水和生活污水，导致海域功能受损，海洋生物资源量锐减，海洋经济发展与资源环境承载能力的矛盾日益突出，严重制约了海洋经济的可持续发展。

对此，辽宁海洋经济要从供给侧发力，用改革的办法矫正海洋经济供需结构错配和要素配置扭曲。①加快改造提升海洋传统产业，积极培育海洋战略性新兴产业，有效化解产能过剩，以深化改革为抓手处理好海洋产业"稳增长"与"调结构"的关系，实现海洋产业"量质双升"；②加快形成以创新为引领和支撑的海洋经济发展新动能，要以海洋科技与海洋经济发展紧密结合为目标，围绕辽宁海洋科技面临的重大问题，以海洋生物资源、海水资源、可再生能源、油气资源等为重点推进海洋开发技术由浅海向深远海的战略拓展，在海洋工程装备技术、海洋油气资源勘探开发技术、海洋可再生能源开发与利用技术、海水资源综合开发利用技术、海洋生物资源开发与高效综合利用技术等与海洋战略性新兴产业相关的核心技术上形成具有辽宁海洋科技优势的创新研究体系，提高海洋产业核心竞争力和海洋科技对海洋经济发展的贡献率；③以市场和应用为导向，依托辽宁海洋资源供应链的产业优势，对海洋资源供给结构精准发力，突破辽宁海洋资源的"供给桎梏"；④深度对接"一带一路"、中蒙俄经济走廊等重大发展战略，以港口为龙头集聚资本、技术等生产要素，补齐产业短板，进而提高对海洋强国战略的响应程度。

第四节　上　海　市

上海位于我国东部海岸的中心地带，东濒东海，南临杭州湾，是我国黄金海岸与黄金水道的结合部，其海岸线全长为449.7公里，近海水域面积为7266.24公里^2，潮间带滩涂资源为904.23公里^2，为上海提供了土地资源和发展空间（张耀光，2015）。所辖海域海洋生物资源、港口资源、海洋可再生能源丰富。海洋生物资源主要包括近岸浮游生物、主要经济渔业资源和珍稀濒危动物资源等。港口资源主要包括洋山港区、长江口南岸港区、杭州湾北岸港区、崇明岛港区、长兴岛南岸港区等。海洋可再生能源主要有海洋风能、海洋波浪能和海洋潮汐能。此外，上海还拥有以海滩、海水、海岛为特色的旅游资源。丰富的海洋自然资源为上海海洋经济发展提供了雄厚的物质基础。

上海海洋经济产值1995年达364.61亿元（张耀光，2015），占全国海洋经济总产值的14.8%，占地区生产总值的13.2%。进入21世纪，海洋经济总产值2001年为1896.6亿元，2001～2011年，海洋经济总产值年均增长率为11.5%。2013年海洋经济生产总值为6305.7亿元，占全国海洋经济总产值的比重为11.61%，人均海洋经济总产值呈相同增长趋势。[①]

2005年之前，上海海洋捕捞主要是近海捕捞，捕捞产量一直保持较平稳的增长水平，但近海捕捞对渔业资源及生态破坏较严重，渔船投入多，渔业资源

---

① 数据来源于2002年、2014年《中国海洋统计年鉴》。

有限，容易造成渔业资源的枯竭。2005 年之后，国家鼓励发展远洋渔业，向深海要产量。上海捕捞总产量增加，但历年产量波动明显，其波动趋势与远洋捕捞产量趋势相近，且波动幅度较大，说明捕捞总产量受远洋渔业的影响较大。上海海水养殖主要是滩涂养殖，港湾基本被用作货运港口，养殖优势弱，浅海养殖未有效利用。上海海洋第二产业目前涉及的产业非常有限，包括海洋船舶工业、海洋油气业、海洋生物医药业、海洋电力业。上海具有深厚的商业文化基础，拥有比较完备的金融体系，先进的现代航运基础设施网络，丰富的滨海旅游资源和海洋文化资源，海洋交通运输、滨海旅游、海洋金融服务等海洋第三产业具有良好的产业基础。"十二五"以来，海洋第三产业占上海海洋经济总量的比重不断提升。2012 年，上海海洋第三产业增加值达 3697 亿元，占全市海洋生产总值的 63.5%，在海洋经济中的比重高于上海第三产业在国民经济中的比重。其中，航运金融服务异军突起，航运金融服务机构在沪集聚，航运融资服务能力不断增强，航运保险业务大力发展，航运衍生品交易探索快速发展（周溪召等，2015）。

近年来，在国家海洋战略和区域发展政策的指导下，上海海洋经济发展取得显著成效，初步形成了以洋山港和长江口深水航道为核心，以临港新城、外高桥、崇明三岛为依托，与江浙两翼共同发展的区域海洋产业布局。2003 年，国务院印发《全国海洋经济发展规划纲要》，该纲要自发布以来，上海海洋经济持续快速发展，2003～2005 年主要海洋产业总产值年平均增长率高于同期经济发展水平。2006 年上海市政府印发《关于本市加强海洋管理工作的实施意见》，该实施意见提出了"进一步加强海域管理，依法审批海洋开发项目""适应生态型城市建设要求，加强海洋环境保护""强化港口码头建设和海上交通安全监督管理，保障上海国际航运中心建设""预防和减轻海洋自然灾害，完善应对海上突发事件的应急防范协同机制""进一步加强对海洋管理工作的领导，建立海洋管理工作责任制"等五个方面的具体措施。2009 年国务院发布了推进上海加快发展现代服务业和先进制造业，建设国际金融中心和国际航运中心的政策意见。2010 年国务院正式批准实施长三角区域规划，为上海海洋经济增添了新的发展内涵和发展动力，上海作为长三角区域发展的核心，通过国际经济、金融、航运、贸易中心的建设，成为亚太地区重要的国际门户，主导并推动了沿线、沿江和沿海的发展。2012 年，国务院正式批复《上海市海洋功能区划（2011—2020 年）》，为上海海域使用管理和海洋环境保护工作提供了科学依据，为国民经济和社会发展提供了用海保障,标志着上海海洋经济步入提速发展的新阶段。2015年,上海正式发布《关于上海加快发展海洋事业的行动方案(2015—2020年)》,强调要加快发展现代海洋经济,加强海洋资源开发利用,建立现代海洋产业体系,打造"两核三带多点"的海洋产业功能布局,提升海洋经济开放水平,积极对接和服务"一带一路"、"长江经济带"等国家重大战略,加强海洋经济统计核算和评估;要提升海洋科技自主创新能力,强化海洋科技发展政策引导,加强重点海洋科技攻关,推动海洋科技协同创新,积极争取国家对上海海洋科技发展支持;要切实保护海洋生态环境,加强入海污染控制、海洋生态修复、海洋环境监测和应急处置,建立海洋生态红线制度;要完善海洋综合管理体制,加强海洋管理装备和能力建设。

"十二五"期间,上海市紧紧围绕"海洋强国"建设和"四个中心"建设的总体目标,深度对接"一带一路"和"长江经济带"建设等国家战略,抓住海洋管理体制改革机遇,不断加强海洋综合管理,保护近岸海域生态环境,统筹海洋资源开发,结合滩涂资源圈围计划,积极争取并落实了建设用围填海计划指标,保障了临港新城、金山新城、上海化工区等沿海区域建设的用海需求;通过出台扶持海洋战略性新兴产业发展的政策措施,积极促进海洋产业转型调整,海洋第一产业比重保持基本稳定、第二产业比重略有下降、第三产业比重稳中有升。"十二五"期间,上海坚持科技兴海之策,在海洋科技创新方面取得丰硕成果:临港海洋高新技术产业化基地被国家海洋局认定为首个国家科技兴海产业示范基地;成立了上海海洋科技研究中心、国家能源LNG海上储运装备重点实验室等平台和机构;液化天然气船关键技术研究和LNG海上转运系统技术研究课题获国家"863"计划立项;钻井船关键技术和起重铺管船研究成果带动了相关产业发展;海底观测网、海洋微生物药物关键技术、微藻规模化生产技术及装备等重大课题研究,为相关产业发展提供了技术支持。

上海海洋经济持续快速发展的同时也面临着一系列的问题和瓶颈制约,发展海洋经济的机遇与挑战并存。一是海洋产业结构有待优化提升,上海海洋产业总体上仍偏重于传统的海上运输业、滨海旅游业及由此带动的相关服务型产业,而增值型和高附加值的海洋油气、海洋工程装备制造、海洋电力、海洋生物医药等产业总量较小、比重偏低,处于弱势地位;海洋信息服务、金融服务等高端海洋服务业尚处于培育阶段。二是海陆产业的互动发展不足,上海与长三角的集疏运体系尚不完善,不能达到匹配港口经济发展的需要,制约了港口对陆域地区的辐射带动作用；信息化、网络化技术的利用不足，不能在海陆产业之间形成有效的产业链衔接。三是海洋科研投入和科技成果转化不足，海洋科技优势未能充分体现，上海众多海洋科研机构分属不同部门，科技力量较为分散，相对完备的海洋科研产业链条还未形成，海洋科技创新服务体系尚不完善，限制了海洋科技资源优势的发挥。四是海洋生态环境保护与可持续发展形势依然严峻，海陆生产、生活污水的超标排放导致海域生态环境恶化，此外长江口在建或拟建的工程也加剧了海洋生态系统的破坏程度。对此上海要大力优化海洋产业结构，以发展海洋高新技术产业为导向，重点推进海水综合利用、海洋生物、海洋新能源等海洋资源开发利用；重点围绕上海国际航运中心的发展目标，合理调整港口布局，建成以港口为枢纽，水陆畅通、设施完善、内外辐射的现代化航运集疏运体系；加强对海岛、生物、湿地等自然资源的保护；有效控制陆源污染物排海总量，保护附近海域和海岸带的生态环境。

第五节　江　苏　省

江苏位于我国沿海中部，面临黄海，背靠长江，南部毗邻上海，北部连接环渤海地区，东与东北亚隔海相望，西连新亚欧大陆桥和长江黄金水道，全省海岸线长为 1036 公里，所辖海域 3.75 万公里^2。海洋动力地貌条件独特，滩涂资源丰富，约占全国的 1/4；海洋生物资源种类繁多，近岸海域分布着长江口、吕四、大沙、海州湾等四大渔场；风能资源丰富，适合建设大规模海上风电场；海洋旅游文化资源开发潜力巨大；条件较好的海港港址有 14 处，其中连云港、盐城港大丰港区等可建设 10 万吨级以上泊位。在丰富的海洋资源和独特的区位优势支撑下，江苏海洋经济快速增长（张耀光，2015）。

多年来，江苏海洋经济有了较快的发展，1996 年海洋经济生产总值达 124.61 亿元，2013 年达到 4921.2 亿元，年均增长率为 26.78%，2001～2011 年海洋经济年均增长率为 21.9%，占全国海洋经济生产总值的比重从 1996 年的 4.43% 增长至 2013 年的 9.06%，人均海洋经济生产总值同步增长。[①]

近年来，海洋经济结构升级的步伐明显加快，海洋产业门类日趋增多，形

---

① 数据来源于 1997 年、2002 年、2012 年、2014 年《中国海洋统计年鉴》。

成了多元化发展的海洋产业格局，以能源、化工、船舶、医药等产业为主导的海洋产业迅猛发展，"二三一"的海洋产业结构格局初步形成。江苏海洋生物医药业、海水利用业、海洋电力业、海洋现代服务业发展迅速，已经形成一定规模；深海工程装备制造业、深海战略资源开发也取得了较大的成就。海洋工程装备制造、风电和海洋生物医药这三大新兴产业将成为江苏海洋经济新的增长点。近几年，江苏海洋交通运输业、海洋船舶工业、海洋渔业、滨海旅游业四大产业发展迅速，今后将和海洋新兴产业齐头并进，加速发展。

与此同时，国家海洋战略、区域发展政策对江苏海洋经济系统的演进也起着至关重要的作用。2009年6月，国务院正式出台《江苏沿海地区发展规划》，主要推动江苏海洋经济绿色发展；2010年《长江三角洲地区区域规划》的批准实施，进一步提升了江苏海洋经济发展的综合承载能力和服务功能；2011年，江苏出台了《江苏省"十二五"海洋经济发展规划》，规划的实施促进了江苏海洋产业结构的优化升级；2014年国家财政部、海洋局下发《关于在天津、江苏实施海洋经济创新发展区域示范的通知》，要求在天津、江苏创立海洋经济创新示范区，明确指出江苏应该努力探索出海洋经济发展新的增长模式，加强突破海水淡化、海洋装备等重大技术，成功转化一批重大技术成果，发展壮大一批示范龙头企业，培育形成特色明显、优势突出的战略性新兴产业集聚区，促进海洋经济实现跨越式发展。江苏海洋经济发展借助沿海地区发展上升为国家战略和"长江三角洲地区区域规划"的出台，以提升海洋经济综合竞争力为核心，以转变海洋经济增长方式为主线，以海洋科技创新为动力，以港口物流、临港工业为突破口，着力优化海洋产业结构，海洋经济加快发展，主要海洋产业增加值保持高速增长的态势，海洋船舶修造、滨海旅游、海洋渔业、海洋交通运输业等优势产业实力进一步提升；海洋基础设施建设成效突出，集疏运体系日趋完善，对海洋经济发展的支撑保障能力显著增强；海洋科技兴海战略不断深化，海洋生物、海洋化工、海洋可再生能源等应用科技水平大幅提升；通过建立国家级海洋特别保护区，实施人工鱼礁和增殖放流活动，海洋渔业资源养护和生态修复取得明显成效。

2015年，江苏海洋经济发展坚持陆海统筹、江海联动，在新常态下保持了平稳的增长态势，全省海洋生产总值达6406亿元，比2014年增长9.5%，海洋生产总值占地区生产总值的9.1%。其中，海洋产业增加值为3346亿元，海洋相关产业增加值为3060亿元，且海洋服务业占比首次超过海洋第二产业。海洋产业总体稳步增长，海洋第一产业增加值为 288 亿元，第二产业增加值为 3037 亿元，第三产业增加值为 3081 亿元，海洋第一、第二、第三产业增加值占海洋生产总值的比重分别为 4.5%、47.4% 和 48.1%，海洋服务业占比首次超过海洋第二产业。①通过大力发展海水增养殖业和海水产品加工业，积极推进远洋渔业发展，全省 48 艘远洋渔船捕获深海各类水产品 3.37 万吨，同比上升 50%，沿海地区千亿元级现代渔业建设取得新成效；海洋船舶工业加速淘汰落后产能，转型升级成效明显，全省造船完工量为 1657 万载重吨，同比增长 33.8%；海水淡化和综合利用业取得较快发展，产业化进程加快，海水直接利用量持续增加，发展环境持续向好。②随着国家科技兴海战略的深入实施，海洋生物医药业持续较快发展并粗具规模；江苏沿海地区风电装机容量达 366 万千瓦，其中海上风电装机容量达到 47 万千瓦，规模位居全国首位；沿海港口建设取得新的突破，重大滩涂围垦工程不断拓展，海洋工程建筑业保持快速增长；沿海沿江规模以上港口生产总体平稳，货物吞吐量达 17.9 亿吨，同比增长 4.9%；集装箱吞吐量达 1583 万标箱，同比增长 6.5%（江苏省海洋与渔业局，2016）。③随着沿海交通等基础设施的不断改善，滨海旅游接待人次逐年增加；海洋工程装备制造产业蓬勃发展，江苏省海洋工程装备产品数量和产值约占全国的 1/3，产品覆盖了从浅海到深海、从油气平台到海洋工程船舶的各种类型。在海洋科技创新方面，江苏省积极推动建立海洋经济创新示范园区，以科学开发海洋资源为前提，坚持优势集聚、集约发展，完善配套设施，提升服务功能，积极吸引国内外各类海洋生产要素向园区集聚，促进产业链不断延伸、产业群不断壮大，将海洋资源优势转化为产业优势，促进江苏海洋经济科学发展。

2016 年，为推动江苏沿海地区加快建成我国东部地区重要的经济增长极和辐射带动能力强的新亚欧大陆桥东方桥头堡，江苏省委、省政府印发《关于新一轮支持沿海发展的若干意见》，提出"十三五"时期，江苏沿海地区生产总值年均要增长 9% 左右的目标，高于东部地区平均水平；在推动产业转型升级上，明确将海洋生物医药等临港优势产业项目，优先列入省级重大项目计划，并给予引导资金支持；在深化对内对外合作上，提出围绕"一带一路"建设先行基地，争取设立自由贸易区；在创新驱动方面，支持实施"智慧沿海"工程，通过构建沿海产业科技创新体系，推动创新型企业、新兴产业、新兴业态加速形成。

江苏海洋经济在快速发展的同时，也面临着前所未有的压力和挑战。①海洋经济总体规模小，海洋产业结构趋同，空间布局不够合理。②海洋第三产业比重偏低，产业结构亟待升级；海洋科研投入不足，科研成果转化能力较弱。③海陆统筹发展的体制机制有待完善。由于长期以来对海洋资源的掠夺式开采使用，资源瓶颈日益凸显，尤其表现为海洋渔业资源锐减；沿海地区工业废水、生活污水的排放导致近岸海域污染严重，海洋环境压力不断加大。对此江苏要有重点地解决海洋资源开发利用中的关键技术，积极推动传统产业升级和战略性新兴产业培育；依据海洋资源和生产要素的分布情况合理布局海洋产业，努力实现陆海资源互补、布局互联、产业互动；建立完善的海洋环境监控体系，对海洋环境产生重度污染的企业进行有效整改，在保护沿海地区海洋生态系统的前提下实现海洋经济绿色发展。

第六节　浙　江　省

浙江区位条件优越，位于我国"T"字形经济带和长三角城市群核心区，是长三角地区与海峡两岸的连接纽带，濒临广阔的东海，海岸线长 6200 公里，占全国海岸线总长的 20.3%，居全国第一。500 米²以上的岛屿有 3061 个，占全国的 1/3，全部岛屿岸线长 4972.7 公里，岛屿陆域面积达 1940.38 公里²；所辖海域多半岛、岬角、海湾，具备建设深水港口、锚地、航道的天然条件，可建万吨级以上泊位的深水岸线为 290.4 公里，占全国的 1/3 以上；渔业资源丰富，近海最佳可捕量占到全国的 27.3%；海洋能蕴藏丰富，主要有波浪能、潮流能、潮汐能等，海岛有丰富的风能资源；沿海自然环境独特，形成多处自然景观，滨海旅游资源十分丰富（张耀光，2015）。

近年来，浙江海洋经济有了较快的发展，1995 年海洋经济生产总值为 267.7 亿元，占全国的 10.9%，2001 年海洋经济生产总值为 685.5 亿元，占全国的 7.2%，2013 年增长至 5257.9 亿元，1996～2013 年，海洋经济生产总值年均增长率为 20.62%。2013 年浙江省海洋经济产值占全国海洋经济总产值的 9.68%，人均海洋经济总值随海洋经济总值同步增长。[①]

2010 年，浙江海洋生产总值为 3774.8 亿元，比 2005 年增长 68.9%，其

---

① 数据来源于 1997 年、2002 年、2014 年《中国海洋统计年鉴》。

中第一产业为 286.7 亿元,第二产业为 1763.3 亿元,第三产业为 1833.6 亿元。海洋经济占全省生产总值的比重为 13.6%,比 2005 年上升 1 个百分点。海洋产业结构日趋合理,海洋经济三大产业结构比例从 2005 年的 12∶41∶47 调整为 8∶42∶50。海洋产业体系较为完备,海运、石化、船舶、海水综合利用等行业成就突出,海运业完成货物吞吐量 7.88 亿吨、集装箱吞吐量 1404 万标箱;船舶工业增加值达 169.3 亿元,居全国第三位;海水综合利用增加值达 361.5 亿元,居全国领先地位(浙江省海洋与渔业局,2012)。

浙江作为海洋资源大省,十分重视海洋开发,1993 年浙江提出建设"海洋经济大省"的目标,真正意义上确立了海洋开发战略,特别是随着《浙江省海洋开发规划纲要(1993—2010 年)》的实施,海洋经济取得较大发展。1993～2002 年,浙江以上海国际航运中心建设、东海油气田开发、海洋渔业结构调整为契机,立足海洋资源优势,实现了临港工业和海洋新兴产业的快速崛起,浙江港航向专业化、规模化、集群化发展,临港石化、海洋与船舶工程、海洋生物制药等产业逐步走在了全国前列;海洋渔业稳步发展,远洋捕捞位列全国首位;海洋旅游业成为全省国民经济中增长最快的产业之一。2003 年,浙江召开全省海洋经济工作会议,进一步明确了加快发展海洋经济的总体要求:以科技进步和体制创新为动力,以港口城市为依托,以港口建设和临港工业为突破口,加快海洋资源综合开发,加强海洋基础设施建设和环境保护,努力将浙江建设成为海洋经济综合实力强、海洋产业结构布局合理、海洋科技先进、海洋生态环境良好的海洋经济强省。2005 年,浙江制定的《浙江海洋经济强省建设规划纲要》中指出要利用好发展海洋经济得天独厚的条件,加快发展海洋经济,保证海洋经济强省建设顺利实施。2003～2009 年,浙江依托海洋经济强省、港航强省等海洋经济发展战略,积极推进陆海联动、港口开发开放、产业结构调整、海洋资源综合开发、海洋综合管理,海洋经济在发展方式、规模、质量等方面都发生了巨大变化。在海洋产业发展上,浙江在全国率先实施渔民转产转业战略,坚持压缩近海捕捞、发展远洋捕捞、主攻海水养殖的方针,大力调整海洋渔业结构;临港石化工业、船舶修造业、临港能源工业和港口海运业等海洋优势产业在快速增长的同时逐步实现战略转型,其总体产业发展水平位居全国前列;海洋旅游业竞争力大幅提升,空间布局逐步优化;海水淡化、海洋生物资源开发和海洋新能源利用等海洋新兴产业快速崛起。2010 年,国家批准浙江为发展海洋经济试点省份,将浙江沿海开发提升到国家战略层次。

2011 年，国务院正式批复《浙江海洋经济发展示范区规划》，将浙江海洋经济发展示范区建设上升为国家战略；同年国务院又批复同意设立浙江舟山群岛新区，浙江初步构筑起以宁波、舟山为中心，温台杭嘉为两翼的海洋经济发展格局。2013 年，国务院批复了《浙江舟山群岛新区发展规划》，围绕浙江海洋经济发展先导区、海洋综合开发试验区和长江三角洲地区经济发展重要增长极的战略定位，逐步将舟山群岛建设成为我国海洋产业发展示范区。

在国家海洋战略和区域发展政策指导下，浙江海洋经济得到较快发展，全省海洋开发和海洋经济发展经历了"开发蓝色国土""海陆统筹，建设海洋经济大省""建设海洋经济强省""发展海洋经济、建设港航强省"等阶段，海洋开发水平逐步提高，对国家实施海洋开发、构建现代海洋产业体系等发挥了重要作用。海洋产业部门增加，产业结构逐渐趋于合理，海洋渔业呈现出由捕捞向养殖转变、由近海向深远海转变、由数量型向质量型转变的良性发展趋势；海洋交通运输业发展日趋成熟，经济效益逐年提高；在滨海旅游开发过程中，已形成了集观光、休闲、旅游、商务等于一体的旅游功能；海洋工程船等高技术高附加值新型船舶工业发展迅猛；海洋生物医药、海水综合利用、海洋新能源开发等新兴产业发展较快。海洋经济重大项目建设快速推进，象山港跨海大桥等一批重大基础设施项目建成投用，三门核电等一批海洋经济重大项目加快推进。海洋科教支撑能力不断提升，以海洋经济技术研究院、海洋科学城、海洋科技创业园等为平台加快提升海洋科技自主创新能力，在膜法海水淡化技术、海产品育苗和养殖技术、海产品超低温加工技术、分段精度造船技术等方面取得重大突破。主要入海污染物总量得到控制，全省近岸海域环境质量保持基本稳定；重点实施了一批包括重点海岛、海湾、海岸带在内的综合整治修复及保护项目，海洋生态环境保护得到加强。

当前，浙江海洋经济正处于向质量效益型转变的关键阶段，支撑其海洋经济发展的要素条件正在发生深刻变化，海洋经济深层次矛盾凸显，主要表现为如下几个方面。①海洋产业层次偏低，浙江传统海洋产业以资源初加工为主，产业链短，高附加值、高技术含量产品少；海洋油气业、海洋电力业、海洋工程装备制造业等海洋高新技术产业在海洋经济生产总值中比重较低；海洋第三产业中的生产性服务业有待进一步完善。②海洋科研机构和科研力量相对薄弱，缺乏高素质海洋科研人才，导致海洋科技创新能力不足；海洋科技成果转化率不高，科技发展对海洋经济的带动作用不强。③沿海城市、重要海洋功能区的布局衔接和联动建设不够完善。对此浙江要围绕构建现代海洋产业体系，加大科研投入、科技成果转化及相关体制机制创新，通过以海引陆、以陆促海的海陆联动发展方式聚力海洋工程装备、海水综合利用、海洋清洁能源、海洋生物医药等新兴产业的发展。④优化港口布局，提高资源配置效率，大力推进海港、海湾、海岛"三海"联动，加快推进港口、产业、城市融合发展，打造覆盖长三角、辐射长江经济带的浙江港口经济圈。

第七节　福　建　省

福建地处我国东南沿海海峡西岸经济区，北承长江三角洲，南接珠江三角洲，西连广阔内地，东临台湾海峡，拥有优越的海洋区位条件、丰富的海洋资源和深厚的海洋生态文化底蕴等优势。海域面积为 13.6 万公里^2，属东海大陆架浅海水域，海岸线总长 3324 公里，岛域面积为 1324.1 公里^2。海洋生物资源丰富，常见的经济鱼类达 125 种，近海分布着五大渔场；港口资源丰富，全省可用于建港的深水岸线为 190 公里，沿海有大小港湾 125 个，可建天然深水良港6 处；滨海砂矿、油气资源等储量丰富；由于岛屿、海岸类型多种多样，构成了丰富的自然景观；沿海地区名胜古迹遍布，形成了丰富的人文旅游资源。到2012 年年底，全省拥有万吨级及以上深水泊位 137 个，沿海港口货物吞吐量超4 亿吨，集装箱吞吐量突破 1000 万标箱（张耀光，2015）。推进港口资源整合，沿海三大港口群发展格局形成，厦门东南国际航运中心建设各项工作全面展开。沿海地区铁路、公路、能源等基础设施建设加快，部门重点港区的疏港公路与铁路网相连，形成沿海立体交通网络。

福建海洋经济产值 1995 年已达 218.22 亿元，占全国海洋经济总产值的8.9％。2001 年海洋经济总产值为 924.4 亿元，2011 年已达 4284 亿元，比 2001年增长约 3.63 倍，占全国海洋经济总值的 9.4％。2013 年达到 5028 亿元，占全国海洋经济的比重为 9.26％，1996 ～ 2013 年年均增长率为 20.02％，人均海洋经济总值同步增长。①

2015 年，福建海洋生产总值达到 6880 亿元。"十二五"期间，全省海洋生

---

①　数据来源于 1996 年、2002 年、2012 年、2014 年《中国海洋统计年鉴》。

产总值年均增长 13.3％，高于全省 GDP 平均增速。海洋渔业、海洋交通运输、海洋旅游、海洋工程建筑、海洋船舶等五大海洋主导产业优势明显，增加值总和占全省海洋经济主要产业增加值总量的 70％以上。2015 年，全省海水产品总产量达 636.31 万吨，居全国第二位；远洋渔业综合实力居全国首位；水产品出口创汇 55.49 亿美元，位居全国第一；沿海港口货物吞吐量 5.03 亿吨，集装箱吞吐量 1363.69 万标箱；完成水路货运量 29 370.64 万吨，货物周转量 4308.03 亿吨公里；海洋旅游业实现旅游总收入 3141.51 亿元（福建省人民政府，2016）。海洋生物医药、邮轮游艇、海洋工程装备等新兴产业蓬勃发展。环三都澳、闽江口、湄洲湾、泉州湾、厦门湾、东山湾六大海洋经济密集区初步形成，海洋经济已成为全省国民经济的重要支柱。

为推进海洋产业集聚和示范带动效应，福建加快了海洋产业示范园创建，着力打造诏安金都海洋生物产业园、石狮市海洋生物科技园、霞浦台湾水产品集散中心、闽台（福州）蓝色经济产业园、厦门海沧海洋生物科技港等五大海洋特色示范产业园，入驻了华宝海洋生物化工等 50 多家海洋企业。诏安金都海洋生物产业园还被认定为国家科技兴海产业示范基地，是目前全国四个海洋经济试点省中唯一拥有"国字号"品牌的园区。这几年，福建的滨海旅游业快速发展，特别是以厦门鼓浪屿、湄洲湾妈祖、福州马尾船政局等为主的滨海旅游业得到了良好的发展。在文化影视业方面，闽商文化的发展在福建海洋文化的未来发展规划中起到了良好的带头作用。

作为我国主要的海洋渔业省份和全国海洋经济发展试点区，福建依托优越的海洋资源禀赋条件和国家海洋发展战略、区域发展政策的扶持，海洋经济取得长足发展。2009 年《国务院关于支持福建省加快建设海峡西岸经济区的若干意见》指出，福建应当充分发挥海洋资源禀赋优势，为临港工业、海洋渔业、海洋新兴产业等提供现代化开发基地，从而优化海洋产业集聚的环境；2011 年《福建省国民经济和社会发展第十二个五年规划纲要》提出，要实现发展壮大海洋新兴产业的目标，应优化海洋产业结构、合理布局海洋产业、推进海洋科技创新、提高海洋管理能力等；2012 年，福建省委、省政府出台《关于支持和促进海洋产业发展九条措施的通知》，强调应对海洋产业发展提供财政资金、税收优惠及融资便利等方面的支持，加快蓝色产业带建设以促进海洋资源要素集聚，加强海洋科学技术创新以提升海洋探索能力，打造具有地方特色的优质品牌以加强区域竞争力；2014 年，国家海洋局发布

《关于进一步支持福建海洋经济发展和生态省建设的若干意见》，从海洋资源综合开发管理、海洋科技创新及公共服务平台项目建设、海洋经济创新发展区域示范项目建设、开展海洋生态文明建设先行先试、促进海洋经济持续健康发展、海洋经济对外开放等6个重点领域，支持福建积极探索海洋经济加快发展和生态省建设的新思路、新模式、新方法，争取海洋经济发展试点工作和海洋生态文明工作取得更多成效，为我国海洋经济科学发展提供有益借鉴。2015年发布的《福建省21世纪海上丝绸之路核心区建设方案》，明确了福建21世纪海上丝绸之路核心区建设的四大功能定位、重点合作方向、主要任务等。多重政策叠加与外溢效应，为福建壮大海洋经济、建设海洋经济强省提供了难得的机遇。

"十二五"期间，福建海洋经济加快发展、综合实力明显增强，海洋经济已发展成为推动全省经济增长的重要支柱。2015年，海洋渔业、海洋交通运输、海洋旅游、海洋工程建筑、海洋船舶等五大海洋主导产业优势明显，增加值总和占全省海洋经济主要产业增加值总量的70%以上。①海洋养殖和水产加工是福建具有比较优势的传统产业，近年来福建坚持养捕结合、控制近海、拓展外海、发展远洋的生产方针，加快转变渔业发展方式，激发渔业发展内在动力，现代渔业建设步伐不断加快，在渔业养殖领域推广工厂化养殖、循环水深海鱼养殖、封闭式循环水养殖等先进技术，渔业经济总产值年均增长近5%，远洋渔业综合实力、水产品出口、境外水产养殖规模均居全国首位。②在持续优化传统业态的同时，福建海洋新兴产业也进入稳步发展阶段，"十二五"期间，福建海洋生物医药产业增速近20%，分布于福建沿海的润科生物、蓝湾科技等30多家现代海洋生物医药企业正在成为海洋经济新生力量；环三都澳、闽江口、湄洲湾、泉州湾、厦门湾、东山湾六大海洋经济密集区初步形成。海洋创新引领作用明显增强，以海洋研究中心、涉海科研院校等为海洋科技创新平台，在一批海洋产业关键共性技术攻关上取得重大突破，海洋科技成果转化能力不断提升，依托海峡项目成果交易会等平台，成功对接海洋高新产业项目510余个，涌现一批海洋科技创新型企业，海洋科技进步贡献率达59.5%。③涉海金融创新能力持续增强，"海上银行"和海洋产业金融部、港口物流金融事业部、海洋支行等涉海金融服务专营机构相继设立，现代海洋产业中小企业助保金贷款和海域使用权、在建船舶、渔船抵押贷款等业务成效明显，现代蓝色产业创投基金挂牌成立。④海洋生态环境保护取得新进展，福建在全国率先实行沿海地方政府海洋环保目标责任考核制度，持续开展了海洋生态·渔业资源保护十大行动；厦门市、晋江市、东山县成为全国首批国家级海洋生态文明示范区；近岸海域二类以上水质标准的海域面积由 2010 年的 59.5% 提升到 2015 年的 66.1%；海洋工程建设项目的海洋生态损害补偿试点和泉州湾、罗源湾、九龙江口海湾污染物总量控制试点示范工程成效明显，海洋生态环境保护合作机制、海洋环境污染监测网络和海洋环境污染防治预警机制逐步完善。⑤海洋基础设施和公共服务能力持续提升，全省沿海港口五年新增万吨级及以上深水泊位 40 个，新增港口货物吞吐能力 1.3 亿吨，其中集装箱 144 万标箱。实施海洋防灾减灾"百个渔港建设、千里岸线减灾、万艘渔船应急"的"百千万"工程项目建设，建成各类渔港 45 个，其中中心渔港 1 个、一级渔港 1 个、二级渔港 10 个、三级渔港 33 个，渔船就近避风率达 71%（福建省人民政府，2016）。海洋立体监测网建设进一步完善，在位运行的海洋观测设施设备已具备对沿海核电、重点工程和重要航线目标的保障能力。率先在全国推进海域使用权市场化配置改革，率先建立莆田市、晋江市海域收储中心，完成全国首例无居民海岛抵押登记，无居民海岛保护和利用及海域资源市场化配置工作走在全国前列。海洋经济运行监测与评估系统建设稳步推进，海域使用动态监视监测管理系统建设完成，海域使用管理审批系统和水产品质量安全追溯管理平台有效运行，"数字海洋"信息基础框架构建加快推进。海洋执法能力显著提升，用海管理与用地管理衔接试点进展顺利。⑥在海洋经济对外合作方面，闽台海洋合作深入推进，建立了海峡两岸水产品加工集散基地等闽台现代渔业合作示范区；探索建立两岸海洋生态环境保护交流合作机制，协同开展增殖放流活动。与"海上丝绸之路"沿线国家和地区合作加强，主动融入中国–东盟国家合作框架，借助中国–东盟海上合作基金项目支持，创新构建了与东盟国家在海洋渔业各领域的合作平台。

新常态下，福建经济发展处于新旧动能转换阶段，海洋经济运行面临的不确定因素增多。海洋经济发展的国际竞争加剧，海洋经济资源开发利用和市场竞争更加激烈，给福建参与远洋渔业和深海资源开发带来种种不确定因素；与周边海洋强省相比，福建海洋经济还存在一定的差距；在过剩产能化解、产业结构升级、创新驱动发展等方面还需要补上短板：海洋渔业、海洋盐业等传统产业粗放增长方式尚未根本转变，海洋产业结构趋同，海洋生物医药、海水综合利用等海洋新兴产业和现代海洋服务业规模较小；海洋经济服务配套体系不完善，科技、金融等要素制约急需破解；海洋资源与生态环境约束日益凸显；陆海统筹发展的体制机制亟待完善，这些构成海洋经济发展的深层次压力，制约了海洋经济的可持续发展。对此福建要通过供给侧改革加快海洋渔业等传统产业转型升级，以关键技术研发为动力加强海洋生物资源、海洋新能源、海水化学资源等的开发，推进海洋新兴产业规模化发展；利用现代信息技术促进海洋服务业向产业链高端延伸；完善海洋经济服务配套体系建设，强化海洋科技教育对海洋经济的支撑能力；健全海洋资源有偿使用制度，加强陆源和海域污染控制，增强海洋经济可持续发展能力，切实提高福建海洋经济系统对海洋强国战略的响应程度。

第八节　山　东　省

山东东临黄海，北临渤海，全省大陆海岸线为 3121.95 公里，占全国的 1/6，岛屿岸线总长 737 公里，管辖海域面积约 15 万公里²。海洋资源丰富，具有经济价值的海洋生物资源有 600 余种；黄河三角洲及渤海水域探明石油地质储量丰富；海滨砂矿种类众多，主要分布在山东半岛沿岸；在莱州湾沿岸及胶州湾西岸，还赋存有高浓度的地下卤水资源，滨海旅游资源众多，在海滩浴场、岛屿景观等方面具有一定优势（张耀光，2015）。山东半岛与朝鲜半岛、日本列岛隔海相望，是我国通向韩国、日本最近的出海口之一，也是我国通向东南亚及世界各地的重要门户、对外开放的重要窗口。山东半岛是欧亚大陆桥桥头堡之一，是环渤海经济圈的南部隆起带，也是连接东北老工业基地、京津冀和长三角地区的桥梁和纽带，建设山东半岛蓝色经济区，具有得天独厚的区位优势。

山东海洋经济总量在全国名列前茅，仅次于广东位居全国第二。1996 年，海洋经济生产总值达 513.74 亿元，占全国海洋经济总产值的 18.26%；2013 年海洋经济生产总值达 9696.2 亿元，占全国海洋经济生产总值的 17.85%，年均增长率为 19.55%。[①]

山东利用多种多样的海洋资源，以及一系列具有创新性和前瞻性的科技资

---

① 数据来源于 1996 年、2004 年《中国海洋统计年鉴》。

源，积极对海洋产业结构进行优化、升级。近年来，山东海洋产业结构出现较大的调整，主导产业由第一产业向第二、第三产业转移，其中以海洋新兴产业为主，如滨海旅游业和海洋生物业等以海洋高新科技为依托的新兴产业。当前，山东半岛蓝色经济区海洋产业结构产生较大的变化。近年来，随着大量新兴高端创新科技在海洋相关产业的运用，滨海旅游业、海水利用、海洋环保等新兴海洋产业以较为迅猛的势头进一步发展。在海洋渔业、海洋油气业等传统海洋产业稳步发展的同时，滨海旅游业和海洋交运业等新兴海洋第三产业则是得到高新技术的支持，逐步成为海洋主导产业，而海洋电力业、海洋生物制药业等高新技术型新兴海洋产业也获得了较大的发展。2011年，山东滨海旅游业在海洋产业总产值中所占比例为24%，较2010年涨幅超过30%，逐步成为龙头产业。海洋生物制药业这类需要大量海洋高新技术支持的产业产值涨幅更是达到了70%。以海洋高新技术为依托的海洋新兴产业已经逐渐发展壮大起来，为山东海洋经济发展做出重要贡献，成为新的经济增长点。

山东作为海洋大省，一直以来高度重视海洋经济的发展，对海洋强国战略的响应程度较高。20世纪90年代初，山东提出建设"海上山东"的发展战略，使得海洋资源开发及其所形成的海洋产业迅速发展。2007年山东宣布并实施建设"海洋经济强省"的重要战略性规划和部署，全省经济立足于海洋经济发展，将海洋经济发展作为新的经济增长点，海洋经济综合实力显著增强。2008年山东实施"一体两翼"战略和海洋经济发展战略，建设以青岛为龙头的胶东半岛高端产业聚集区，加快产业转型升级，推动一般加工业向中西部地区转移，全力发展先进制造业、高新技术产业和现代服务业，推动东部沿海地区率先发展；在国家战略层面上推进黄河三角洲高效生态经济示范区建设，着力构建生态农业、临港工业、循环经济体系；通过实施海洋经济发展战略，着力打造具有山东特色的海洋产业体系，巩固提升海洋渔业、盐业、海洋化工业等传统优势产业，积极发展造船、海洋工程、海洋药物等先进制造业，加快港口整合，发展海上运输、滨海旅游等海洋服务业，使得山东海洋经济产业结构发生较大变化，产业布局得到优化。2010年，国务院批准把山东定为全国海洋经济发展试点地区。2011年国务院正式批复《山东半岛蓝色经济区发展规划》，规划提出将山东半岛蓝色经济区建设成为具有国际先进水平的海洋经济改革发展示范区和我国东部沿海地区重要的经济增长极，为实施海洋强国战略和促进全国区域协调发展做出更大贡献，这标志着山东半岛蓝色经济区建设正式上升为国家战略，成为国家海洋发展战略和区域协调发展战略的重要组成部分。近年来，以山东半岛蓝色经济区建设为契机，山东不断壮大黄河三角洲高效生态海洋产业聚集区和鲁南临港产业聚集区两个增长极，以荣成、长岛、蓬莱、莱州、黄岛区等海域为主体，大力发展现代水产养殖业、渔业增殖业及现代远洋渔业；以青岛为龙头，以烟台、潍坊、威海等沿海城市为骨干，加快提高海洋科技自主创新能力和成果转化水平，推动海洋生物医药、海洋新能源、海洋高端装备制造等战略性新兴产业规模化发展，海洋产业结构不断优化，科研实力稳步提升，海洋经济发展水平在全国沿海地区中处于领先地位。2015 年，山东半岛地区国家高新区共实现高新技术产业产值 6500 亿元，占区内规模以上工业总产值的比重达到 70%，其拥有青岛海洋科学与技术国家实验室等重大科技创新平台，聚集了全国 50% 以上的海洋科研机构和全国 70% 的海洋高端人才，自主研发的海洋监测设备、海洋钻井平台、海洋生物医药等一批重大高新技术产品填补了国内空白（凤凰财经，2016）。2016 年，国务院正式批复山东半岛国家自主创新示范区建设，明确提出要将山东半岛国家自主创新示范区打造成为海洋领域具有全球影响力的海洋科技创新中心。山东半岛国家自主创新示范区"以蓝色经济引领转型升级"作为战略定位，有效整合山东半岛地区优势科技创新资源，创建具有重要支撑、引领作用的重大区域创新载体，充分发挥山东半岛地区在海洋科技创新、海洋产业发展方面的辐射带动作用，通过解决一批海洋产业发展的关键核心技术，构建现代海洋科技创新体系；加强海洋环境保护，提高海洋资源保护利用效率，使"蓝色经济"成为全省转型升级的强大动力，为海洋强国战略的实施提供科技创新支持。

伴随山东海洋经济的快速发展，海洋经济深层次矛盾凸显，在一定程度上制约了对海洋强国战略响应程度。尽管山东半岛蓝色经济区海洋自然资源和海洋科技资源优势明显，但是却未能更好地转化为经济优势，从而不能促进海洋产业结构合理化。与广东、上海等沿海其他地区相比，山东海洋经济结构层次偏低，存在"供给老化"，海洋渔业、盐业所占比重较高，海洋第三产业比重相对较低；海洋资源开发过度与利用不足并存导致海洋资源优势不优；虽然在海洋食品、海洋制药、海水养殖等方面取得了一定的科技成果，但是科技成果转化率不高，海洋科研和推广体系不完善，高层次海洋科技人才相对缺乏，严重束缚了海洋科技的进步；长期粗放型的海洋经济增长方式导致近岸海域污染很严重，海岸侵蚀、沿岸土地盐碱化、赤潮灾害频发，严重阻碍了海洋经济的持续健康发展。对此，山东要整合海洋科技和教育资源，增强海洋科技自主创新能力；积极发挥海洋科技的引领作用，培育海洋优势产业；优化海岸与海洋开发保护格局，全面规范海洋资源开发利用秩序，保护海洋生态环境，在增强海洋经济综合实力的基础上推进海洋经济改革发展示范区建设朝纵深方向发展。

第九节　广　东　省

广东濒临南海，是我国海洋大省，海岸线曲折，岬湾相间，总长为3368公里，约占全国的1/5，有大小港湾124处，目前已开发62处；海域面积近35万公里²，岛屿岸线长1600公里，海域中大于500米²的岛屿有759个。海域内海洋生物资源种类繁多，在增养殖生物资源中，重要种类约150种；海洋油气资源、滨海旅游资源丰富，开发空间巨大（张耀光，2015）。

广东资源开发利用卓有成效，1995年海洋经济总产值为616.31亿元，占全国海洋经济总产值的25%，居全国第一位，2011年已增长到9191.1亿元，2012年突破10 000亿元，达到10 506.6亿元，2013年海洋经济总产值为11 283.6亿元，连续19年位居全国海洋经济总产值首位，海洋经济总产值占全国海洋经济总产值的20.77%，年均增长率为17.92%。2005年，广东海洋三大产业结构比例为19.32∶30.83∶49.85，到2013年海洋经济三产比例为3∶83∶89。第一产业比重正在逐渐降低，第二、第三产业比重上升且以第三产业比重最高，海洋经济产业结构较为合理，海洋经济较为发达，已具备建设海经济强省的良好基础[①]。

作为海洋经济大省，广东拥有丰富的海洋资源和悠久的海洋开发历史，长期以来形成了海洋渔业、海洋运输业和海洋盐业等传统海洋产业三足鼎立的局面。然而，随着广东海洋开发力度的不断加大，海洋经济发展迅速，不仅各主要海洋产业产值快速增长，也改变了传统海洋产业一统天下的局面，出现了海洋产业多元化发展的新局面。广东的海洋经济主要分布于其东南沿海狭长的海岸带，大体可划分为珠三角海洋经济区、粤东海洋经济区和粤西海洋经济区，涵盖以广州、深圳、惠州、汕头和湛江为首的五大区域海洋经济重点市。由于资源禀赋、历史演变与现实经济基础等的差异，形成了三大区域各具特色的海

---

① 数据来源于1996年、2006年、2012年、2013年、2014年《中国海洋统计年鉴》。

洋经济与海洋产业布局。珠三角海洋经济区经济发展基础好，外向型经济优势明显，产业体系完善，经济辐射能力强，是全国沿海三大经济圈之一，也是全国海洋经济增长最快、最具活力的地区之一。其海洋资源优势主要在于港口资源、旅游资源和滩涂资源。但随着珠三角的开发利用力度逐步加大，区域经济发展受空间、资源和环境的制约日益明显。粤东海洋经济区地理区位优越，海洋资源良好，但经济仍以粗放型为主，工业化进程相对缓慢，海洋资源优势未转化为海洋经济优势。粤西海洋经济区海洋资源丰富，优势海洋资源为港口资源、滩涂浅海资源、海洋生物资源，同时也是我国大西南最主要的出海口，区位优势日益突出。但该地区工业化进程缓慢，基础设施建设不完善，经济发展相对落后。

广东是我国改革开放的先行地区，地处我国南海北部，是我国与东南亚、中东，以及大洋洲、非洲、欧洲各国海上航线最近的地区，是我国对外开放的核心区域，也是保护开发我国南海资源的战略基地，推动广东海洋经济发展，对促进南海保护开发具有重大意义。广东是我国海洋经济第一大省，其海洋经济总量连续数年居全国首位，海洋资源开发利用卓有成效，海洋经济发展迅速，而海洋政策的支持对广东海洋经济发展起到了至关重要的作用。在国家科技兴海的大背景下，1993年广东率先在全国召开全省海洋经济工作会议，历届会议研究海洋综合开发的重大问题，做出实施海洋综合开发、建设海洋经济强省、促进海洋经济科学发展等一系列重大部署。1993年，广东第一次海洋经济工作会议提出依靠科技进步发展海洋产业，切实抓好海洋科技和人才工作；1995年，第二次海洋经济工作会议提出"科教兴海"，要大力发展海洋高新技术产业；1997年，第三次海洋经济工作会议提出"坚持可持续发展战略，振兴我省海洋产业"；1999年，第四次海洋经济工作会议的主题是"加强海洋综合开发，建设海洋经济强省，坚持海洋可持续发展"；2003年，第五次海洋经济工作会议上提出要大力推动科技兴海；2008年，第六次海洋经济工作会议做出了《关于促进海洋经济科学发展的决定》，全面加快海洋经济强省建设。2010年国务院批示同意将广东作为国家海洋经济发展试点地区之一，赋予广东海洋经济发展先行先试的权责；2011年，国务院正式批准实施《广东海洋经济综合试验区发展规划》，标志着广东海洋开发上升为国家战略，广东新一轮海洋经济发展浪潮由此展开。规划的实施以突出科学发展主题和加快转变经济发展方式为主线，优化海洋经济发展格局，构建现代海洋产业体系，促进海洋科技教育文化事业发展，加强海洋生态文明建设，创新海洋综合管理体制，将广东海洋经济综合试验区建设成为我国提升海洋经济国际竞争力的核心区、促进海洋科技创新和成果高效转化的集聚区、加强海洋生态文明建设的示范区和推进海洋综合管理的先行区。广东以海洋经济综合试验区建设为契机，以中山、珠海、湛江、惠州、汕尾等临港产业集聚区为载体，整合区域内资源、技术等优势大力提升传统海洋优势产业，积极培育海洋战略性新兴产业，集约发展高端临海产业。海洋生物医药业形成集聚效应，海洋工程装备制造业加快发展，海洋可再生能源利用迈出坚实步伐，临海钢铁、临海能源工业和临海石化产业顺利推进，滨海旅游业逐步向高端化发展，海洋产业结构不断优化。

在科技创新驱动发展战略的带动下，"十二五"期间广东海洋科技创新能力日益提高，海洋科技创新平台不断增加，广州、湛江被确定为国家海洋高技术产业基地，涉海科研机构与涉海高校合作成立海洋高新技术协同创新联盟，启动建设国内首个海洋天然产物化合物库公共服务平台；海洋高新技术的研究和开发取得丰硕成果，建成多个覆盖海洋生物技术、海洋防灾减灾、海洋药物、海洋环境等领域的省部级以上重点实验室，深海装备、船舶修造、海上风电设备等海洋工程装备制造走在全国前列，海洋新型酶类等多项成果得到转化应用；通过借力互联网加强信息化资源整合，海洋信息化服务水平不断提升。在发展海洋经济过程中坚持开发与保护并重，科学开发海洋资源，通过开展海洋生态修复和资源养护来进一步加强海洋生态文明建设，促进海洋经济全面协调发展。在项目用海保障方面，广东全力做好自贸试验区建设、粤东西北加快发展等重大战略用海服务。

随着海洋开发向深度和广度拓展，广东在海洋经济发展各方面取得巨大成就的同时也面临诸多挑战。海洋新兴产业比重较小，海洋生物制药、海水综合利用、海洋电力等新兴海洋产业快速发展，但受技术水平限制，尚未形成较大规模，占海洋生产总值的比重较低。海洋科技资源配置不够合理，发达地区海洋科技资源比较集中，欠发达地区海洋科技水平有待提高；海洋产业技术创新比较分散，科技创新体系还不够完善，海洋科技成果带动性不够强。海洋资源开发的粗放模式未从根本上得到扭转，海洋过度捕捞，造成鱼、虾等海洋生物资源锐减，近海渔业资源保护修复形势依然严峻；海洋环境污染严重，河口区、港湾等近岸海域海水受陆源污染影响较大，特别是珠江口海域，赤潮现象时有发生；海洋生态环境恶化趋势尚未得到有效缓解，不合理的围海造田导致滩涂与湿地面积锐减，自然景观遭到严重破坏；区域内海洋资源配置不合理导致区域海洋经济发展不协调，海洋经济空间布局有待调整，其中珠江三角洲海洋经济实力最强，是广东实现"蓝色崛起"的核心地带，而粤东、粤西由于受经济发展水平的限制，海洋经济发展水平不够高，不同区域的产业发展重点不够突出，不能充分发挥区域特色优势。对此广东要以海洋生物资源、海水资源等为重点培育发展海洋生物医药、海水综合利用等战略性新兴产业，力争拥有更多自主知识产权的科技产品；优化配置海洋科技资源，推动科技成果向现实生产力的转化；合理开发海洋资源，完善海洋生态补偿机制；调整海洋经济结构与功能布局，加强产业联动与资源整合，统筹推进珠三角、粤东、粤西三大海洋经济区协调发展。

第十节 广西壮族自治区

广西毗邻经济强省广东，面向东南亚，东邻珠三角，是西南地区通向我国沿海、东南亚乃至世界各地的重要交通要道之一，也是西南地区最便捷的出海口。沿海处于华南经济圈、西南经济圈和东盟经济圈结合部，发展海洋经济具有不可替代的战略地位和区位优势。其海岸线长 1595 公里，面积 500 米^2 以上海岛 651 个，岛屿面积 84 公里^2。广西海洋资源丰富，潮间带滩涂面积为 1105 公里^2，沿岸滩涂还分布有 40％的红树林；沿岸港湾较多，多数属于深水良港，建港条件较好；滨海地区有砂矿资源，石英砂矿储量 10 亿吨以上（张耀光，2015）；海洋油气资源、潮汐能、海上风能资源、海洋旅游资源开发潜力巨大，这些丰富的海洋资源为广西海洋经济的发展奠定了坚实的物质基础，巨大的发展潜力使海洋成为广西经济社会发展的必然选择和重要空间。

通过对广西海洋资源的开发，海洋经济有了较快发展，1995 年，海洋经济产值达到 45.92 亿元，海洋经济产值占全国海洋经济的 1.9％，2001 年已增长到 172.2 亿元，2011 年又增至 613.8 亿元。2001 ～ 2011 年，广西海洋经济总产值年均增长率为 13.6％。2013 年海洋经济总产值为 899.4 亿元，占全国海洋经济总产值的 1.66％ [1]。

---

① 数据来源于 1996 年、2002 年、2012 年、2014 年《中国海洋统计年鉴》。

广西海洋产业较以前有了较好的发展，2014 年广西海洋第一、第二、第三产业增加值分别为 166 亿元、357 亿元、403 亿元，占海洋生产总值增加值的比重分别为 17.9%、38.6% 和 43.5%。从产业数据来看，占前三位的海洋产业分别为海洋渔业、海洋交通运输业与滨海旅游业，全年实现增加值分别为 184 亿元、117 亿元与 71 亿元。数据显示，广西北部湾的海洋产业基于传统的海洋产业，处于产业链低端，海洋产业结构失衡，由于中越关系与远洋捕捞的硬件限制，海洋第一产业发展较为缓慢。在海洋交通运输业中，2014 年沿海港口货物吞吐量为 2.02 亿吨，比 2013 年增长 8.1%，沿海港口国际标准集装箱吞吐量为 112 万标准箱，比 2013 年增长 11.6%，广西北部湾海洋经济特征逐渐明显。值得一提的是，增加值增长率超过 20% 的有海洋船舶工业、海洋生物医药业与滨海旅游业等三个产业，其原因主要为这三个产业基数较低，在大产业引进的情况下，增速较快（朱念等，2016）。

广西是我国沿海地区较晚发展海洋经济的省份，2008 年在国家"十一五"规划发展大背景下提出并实施《广西北部湾经济区发展规划》，北部湾拥有 1595 公里的海岸线，是我国西部大开发战略中唯一沿海的经济区域。广西通过深入实施北部湾经济区发展战略，海洋经济得到较快发展，海洋经济生产总值呈现稳定增长的状态，现代海洋渔业发展加快，远洋渔业实力逐步增强，海水养殖规模化、产业化、标准化水平不断提高；以石化、能源为代表的临海工业得到快速发展；海洋生物制药、海洋油气等新兴产业正在崛起；海洋运输、现代物流、滨海旅游业发展较快，在海洋产业中的比重不断提升；用海保障和海域使用管理能力不断增强，海洋环境监管体系逐步健全。2013 年，广西海洋局及相关部门通过了《广西海洋强区建设研究》的评审，标志着广西向海洋强区建设又迈进了一步。广西在新一轮海洋经济发展中通过建设北海、钦州、防城港三大海洋经济主体区域，形成以三市为中心的海洋经济空间布局，并通过发展渔业等传统海洋产业和临海工业、滨海旅游业等新兴海洋产业打造我国现代海洋产业集聚区。2014 年，国务院批复《珠江—西江经济带发展规划》，从发展战略的角度，对广东、广西、云南、贵州四省（自治区）的互联发展进行了全面阐述，明确指出广西要发展成为我国西南中南地区开放发展新的战略支点。广西发展海洋经济面临的发展机遇叠加，政策优势明显，国家"一带一路"战略的扎实推进，更是为广西加快把区位优势、资源优势、生态优势、政策优势转化为竞争优势创造了极为有利的条件。广西在坚持实施陆海统筹、边海协动、江海联动开放发展思路的同时，积极融入国家"一带一路"战略中，着力推进以东盟为重点的"海上丝绸之路"沿线国家的海上合作，依托中国－东盟海上合作基金和海洋合作伙伴关系，深入开展广西与东盟国家的海上合作，全面推进双边在海洋经济、海上连通、海洋环境、海上安全、海洋人文等领域的交流与合作。

在一系列国家发展战略和区域发展政策的支持下，广西海洋经济实现平稳较快发展，已基本构建起捕捞业、增殖渔业、水产养殖业、水产品加工流通业、休闲渔业五大产业体系，形成以养为主、养捕结合、二三产联动发展的良好格局；滨海旅游业、海洋科研教育管理服务业继续保持稳步增长的态势。特别是"十二五"以来，广西北部湾经济区创造了广西超 1/3 的经济总量，海洋经济已经成为拉动全区经济社会发展的强大动力，初步形成以电子信息、石化、能源等产业为引领的临海产业工业体系。海洋环境保护与生态文明建设成效更加显著，近年来，广西在沿海重要港湾、河口、赤潮多发区等重点敏感区域布设环境监测浮标，实时监控污染物的排放情况和海洋环境的变化情况，极大提升了广西海洋环境实时监控能力；积极开展重大海洋生态修复工程，红树林、滨海湿地、珊瑚礁、海草场等典型海洋生态系统得到有效保护。"十二五"期间，广西制定出台了科技兴海专项项目管理办法等制度，同时在财政单独列支了"广西科技兴海经费"，海洋研发经费占海洋生产总值的比重逐年增加，为广西海洋科技研究、基础创新、成果转化等提供了极大的支持；科技进步对海洋经济的贡献率明显提高，其中规模最大、学科综合度最高、参与人数最多、投入经费最多、设备和技术最先进的海洋综合调查——广西近海海洋综合调查与评价（"908"专项），取得了丰硕成果和较广泛应用，海洋科技支撑能力进一步提升；海洋科研机构队伍不断壮大，国家海洋局第三海洋研究所北海基地在北海海洋科技产业园区正式挂牌，广西大学等高校先后组建了海洋学院，不断优化涉海学科布局。

尽管广西海洋经济呈现稳步提升的良好态势，对国家海洋战略的响应程度不断提高，但是在海洋经济发展中还面临诸多问题，主要表现在：①与其他沿海省份相比，广西海洋经济总量过小，差距较大。②海洋产业空间配置趋同化明显，沿海三市海洋主导产业雷同，临港重化工业布局过多，未发挥应有的产业集聚效应和规模效应。③海洋产业供给结构层次不高，有效和中高端供给不足，其中海洋渔业中传统发展方式还占有主导地位，远洋渔业和高新养殖技术产业规模小，海水养殖技术水平较低，生产手段落后，进入市场的产品主要是初级产品，产业链短，附加值低。④其他一些海洋产业，如海洋盐业、临海化工、海洋矿业、滨海旅游业也存在资源开发利用方式粗放、规划布局重点不突出、产业集中度低、特色不分明等问题；海洋生物制药、海洋高端工程装备制造、海水综合利用等战略性新兴产业发展不足，缺乏核心竞争力。⑤海洋科研能力薄弱，海洋科技与海洋经济的结合度不高，海洋科技成果产业转化率较低。⑥大规模围海造田和过度开发海洋资源导致海洋生态环境破坏严重，资源可持续利用面临严峻挑战。⑦海洋综合管理体制不够健全导致涉海部门职能交叉、管理混乱，严重制约了海洋经济的健康发展。对此广西要不断提升优化现代海洋渔业、滨海旅游业等优势产业，做大做强船舶及海洋工程装备制造业，着力培植海洋生物、海洋新能源与矿产、海水综合利用等海洋新兴产业；努力加大对海洋科技和海洋教育的投入；建立健全广西海洋综合管理体系；在海洋生态环境保护方面，划定生态红线，建立海洋资源环境承载能力监测预警机制，进而推动海洋经济持续健康发展。

第十一节 海 南 省

海南是我国海岛省之一，是我国拥有海域最为广阔的省份。除海南岛外，海南的区域范围还包括海南岛周边岛屿，以及西沙群岛、中沙群岛和南沙群岛及其邻近海域，全省海域面积超过 200 万公里^2，海南岛海岸线长 1617.8 公里，水深 200 米以内的大陆架约有 83 万公里^2，管辖海域中约有岛屿 280 个。海南水产资源丰富，拥有三亚、西沙、中沙及南沙等优良渔场，最大持续捕捞产量约为 420 万吨，其中主要经济鱼类约 80 种，经济贝类约 150 种，经济虾类 17 种，经济藻类 162 种（张耀光，2015）。海南作为我国十大油气战略选区之一，油气资源十分丰富，在南海蕴藏的可燃冰储量相当于我国陆上石油总量的 50%，资源开发前景广阔。海南岛作为我国第二大岛，是唯一拥有省级行政建制和综合服务体系的热带海岛度假旅游胜地，既有基岩海岸、平缓海滩等奇特景观，又有珊瑚礁、红树林等特殊生态资源，具备众多优势条件发展国际化、高质量、经济附加值高的滨海旅游业。除此还具有海口港、洋浦港、三亚港等港口资源，以及锆钛矿、石英砂等滨海砂矿资源。

海南 1995 年海洋经济总产值为 30.08 亿元，占全国海洋经济总产值的 1.2％。2011 年海洋经济总产值为 653.5 亿元，海洋经济总产值占全省生产总值的 25.9％，2013 年增至 883.5 亿元，1995～2013 年海洋经济总产值年均增长率为 20.08％，人均海洋经济总产值同步增长。2006 年至今，海洋产业总产值每年以 10％以上的增长速度递增，占地区比重常年在 25％以上。2013 年全年全省海洋生产总值达 847 亿元，比 2012 年增长 17％，占全省生产总值的 27％，全省水产品总产量为 199 万吨，比 2012 年增长 6％。全省渔业增加值为 205 亿元，比 2012 年增长 7％。渔民人均收入达 13 081 元，较 2012 年增长了 10％，海洋产业已成为国民经济的重要支柱。但由于海南经济基础弱、底子薄、总量小，海南海洋生产总值占全国海洋生产总值比重很低，常年在 1.4％～1.6％范围内。[①]

海南海洋三次产业结构逐步优化调整，但优化力度不明显。其中海洋第三产业有所增加，第一产业比例稍微增加，第二产业比重略有减少，第三产业基本大幅上升，海洋产业结构调整幅度不明显。海南已初步形成四大海洋支柱产业，分别是海洋渔业、海洋旅游业、海洋交通运输业、海洋油气业，其增加值之和占据了全省海洋生产总值的半壁江山。自 2006 年以来，海南四大海洋支柱产业（海洋渔业、海洋旅游业、海洋交通运输业、海洋油气业）已初步形成，且变动不大。这个结构与世界海洋四大产业（即海洋油气业、滨海旅游业、海洋渔业和海洋交通运输业）的构成是相符合的。

近年来，海南依托海洋资源开发和国家政策支持，海洋经济获得较快发展。2010 年，国务院正式批复《海南国际旅游岛建设发展规划纲要》，确定了海洋经济是未来十年海南国际旅游岛建设重点发展的领域之一，突出了发展海洋经济对国际旅游岛建设的重要性。围绕国际旅游岛建设，海南先后组织编制了《海南省"十二五"海洋经济发展规划》《海南省"十二五"海洋科技发展规划》《海南省海洋功能区划》等有关海洋发展规划，海南涉海事业发展步伐不断加快。2012 年，海南首次全省海洋工作会议提出"举全省之力加快建设海洋强省，为海南绿色崛起提供强有力的海洋产业支撑"的目标；2013 年，出台了《关于加快建设海洋强省的决定》，通过构建海南特色的海洋发展布局和产业体系、加强海洋生态文明建设、实施科技兴海和人才强海战略、提高海洋综合管理能力、加强海洋文化建设、加快推进海洋重大基础设施建设等，使海洋经济综合实力

① 数据来源于 1996 年、2012 年、2014 年《中国海洋统计年鉴》。

不断提升。

"十二五"期间，海洋经济成为全省国民经济的主要组成部分和重要的经济增长点。海洋渔业转型成效显著，海南加快建设以人工鱼礁为主的海洋牧场等休闲渔业，水产苗种产业快速发展，近岸养殖业规模逐步缩小，深水网箱养殖加快推进；滨海旅游业继续保持健康发展态势，产业规模持续增加；海洋交通运输业快速发展，通过推进沿海公路、铁路与机场的对接，构建了海陆相连、空地一体、衔接良好的立体交通网络，提升了港口枢纽纵深辐射功能，目前已基本形成北有海口港、南有三亚港、东有清澜港、西有八所港和洋浦港的"四方五港"格局，全省港口货物吞吐量和集装箱吞吐量不断增长。依托近海油气资源开发和国家战略石油储备基地建设，加快发展海洋油气业，油气资源优势不断转化成经济优势。海域使用出让机制改革步伐加快，通过推进海域资源进入统一市场交易极大提升了海域资源使用价值。海洋生态环境保持良好，"十二五"期间近岸海域达到一、二类海水水质标准的清洁海域面积保持在90%左右；珊瑚礁、海草床等典型海洋生态系统基本维持自然属性，海洋生物多样性及生态系统结构相对稳定，为海洋经济发展提供了较强的承载能力；主要海洋功能区环境质量满足功能要求。依托高校科研院所，不断加大海洋科技人才培养和引进力度，支持海洋产业重大关键共性技术开发与成果转化应用，海洋科技进步对海洋经济发展的促进作用逐步增强。海洋基础设施建设有序推进，已初步形成以中心渔港为中心、一级渔港为骨干、二三级渔港为补充的渔港体系。海洋综合管理体制机制进一步完善，通过加快海洋防灾减灾、救助救捞体系建设，实施海洋防灾减灾工程，海洋公共服务保障能力不断增强。

海南海洋经济发展虽已取得显著成效，但与广东、山东、上海、浙江等沿海地区相比，总量依然偏低，与海南丰富的资源禀赋形成强烈反差。近年来，海南海洋产业结构不断调整，但结构优化调整效果不佳，海洋第一产业仍以资源初加工为主，精深加工占少数，产业规模化程度较低，高技术含量、高附加值产品少；海洋第二产业发展严重不足，虽然海南拥有丰富的油气资源、滨海砂矿资源、海洋盐业资源和风力资源等，但资源利用率较低，油气资源勘探开采量不足、油气化工产业尚处于粗放型起步阶段，资源优势未完全转化为产业优势；海洋盐业虽然发展较早，但受技术设备的限制，导致海南盐业生产规模较小、产品种类单一。海洋第三产业虽然在海洋产业中相对份额较大，但发展比较缓慢，滨海旅游产品质量和品牌效应还有待提升；交通运输业还未形成规模效应，整体运输能力有限，与其他沿海省份相比，整体水平相对滞后。省内海洋科研机构分散且规模较小，科研力量相对薄弱，导致海洋科技创新能力不足，科技成果产业化发展较慢。对此海南要改变渔业增长方式，逐步实现渔业现代化；统筹发展海洋旅游，深入开发旅游新业态，加快构建多元化海洋旅游产品体系；扶持发展海洋装备制造、海洋生物医药、海水淡化等新兴产业，促进临港产业加速发展；加快科技兴海步伐，通过加强海洋科技资源配置和人才培养提高海洋科技研发能力。

第三章

区域海洋经济系统的比较分析

第一节　区域海洋经济系统综合实力比较分析

21世纪是人类全面开发利用海洋的世纪。全球沿海国家纷纷把开发利用海洋资源提升到发展战略的高度，有100多个国家把海洋开发作为重要国策，海洋成为世界各国提高综合国力和争夺长远战略优势的新领域。党的十七大报告与"十二五"规划就曾明确提出要坚持陆海统筹，推进海洋经济发展，提高海洋开发、控制、综合管理能力；党的十八大又提出"海洋强国"战略，把海洋的重要性放在了前所未有的战略位置上，并得到沿海各省（自治区、直辖市）的纷纷响应。我国一些沿海省（自治区、直辖市）在海洋强国目标的前提下，提出建设"海洋强省"的战略。目前，天津滨海新区、北部湾经济区、海峡西岸经济区、江苏沿海经济区、辽宁沿海经济带、山东半岛蓝色经济区、浙江海洋经济发展示范区规划等均已相继上升为国家战略。但由于沿海各省（自治区、直辖市）海洋资源禀赋、海洋经济实力、海洋产业国际竞争力、海洋科技推动力、海洋基础设施支撑力等的不同，海洋经济综合实力呈现不同的发展特征。为避免恶性竞争、协同发展，形成发展的合力，有必要构建一个全面的评价指标体系对沿海11省（自治区、直辖市）海洋综合实力进行评价，为沿海各省（自治区、直辖市）制定海洋发展战略规划和政策体系提供决策依据和科学参考。

一、海洋综合实力评价指标体系的构建

海洋综合实力是海洋资源、海洋经济、海洋产业、海洋科技、基础设施等诸多因素实力之和，是一个地区海洋事业发展所需具备的综合能力，从总体上衡量海洋事业发展水平的强弱（殷克东等，2008）。因此，海洋综合实力包含海洋资源禀赋、海洋经济实力、海洋产业国际竞争力、海洋科技推动力、海洋基础设施支撑力。

（1）海洋资源禀赋。海洋产业活动是对海洋资源进行开发和利用的生产活动，海洋资源的丰裕程度和差异是形成海洋综合实力的基础，而区域海洋资源优势则决定区域海洋经济发展方向。

（2）海洋经济实力。海洋经济实力是从总体上考察海洋经济的发展状况，衡量海洋经济发展水平的强弱，主要分为海洋经济规模和产业结构两方面。海洋经济规模是从宏观层面定量反映一个地区海洋产业生产的总量和水平，是地区海洋经济已有的业绩表现，反映该地区目前的海洋经济发展状况。海洋产业结构反映了各海洋产业的构成，以及各海洋产业之间的联系和比例关系。各海洋产业部门的构成及相互之间的联系不同、比例关系不同，对海洋经济增长的贡献大小也不同。

（3）海洋产业国际竞争力。海洋产业国际竞争力反映海洋产业在国际市场上的实力，主要表现为海洋产业在国际市场上的吸收与输出扩张能力，反映了海洋经济的外向度。

（4）海洋科技推动力。科技力量是海洋综合实力得以保持和不断提升的原动力，是海洋经济的支撑和保障，并能反映海洋经济潜在的后续能力。

（5）海洋基础设施支撑力。海洋基础设施支撑力是指沿海地区为发展海洋经济而提供的服务设施的建设水平。海洋基础设施是海洋产业发展的基础，海洋经济越发达，对基础设施的建设水平要求也越高。

二、海洋综合实力评价方法

1. 组合赋权法

国内外赋权方法有很多，按照确定权重的方式大致可以分为两类，即主观赋权法和客观赋权法。主观赋权法主要是根据专家对各指标的重视程度及主观经验来确定权重，简单易行，但结果客观性较差。客观评价法主要根据原始数据之间的关系来确定权重，不依赖主观判断，但计算烦琐，通用性和决策人的可参与性较差。为了达到主客观的统一，采用 AHP 赋权和熵值法相结合的组合赋权法确定指标权重。

第一，AHP 赋权（张耀光，1993），具体步骤如下。

（1）构造递阶层次结构。海洋综合实力指标体系分三层，如表 3-1 所示，第一层为海洋综合实力这—总目标 A；第二层为要素层，包括海洋资源禀赋 B_1、海洋经济实力 B_2、海洋产业国际竞争力 B_3、海洋科技推动力 B_4、海洋基础设施支撑力 B_5；第三层为指标层，由每项要素所包含的指标构成，其中海洋资源禀赋 B_1 包含指标 $C_1 \sim C_4$，海洋经济实力 B_2 包含指标 $C_5 \sim C_9$，海洋产业国际竞

表 3-1 海洋综合实力评价指标体系及权重

目标层 A	要素层 B	权重	指标层 C	指标解释及计算	权重		
					AHP 法	熵值法	组合法
海洋综合实力	海洋资源禀赋 B_1	0.1883	岸线系数 C_1	岸线长度／海域面积	0.0191	0.0383	0.0280
			海洋生物资源系数 C_2	根据公式①计算	0.0641	0.0598	0.0539
			海洋矿产资源系数 C_3	根据公式②计算	0.0453	0.0691	0.0532
			海洋旅游资源密度 C_4	根据公式③计算	0.0381	0.0411	0.0532
	海洋经济实力 B_2	0.2638	海洋经济规模 C_5	海洋经济总值	0.1085	0.0446	0.0721
			主要海洋产业增加值 C_6	从《中国海洋统计年鉴》中获得	0.0472	0.0470	0.0488
			新兴海洋产业比重 C_7	新兴海洋产业增加值占海洋产业生产总值比重	0.0822	0.0351	0.0556
			非渔产业结构指数 C_8	海洋第二、三产业产值之和与海洋产业总值的比例	0.0543	0.0388	0.0476
			海洋第三产业增长弹性系数 C_9	海洋第三产业增长率／海洋生产总值增长率	0.0411	0.0357	0.0397
	海洋产业国际竞争力 B_3	0.1835	海洋原油出口创汇额 C_{10}	从《中国海洋统计年鉴》中获得	0.0275	0.0625	0.0429
			沿海港口外贸吞吐量 C_{11}	从《中国海洋统计年鉴》中获得	0.0654	0.0403	0.0532
			滨海旅游外汇收入 C_{12}	从《中国海洋统计年鉴》中获得	0.0463	0.0464	0.0480
			海洋产业外资利用度 C_{13}	海洋产业外商投资额	0.0275	0.0523	0.0393
	海洋科技推动力 B_4	0.1882	海洋科技人员素质 C_{14}	海洋科研机构科技人员研究生以上学历所占者所占比重	0.0364	0.0291	0.0337
			海洋科技产出能力 C_{15}	海洋科研机构拥有发明专利总数占全国海洋专利总数的比重	0.0182	0.0671	0.0362
			海洋科研机构密度 C_{16}	海洋科研机构数占全国科研机构总数的比重	0.0480	0.0350	0.0425
			海洋科技经费筹集指数 C_{17}	海洋科技经费筹集额占全国海洋科技筹集额比重	0.0364	0.0509	0.0446
			海洋科技成果应用课题 C_{18}	从《中国海洋统计年鉴》中获得	0.0276	0.0329	0.0312

续表

目标层 A	要素层 B	权重	指标层 C	指标解释及计算	权重		
					AHP 法	熵值法	组合法
海洋综合实力	海洋基础设施支撑力 B_5	0.1763	生产用码头长度 C19	从《中国海洋统计年鉴》中求得	0.0417	0.0422	0.0435
			油田生产井个数 C20	从《中国海洋统计年鉴》中求得	0.0417	0.0471	0.0459
			星级饭店数 C21	从《中国海洋统计年鉴》中求得	0.0417	0.0482	0.0464
			海滨观测台站 C_{22}	从《中国海洋统计年鉴》中求得	0.0417	0.0365	0.0404

注：公式① $\sum w_i p_i$，i 包含海洋捕捞产量和海洋养殖产量，p_i 为标准化处理后数据，w_i 为权重；公式② $\sum w_i p_i$，i 包含海洋原油产量、海洋天然气产量和海洋矿产产量，p_i 为标准化处理后数据，w_i 为权重；公式③ A 级景点个数 $/\sqrt{面积 \times 人口}$。

资料来源：《中国海洋统计年鉴 2011》和《中国区域经济统计年鉴 2011》，不包括港澳台地区

争力 B_3 包含指标 $C_{10} \sim C_{13}$，海洋科技推动力 B_4 包含指标 $C_{14} \sim C_{18}$，海洋基础设施支撑力 B_5 包含指标 $C_{19} \sim C_{22}$。

（2）对每一层次各因素的相对重要性用数值形式给出判断，构建指标两两对比判断矩阵。通常取 1，2，…，9 及它们的倒数作为指标间相对重要性的标度。

（3）进行层次单排序，计算判断矩阵的特征根和特征向量，得到指标层对于要素层的重要性权值。

（4）对判断矩阵进行一致性检验。

（5）进行层次总排序，得出各个评价指标对目标层的重要性权值，即为主观权重 w_{1i}，其中 $i=1$，2，…，n。

第二，用熵值法（陈明星等，2009）计算指标的客观权重 w_{2i}，其中 $i=1$，2，…，n。

熵值法能够克服人为确定权重的主观性及多指标变量间信息的重叠，被广泛应用于社会经济等研究领域。在信息论中，熵是系统无序程度的度量。某项指标的指标值变异程度越大，信息熵越小，该指标提供的信息量越大，该指标的权重也越大；反之该指标的权重越小。

第三，综合指标的主观权重 w_{1i} 和客观权重 w_{2i}，可得组合权重 w_i，$i=1 \sim n$。显然 w_i 与 w_{1i} 和 w_{2i} 都应尽可能接近，根据最小相对信息熵原理有

$$\min F = \sum_{i=1}^{n} w_i \left(\ln w_i - \ln w_{1t} \right) + \sum_{i=1}^{n} w_i \left(\ln w_i - \ln w_{2t} \right) \tag{3-1}$$

其中，$\sum_{i=1}^{n} w_i = 1$；$w_i > 0$，$i=1$，2，…，n。

用拉格朗日乘子法解上述优化问题得

$$w_i = \frac{\left(w_{1i} w_{2i} \right)^{0.5}}{\sum_{i=1}^{n} \left(w_{1i} w_{2i} \right)^{0.5}} \quad (i=1, 2, \cdots, n) \tag{3-2}$$

式（3-2）说明，在所有满足条件的组合权重中，取几何平均数所需的信息量最少，而取其他形式的组合权重，都有形或无形地增加了其他我们实际上并没有获得的信息。

2. 集对分析

集对分析（set pair analysis）是我国学者赵克勤于 1989 年提出的一种全新的系统分析方法，已广泛应用于政治、经济、军事、社会生活等各个领域。集

对分析的核心思想就是把被研究的客观事物之间的确定性联系与不确定性联系作为一个不确定性系统来分析处理。其中确定性包括"同一"与"对立"两个方面，不确定性则单指"差异"，集对分析就是通过同一性、差异性、对立性这三个方面来分析事物及其系统。这三者相互联系、相互影响又相互制约，在一定的条件下还会相互转化。由此建立起的同异反联系度表达式如下：

$$\mu = \frac{S}{N} + \frac{F}{N}i + \frac{P}{N}j = a + bi + cj \qquad (3\text{-}3)$$

式中，N 表示集对特性总数；S 表示集对相同的特性数；P 表示集对相反的特性数；F 表示集对既不相同又不相反的特性数，$F=N-S-P$；i 表示差异度标示数，$i \in [-1, 1]$；j 表示对立度标示数，一般 $j=-1$。而 $a=S/N$，$b=F/N$，$c=P/N$ 分别为组成集对的两个集合在问题 W 背景下的同一度、差异度、对立度。

本文的海洋综合实力评价模型构建如下。

第一，构造评价矩阵。设系统有 n 个待优选的对象组成备选对象集，记为 $E=\{e_1, e_2, \cdots, e_n\}$；$e_n$ 为第 n 个被评价对象，每个对象有 m 个评估指标，记为 $F=\{f_1, f_2, \cdots, f_m\}$；$f_m$ 为第 m 个评估指标，每个评估指标均有一个指标值，记为 $d_{ij}=\{i=1, 2, \cdots, n; j=1, 2, \cdots, m\}$，则基于集对分析法多目标评价矩阵 Q 为

$$Q = \begin{pmatrix} d_{11} & d_{12} & \cdots & d_{1n} \\ d_{21} & d_{22} & \cdots & d_{2n} \\ \vdots & \vdots & & \vdots \\ d_{m1} & d_{m2} & \cdots & d_{mn} \end{pmatrix} \qquad (3\text{-}4)$$

在同一空间内进行对比确定各评价方案中的最优评价指标构成最优评价集为 $U=(d_{u1}, d_{u2}, \cdots, d_{uj}, \cdots, d_{um})^{\mathrm{T}}$，各评价指标中最劣评价指标构成最劣评价集为 $V=(d_{v1}, d_{v2}, \cdots, d_{vj}, \cdots, d_{vm})^{\mathrm{T}}$，其中 d_{uj} 为最优评价集 U 第 j 个指标值，其大小为 Q 矩阵中的 j 个指标中的最优值；d_{vj} 为最劣评价集 V 第 j 个指标值，其大小为 Q 矩阵中的 j 个指标中的最劣值。

比较评价矩阵的指标值 d_{ij} 和最优评价集 U 中对应的指标值 d_{uj} 可形成被评价对象与集合 $[U, V]$ 不带权的同一度矩阵 A：

$$A = \begin{pmatrix} a_{11} & a_{12} & \cdots & a_{1n} \\ a_{21} & a_{22} & \cdots & a_{2n} \\ \vdots & \vdots & & \vdots \\ a_{m1} & a_{m2} & \cdots & a_{mn} \end{pmatrix} \qquad (3\text{-}5)$$

比较评价矩阵的指标值 d_{ij} 和最劣评价集 V 中对应的指标值 d_{vj} 可形成被评价对象与集合 $[U, V]$ 不带权的对立度矩阵 B：

$$B = \begin{pmatrix} b_{11} & b_{12} & \cdots & b_{1n} \\ b_{21} & b_{22} & \cdots & b_{2n} \\ \vdots & \vdots & & \vdots \\ b_{m1} & b_{m2} & \cdots & b_{mn} \end{pmatrix} \qquad (3\text{-}6)$$

其中，元素 a_{ij}、b_{ij} 分别为被评价对象指标值 d_{ij} 与集合 $[U, V]$ 的同一度和对立度。

当 d_{ij} 对评价结果起正向作用时：

$$\begin{cases} a_{ij} = \dfrac{d_{ij}}{d_{uj} + d_{vj}} \\ b_{ij} = \dfrac{d_{uj} + d_{vj}}{d_{ij}\left(d_{uj} + d_{vj}\right)} \end{cases} \qquad (3\text{-}7)$$

当 d_{ij} 对评价结果起负向作用时：

$$\begin{cases} a_{ij} = \dfrac{d_{uj} + d_{vj}}{d_{ij}\left(d_{uj} + d_{vj}\right)} \\ b_{ij} = \dfrac{d_{ij}}{d_{uj} + d_{vj}} \end{cases} \qquad (3\text{-}8)$$

第二，构造评估模型。利用前面已经确定好的权数向量 W 及同一度矩阵 A，即可确定被评价对象与集合 $[U, V]$ 带权同一度矩阵 A_w：

$$A_w = W \times A = \left(w_1, w_2, \cdots, w_m\right) \times \begin{pmatrix} a_{11} & a_{12} & \cdots & a_{1n} \\ a_{21} & a_{22} & \cdots & a_{2n} \\ \vdots & \vdots & & \vdots \\ a_{m1} & a_{m2} & \cdots & a_{mn} \end{pmatrix} = \left(a_1, a_2, \cdots, a_n\right) \quad (3\text{-}9)$$

同理，带权对立度矩阵 B_w：

$$B_w = W \times B = \left(w_1, w_2, \cdots, w_m\right) \times \begin{pmatrix} b_{11} & b_{12} & \cdots & b_{1n} \\ b_{21} & b_{22} & \cdots & b_{2n} \\ \vdots & \vdots & & \vdots \\ b_{m1} & b_{m2} & \cdots & b_{mn} \end{pmatrix} = \left(b_1, b_2, \cdots, b_n\right) \quad (3\text{-}10)$$

A_w 中的元素 a_j（$j=1, 2, \cdots, m$）就是第 j 个评价对象与集合 $[U, V]$ 的同一度，B_w 中的元素 b_j（$j=1, 2, \cdots, m$）就是第 j 个评价对象与集合 $[U, V]$

的对立度。

第三，计算相对贴近度。第 j 个被评价对象与最优评价集 U 的相对贴近度 r_j 可定义为

$$r_j = \frac{a_j}{a_j + b_j} \qquad (3\text{-}11)$$

从而得到相对贴近度矩阵 R：

$$R = (r_1, \ r_2, \ \cdots, \ r_m) \qquad (3\text{-}12)$$

r_j 反映了被评价对象与最优评价集 U 的关联程度，r_j 值越大则表示被评价对象越接近最优方案，从而确定出 m 个被评价对象的优劣次序（韩瑞玲等，2012）。

第四，多层次综合评判。通过对指标集的分层划分，可将上述模型扩展为多层次集对分析评判模型。就是将初始模型应用在多层因素上，每一层的评估结果又是上一层评估的输入，直到最上层为止（刘凤朝等，2005）。在对指标集 $F=\{f_1, f_2, \cdots, f_m\}$ 作一次划分 P 时，可得到二层次集对分析评判模型，本文的海洋综合实力评价模型即为二层次集对分析评判模型，设指标集划分为 5 个因素，利用前面的公式分别计算出最下层评估结果 R_1, R_2, R_3, R_4, R_5 后，即为海洋资源禀赋、海洋经济实力、海洋产业国际竞争力、海洋科技推动力、海洋基础设施支撑力的评价结果。然后将其作为上层评估的输入，利用式（3-4）～式（3-12），得到 $R_综$，$R_综$ 即为海洋综合实力的 最终评价结果。

三、海洋综合实力评价结果

按照上述研究方法对原始数据进行整理计算，得到评价结果如表 3-2、表 3-3 所示。由表 3-2 可知，海洋综合实力，广东、山东、上海排在前三位，之后依次为辽宁、浙江、天津、福建、江苏、河北、海南、广西。由表 3-3 可知沿海 11 省（自治区、直辖市）海洋综合实力五项要素的评价结果。

表 3-2　海洋综合实力综合评价结果

	天津	河北	辽宁	上海	江苏	浙江	福建	山东	广东	广西	海南
海洋综合实力	0.7650	0.3864	0.7699	0.8168	0.5596	0.7682	0.7052	0.8242	0.8433	0.1922	0.2677

表 3-3　要素层综合评价结果

要素	天津	河北	辽宁	上海	江苏	浙江	福建	山东	广东	广西	海南
海洋资源禀赋	0.5912	0.2972	0.7645	0.8365	0.2006	0.8988	0.6552	0.8534	0.8038	0.2748	0.5999
海洋经济实力	0.6689	0.3382	0.5573	0.7459	0.5511	0.5814	0.5515	0.7551	0.7084	0.1957	0.2423
海洋产业国际竞争力	0.9591	0.1358	0.4647	0.5975	0.3588	0.4610	0.4557	0.5052	0.9833	0.0374	0.0684
海洋科技推动力	0.7766	0.2032	0.8273	0.8795	0.8064	0.7130	0.6441	0.8315	0.8551	0.1503	0.1241
海洋基础设施支撑力	0.4051	0.4059	0.6661	0.6484	0.2918	0.5830	0.4238	0.8277	0.9294	0.2387	0.1592

1. 海洋资源禀赋评价结果

海洋资源包括岸线资源、生物资源、矿产资源、旅游资源等，由表 3-3 可知，浙江、山东、上海、广东由于资源禀赋状况较好，在该项指标中排在前四位。河北、广西、江苏受资源禀赋条件所限，评价结果与其他沿海地区相比有一定差距。在海洋资源禀赋的指标中，浙江的生物资源、矿产资源、旅游资源都排在前三位，综合得分较高；山东是渔业资源大省，生物资源系数排在第一位；上海岸线系数最高，岸线资源丰富，港口条件相对较好；广东凭借其相对丰富的矿产资源排在第四位。尽管天津旅游资源密度最高，且位于油气资源丰富的渤海湾地区，矿产资源系数较高，但由于海洋生物资源系数较低，所以海洋资源禀赋评价结果仅排在第八位。

2. 海洋经济实力评价结果

由表 3-3 可知，山东、上海、广东得分最高。海洋经济实力包括海洋经济规模和海洋产业结构。从海洋经济实力指标层来看，反映海洋经济规模的指标为海洋经济规模与主要海洋产业增加值，反映海洋产业结构的指标为新兴海洋产业比重、非渔产业结构指数和第三产业增长弹性系数。2011 年广东海洋经济生产总值为 9807 亿元，占全国海洋经济生产总值的 21.5%，连续 17 年居全国首位。2011 年山东海洋经济生产总值为 7892.9 亿元，比 2010 年增长 17.2%，占全省 GDP 的 17.4%，占全国海洋经济生产总值的 17.3%。2009～2011 年，山东的主要海洋产业产值增长率平均在 20% 以上（国家海洋局，2013）。由此可见，广东、山东的海洋经济规模处于绝对优势地位。而海南、广西的海洋经济生产总值只有 600 多亿元，海洋经济总量较小。从海洋产业结构指标来看，上海的非渔产业结构指数最高，说明其非渔产业劳动生产率最高，非渔产业的发展相对成熟，其海洋经济规模也仅次于广东和山东，因此其海洋经济实力排在第三位。天津新兴海洋产业所占比重较大，海洋经济发展从依靠传统产业拉动转向依靠新兴海洋产业，但其海洋第三产业增长弹性系数最低，说明其海洋第三产业的发展进入"瓶颈"阶段。海洋第三产业增长弹性系数最高的是辽宁，近年来辽宁大力发展以滨海旅游业、交通运输业为主的第三产业，第三产业增长速度快于整个海洋经济增长速度，对于海洋产业结构优化起着积极作用。

3. 海洋产业国际竞争力评价结果

由表3-3可知，广东、天津海洋产业国际竞争力最强，处于绝对优势地位，海南、广西最弱。广东海洋原油出口创汇额为沿海11省（自治区、直辖市）的第一位，广东的港口外贸吞吐量排在第二位，仅次于山东，滨海旅游外汇收入排在第一位，且是排在第二位的上海的3.9倍，海洋产业外资利用度较高，优势较为明显。天津的海洋产业外资利用度最高，且海洋原油出口量较大，尽管港口外贸吞吐量和滨海旅游外汇收入指标表现不突出，但其国际竞争力仍然较高。上海、山东由于滨海旅游和港口发展较好，海洋产业外资利用度较高，对外开放程度亦相对较高，海洋产业国际竞争力分列三、四位。

4. 海洋科技推动力评价结果

由表3-3可知，上海、广东、山东的海洋科技推动力评价结果最优，河北、广西、海南最劣。海洋科技推动力从海洋科技人员素质、海洋科技产出能力、海洋科研机构密度、海洋科技经费筹集指数、海洋科技成果应用课题五个方面来反映。从海洋科技推动力各项指标来看，上海的海洋科技经费筹集指数和海洋科技产出能力排名最前，广东的海洋科研机构密度指标排在首位。山东各项指标都排在前列，海洋科技推动力评价结果较好。江苏的海洋科技成果应用课题最多，排在第四位。辽宁的海洋科技产出能力排名第一，天津的海洋科技人员素质最高，其海洋科技推动力评价得分也较高。

5. 海洋基础设施支撑力评价结果

由表3-3可知，广东、山东的海洋基础设施支撑力最优，广西、海南最劣。海洋基础设施支撑力从生产用码头长度、油田生产井个数、星级饭店数、海滨观测台站四个方面来反映，其中，生产用码头长度主要反映港口基础设施建设水平，油田生产井个数、星级饭店数分别反映海洋油气业和滨海旅游业的基础设施建设水平，海滨观测台站反映海洋公共服务基础设施建设水平。广东在生产用码头长度、星级饭店数、海滨观测台站都排在首位，油田生产井个数排在第四位，海洋基础设施支撑力最强。山东的星级饭店数和海滨观测台站仅次于广东，油田生产井个数排在第三位，其海洋基础设施支撑力排在第二位。浙江的生产用码头长度仅次于广东，排在第二位，港口基础设施建设较为完善，滨海旅游业和海洋公共服务基础设施建设水平也相对较高，但由于海洋油气业基础设施建设水平不高，所以海洋基础设施支撑力仅排在第五位。天津的油田生产井个数最多，其海洋油气基础设施较为完善，但其他三项指标缺乏优势，海洋基础设施建设水平仅高于广西和海南。

四、基于海洋综合实力评价结果的梯队划分

为科学分析沿海 11 省（自治区、直辖市）海洋综合实力的类型等级，采用 SPSS19.0 软件对沿海 11 省（自治区、直辖市）的要素层评价结果进行系统聚类。系统聚类可以将沿海 11 省（自治区、直辖市）海洋综合实力分为三个梯队：第一梯队包括广东、山东、上海；第二梯队包括辽宁、浙江、天津、福建、江苏；第三梯队包括河北、海南、广西。与集对分析得到的海洋综合实力评价结果基本一致，如图 3-1 所示。

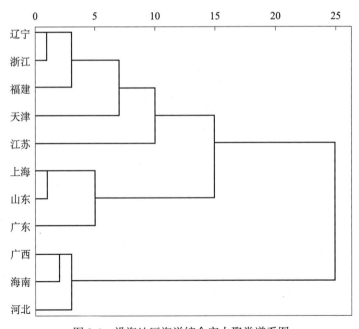

图 3-1 沿海地区海洋综合实力聚类谱系图

1. 第一梯队

这类地区海洋综合实力较强，包括广东、山东、上海。广东的海洋产业国际竞争力和海洋基础设施支撑力均位于沿海 11 省（自治区、直辖市）之首，尤其是衡量海洋经济对外开放程度的海洋产业国际竞争力更是遥遥领先，其海洋科技推动力排在第二位，海洋经济实力排在第三位，海洋资源禀赋排在第四位，可以看到广东的各项要素都排在前列，其海洋综合实力最强。山东海洋经济实力排在第一位，海洋经济规模较大，产业结构优化水平较高。山东是海洋资源大省，在海洋资源禀赋和海洋基础设施支撑力均排在第二位，且在国际和科技指标中也均排在前列，发展比较均衡，可以看到海洋资源的优势和基础设施的完善为山东海洋经济带来了发展空间，是山东海洋综合实力提升的关键因素。上海的海洋综合实力在沿海 11 省（自治区、直辖市）中排名第三。在五项要素中，上海的海洋资源禀赋一般。其海洋综合实力较强，最显著的优势在于其海洋科技推动力，较高的海洋科技水平使得上海的海洋经济发展具有强大的人才后盾及科技支持。总的来看，这类地区各要素评价结果高于沿海 11 省（自治区、直辖市）平均水平，并有较突出的优势指标，如广东的海洋经济实力和海洋产业国际竞争力、上海的海洋科技推动力、山东的海洋资源禀赋，以及这三个地区较为发达的海洋基础设施支撑力，也成为该类地区海洋综合实力较强的重要因素。

2. 第二梯队

这类地区海洋综合实力一般，包括辽宁、浙江、天津、福建、江苏。在海洋综合实力排名中，浙江、天津、辽宁、福建、江苏分列第四~第八位。辽宁在五项要素中表现比较均衡，尽管没有特别突出的优势指标，但综合看评价结果较好，海洋综合实力排在第四位。浙江拥有全国最长的海岸线，海岛资源占到全国的 2/5，海洋矿产资源丰富，在海洋资源禀赋指标中排名第一，但由于其他四项要素表现不突出，其海洋综合实力仅排在中间位置。天津区位条件较好，地处海洋油气资源丰富的环渤海地区，其海洋原油出口行业发展迅速，海洋产业国际竞争力较强，仅次于广东。天津海洋产业结构中新兴产业所占比重较高，海洋经济实力排名较前。福建、江苏优势指标不明显，海洋综合实力一般。整体来看，这类地区海洋综合实力不强，缺乏突出的特点，但变数最大，若这类地区能够努力发掘自身优势，填补劣势不足，就有跻身于第一梯队的发展潜力（千庆兰等，2006）。

3. 第三梯队

这类地区海洋综合实力较弱，包括河北、海南与广西。这类地区在海洋综合实力的五项要素中均排名靠后，无论是资源条件还是经济状况等都与前面八个省份差距较大。但是应看到，广西和海南的海洋三产增长弹性系数较大，说明尽管其海洋经济规模不占优势，但海洋非渔产业在这类地区持续发展，海洋产业结构得到不断优化。海南的岸线资源和滨海旅游资源优势也应进一步强化，以此带动其海洋经济的发展。对于这类地区的发展，还应结合自身优缺点，充分挖掘自身发展海洋产业的潜力，准确定位，强化后发优势，促进海洋综合实力全面提升。

第二节 区域海洋经济系统现代海洋产业发展水平的比较分析

目前，我国已经进入产业结构转型、经济结构调整的关键时期，沿海各地普遍把发展现代海洋产业、构建现代海洋产业体系作为发展海洋经济的目标，形成了一股发展现代海洋产业的热潮。2001 年以来，各现代海洋产业产值增速均超过海洋生产总值增速，现代海洋产业整体呈现良好发展势头。我国培育发展现代海洋产业，对于促进海洋新兴技术与海洋产业的深度融合，加快海洋产业转型升级，构建现代海洋产业体系，培育海洋经济新的增长点，实现海洋强国战略目标，应对国际经济、政治、军事等多重挑战，都具有重要意义。

一、现代海洋产业发展水平评价指标体系的构建

现代海洋产业是指符合和谐、生态等现代发展理念，适应地区发展现状，能够充分利用现代科学技术和知识对海洋资源进行开发、利用的产业集合，它具有知识技术密集、资源消耗少、成长潜力大、综合效益好等特征，其中既包括海洋渔业中的海水养殖和远洋捕捞等从传统产业中改造升级的海洋产业，也包括海洋油气业、海洋化工业、海洋生物医药业、海洋电力业、海水利用业、

滨海旅游业等新兴海洋产业，还有海洋科研教育管理服务业作为支撑，其并不包含近海捕捞、海洋盐业及海上交通运输业等未经改造升级的传统海洋产业。现代海洋产业的发展水平主要表现在现代海洋产业的总体规模、产业结构、科技支撑、发展潜力、产业效率等方面，产业规模能够从宏观层面反映一个地区现代海洋产业生产的总量和水平，是地区现代海洋产业已有的业绩表现。产业结构能够直接反映现代海洋产业中各海洋产业的构成，以及各海洋产业之间的联系和比例关系。各海洋产业部门的构成及相互之间的联系、比例关系不同，对现代海洋产业成长的贡献大小也不同。科技支撑是现代海洋产业得以建设和不断提升的原动力，构成了现代海洋产业的支撑性竞争力，包括科技投入和产出所形成的海洋科技创新能力，并能反映现代海洋产业潜在的后续能力。发展潜力能够反映各地区现代海洋产业的发展程度和产业多元化发展方向。产业效率是各地区现代海洋产业对资源的利用效率，能够反映各地现代海洋产业的资源配置能力。

　　遵循评价指标体系构建的科学性、层次性、可操作性、目标导向等原则，将现代海洋产业发展水平评价指标体系分为三个层次，如表 3-4 所示：总体层（A）、系统层（B）、指标层（C），综合指标资料收集的难易程度，共选取了 15 个指标，力求全面地对沿海 11 省（自治区、直辖市）2001～2011 年现代海洋产业发展水平状况进行定量评价。

二、现代海洋产业发展水平的评价方法

1. 可变模糊识别理论的概念与模型

可变模糊识别理论及其方法体系是我国工程模糊集专家陈守煜教授于 2005 年创建的。其核心为相对隶属函数、相对差异函数与模糊可变集合的概念与定义，它们是描述事物量变、质变时的数学语言和量化工具，为工程领域变化模型及模型参数的必要性与可能性提供新的思路，以增加评价识别与决策的可信度与可靠性。主要内容如下。

　　设论域 U 上的模糊概念，对 U 上的任意元素 u，$u \in U$，u 具有吸引性质 A 的相对隶属度为 $\boldsymbol{\mu}_A(u)$，具有排斥性质 A' 的相对隶属度为 $\boldsymbol{\mu}_{A'}(u)$，其中：$\boldsymbol{\mu}_A(u) \in [0, 1]$，$\boldsymbol{\mu}_{A'}(u) \in [0, 1]$，且满足：

表 3-4 现代海洋产业发展水平评价指标体系

总体层 A	系统层 B	指标层 C	指标解释及计算	熵值法权重	AHP权重	组合权重
现代海洋产业发展水平 A	总体规模 B1	现代海洋产业规模 C1	现代海洋产业增加值	0.0752	0.0701	0.0728
		海洋战略性新兴产业规模 C2	海洋战略性新兴产业增加值	0.0709	0.0723	0.0769
		现代海洋三产规模 C3	现代海洋三产增加值	0.0813	0.0850	0.0659
	产业结构 B2	现代海洋非渔产业比重 C4	现代海洋二三产业增加值占现代海洋产业总产值比重	0.0508	0.0612	0.0661
		海洋战略性新兴产业比重 C5	海洋战略性新兴产业增加值占现代海洋产业增加值比重	0.0731	0.0693	0.0714
		现代海洋产业结构熵 C6	见公式①	0.0495	0.0429	0.0462
	科技支撑 B3	海洋科研机构密度 C7	地区海洋科研机构数与全国海洋科研机构总数之比	0.0578	0.0602	0.0591
		海洋高层次人才储备 C8	科研人员中拥有高级职称、中级职称者所占比重之和	0.0870	0.0815	0.0844
		海洋科技成果应用率 C9	海洋科研机构成果应用课题数占海洋科研机构总课题数比重	0.0604	0.0634	0.0621
	发展潜力 B4	海洋战略性新兴产业增长率弹性系数 C10	海洋战略性新兴产业增长率与现代海洋产业 GDP 增长率之比	0.0481	0.0501	0.0492
		现代海洋第二产业增长率弹性系数 C11	现代海洋第二产业增长率与现代海洋产业 GDP 增长率之比	0.0580	0.0623	0.0603
		现代海洋第三产业增长率弹性系数 C12	现代海洋第三产业增长率与现代海洋产业 GDP 增长率之比	0.0746	0.0682	0.0715
	产业效率 B5	现代海洋产业增加值的岸线占用 C13	现代海洋产业增加值与岸线长度之比	0.0758	0.0711	0.0736
		养殖面积利用率 C14	养殖产量／可养殖面积	0.0682	0.0725	0.0705
		现代海洋产业劳动效率 C15	现代海洋产业增加值／现代海洋产业从业人员	0.0695	0.0699	0.0699

注：公式① $e_i = \sum_{i=1}^{3} w_{it} \ln(1/w_{it})$，式中：$e_i$ 为 t 期 i 产业结构熵值；w_{it} 为 t 期第 i 产业产值占现代海洋产业产值的比重；i=1，2，3 表示现代海洋一、二、三次产业。

$$\mu_A(u) + \mu_{A'}(u) = 1 \qquad (3-13)$$

设 U 的模糊可变集合

$$V = \{(u, D) \mid u \in U, D_A(u) = \mu_A(u) - \mu_{A'}(u), D \in [-1, 1]\} \qquad (3-14)$$

式中, D 为相对差异函数。

令 $A_+ = \{u \mid u \in U, \mu_A(u) > \mu_{A'}(u)\}$, $A_- = \{u \mid u \in U, \mu_A(u) < \mu_{A'}(u)\}$, $A_0 = \{\mid u \in U, \mu_A(u) = \mu_{A'}(u)\}$ 分别为模糊可变集合的吸引(为主)域、排斥(为主)域、渐变式质变界。

设 $X_0 = [a, b]$ 为实轴上模糊可变集合 V 的吸引域, 即 $0 < D_A(u) < 1$, $X = [c, d]$ 为包含 X_0 ($X_0 \subset X$) 的某一上、下界范围区间, 如图 3-2 所示。

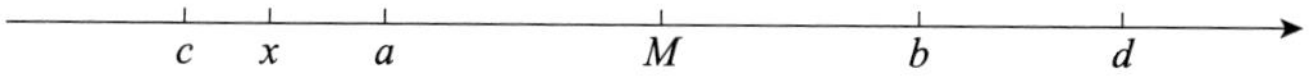

图 3-2 点 x、M 与区间 X_0、X 的位置关系

根据模糊可变集合 V 的定义可知, $[c, a]$ 与 $[b, d]$ 均为 V 的排斥域, 即 $-1 < D_A(u) < 0$。设 M 为吸引域区间 $[a, b]$ 中 $D_A(u) = 1$ 的点值, M 不一定为区间 $[a, b]$ 的中点值, 需按物理分析确定。x 为 X 区间任意点的量值, 则 x 落入 M 点左侧时, 其相对差异函数模型为

$$\begin{cases} D_A(u) = \left(\dfrac{x-a}{M-a}\right)^{\beta}, x \in [a, M] \\ D_A(u) = -\left(\dfrac{x-a}{c-a}\right)^{\beta}, x \in [c, a] \end{cases} \qquad (3-15)$$

x 落入 M 点右侧时, 其相对差异函数模型为

$$\begin{cases} D_A(u) = \left(\dfrac{x-b}{M-b}\right)^{\beta}, x \in [M, b] \\ D_A(u) = -\left(\dfrac{x-b}{d-b}\right)^{\beta}, x \in [b, d] \end{cases} \qquad (3-16)$$

x 落入范围域 $[c, d]$ 之外时:

$$D_A(u) = -1, x \in [c, d] \qquad (3-17)$$

式中, β 为非负指数, 通常可取 $\beta = -1$, 即相对差异函数模型为线性函数。

根据式 (3-13) 及式 (3-14) 可得出:

$$\mu_A(u) = [1 + D_A(u)]/2 \qquad (3-18)$$

因此, 当 $D_A(u)$ 确定后, 可根据式 (3-18) 求解相对隶属度 $\mu_A(u)$。

设评价对象 u 用 m 个指标进行评价, 其指标特征值向量 $\boldsymbol{x} = \{x_i\}$, 对应的相

对隶属度向量为 $\boldsymbol{\mu}_A(u) = (\mu_A(u)_1, \mu_A(u)_2, \cdots, \mu_A(u)_m) = \{\mu_A(u)_i\}$，$i=1$，$2, \cdots, m$。设 m 个指标的权向量为 $\boldsymbol{w} = (w_1, w_2, \cdots, w_m) = \{w_i\}$，$\sum_{i=1}^{m} w_i = 1$，则参考连续统任一点指标 i 特征值的相对隶属度 $\boldsymbol{\mu}_A(u)$，$\boldsymbol{\mu}_{A'}(u)$ 与左右极点的广义距离分别为

$$d_g = \left\{ \sum_{i=1}^{m} \left[w_i \left(1 - \boldsymbol{\mu}_A(u)_i \right) \right]^p \right\}^{1/p} \tag{3-19}$$

$$d_b = \left\{ \sum_{i=1}^{m} \left[w_i \left(\boldsymbol{\mu}_A(u)_i \right) \right]^p \right\}^{1/p} \tag{3-20}$$

因此，推导得出模糊可变识别模型：

$$V_A(u) = 1/\left[1 + \left(d_g/d_b \right)^{\alpha} \right] \tag{3-21}$$

式中，$V_A(u)$ 为识别对象 u 对 A 的相对隶属度；α 为优化准则参数，$\alpha=1$ 为最小一乘方准则，$\alpha=2$ 为最小二乘方准则；p 为距离参数，$p=1$ 为海明距离，$p=2$ 为欧式距离。

通常情况下，模型（3-21）中 α 与 p 有四种搭配：

1）当 $\alpha=1$，$p=1$ 时，式（3-21）变为

$$V_A(u) = \sum_{i=1}^{m} w_i \boldsymbol{\mu}_A(u)_i \tag{3-22}$$

为模糊综合评价模型，是一个线性模型，是模糊可变识别模型（3-21）的一个特例。

2）当 $\alpha=1$，$p=1$ 时，式（3-21）变为

$$V_A(u) = \frac{d_g}{d_g + d_b} \tag{3-23}$$

为理想点模型，是模糊可变识别模型的又一特例。

3）当 $\alpha=2$，$p=1$ 时，式（3-21）变为

$$V_A(u) = 1\bigg/\left[1 + \left(\frac{1-d_b}{d_b} \right)^2 \right] \tag{3-24}$$

为 Sigmoid 型函数，即 S 型函数，可描述神经网络系统中神经元的非线性特性或激励函数。

4）当 $\alpha=2$，$p=1$ 时，式（3-21）变为

$$V_A(u) = 1\bigg/\left[1 + \left(\frac{d_g}{d_b} \right)^2 \right] \tag{3-25}$$

为模糊优选模型。

在模糊概念分级条件下，用最大隶属原则对级别归属进行识别，容易导致最后评价结果的错判，因此本文采用级别特征值公式，利用级别变量 h 隶属于各等级的相对隶属度信息，作为可变模糊集理论判断、识别、决策的准则。

$$H(u) = \sum_{h=1}^{c} [V_A(u) \times h] \tag{3-26}$$

2. Kernel 密度估计

Kernel 密度估计主要用于估计随机变量的概率密度，是重要的非参数估计方法之一（刘华军等，2013；高铁梅，2006）。对于数据 x_1，x_2，$\cdots$，x_n 核密度估计的形式为

$$f_h(x) = \frac{1}{nh} \sum_{i=1}^{n} K\left(\frac{x - x_i}{h}\right) \tag{3-27}$$

式中，核函数（kernal function）$K(\bullet)$ 是一个加权函数，根据其表达形式的不同，可以分为高斯核、Epanechnikov 核、三角核、四次核等类型，选择依据是分组数据的密集程度。本文选取高斯核函数对我国现代海洋产业发展水平演进过程进行估计，其函数表达式为

$$\text{Gaussian}: \frac{1}{\sqrt{2\pi}} e^{-\frac{1}{2}t^2} \tag{3-28}$$

由于非参数估计无确定的函数表达式，所以通常采取图形对比的方式来考察其分布变化。具体而言，作出 Kernel 密度估计结果的图形并进行观察，从而得到变量分布的位置、形态等信息。

3. 评价指标类别判断准则

为了定量地对沿海 11 省（自治区、直辖市）现代海洋产业发展水平进行综合评价，将现代海洋产业发展水平分为 5 个等级，如表 3-5 所示。其中，1 级为现代海洋产业发展水平极低，表示现代海洋产业发展尚未起步，未得到有效发展；2 级为现代海洋产业发展水平较低，表示现代海洋产业尚未形成规模，应采取相应的对策促使现代海洋产业进一步发展；3 级为现代海洋产业发展中等水平，表示现代海洋产业发展已经粗具规模，现代海洋产业发展空间较大；4 级为现代海洋产业发展水平较高，表示现代海洋产业发展已经达到一定水平，具有相当的发展潜力；5 级为现代海洋产业发展水平极高，表示现代海洋产业发展具

有相当的规模，产业结构优化，科技支撑力大，产业效率高，并具有持续较高的发展潜力。

表 3-5　现代海洋产业发展水平评价级别判断准则

等级	现代海洋产业发展水平评价等级	H 取值范围
1 级	现代海洋产业发展水平极低	$[0, 2)$
2 级	现代海洋产业发展水平较低	$[2, 2.5)$
3 级	现代海洋产业发展中等水平	$[2.5, 3)$
4 级	现代海洋产业发展水平较高	$[3, 4)$
5 级	现代海洋产业发展水平极高	$[4, 5)$

三、现代海洋产业发展水平评价结果

（一）现代海洋产业总体水平评价结果

由 2001～2011 年中国沿海 11 省（自治区、直辖市）的相关数据，通过可变模糊识别模型对 11 省（自治区、直辖市）11 年的数据进行分项指标评价和综合评价，得出现代海洋产业发展水平的评价，如表 3-6 所示。

表 3-6　现代海洋产业发展总体水平

省（自治区、直辖市）	2001 年	2002 年	2003 年	2004 年	2005 年	2006 年	2007 年	2008 年	2009 年	2010 年	2011 年	平均
天津	2.4793	2.4324	2.3684	2.5759	2.7108	2.5783	2.5564	2.5322	2.3442	2.4928	2.7144	2.5259
河北	1.9444	2.0450	1.8442	1.9140	1.8668	2.1227	2.2960	2.0889	2.2465	2.2964	2.3552	2.0927
辽宁	2.4902	2.5798	2.5011	2.6844	2.5756	2.4779	2.5444	2.4752	2.6649	2.7312	2.7618	2.5897
上海	3.0404	3.0203	3.1537	3.1122	3.2286	3.0729	3.1041	3.1345	3.2131	3.2418	3.4769	3.1635
江苏	2.4606	2.4633	2.4994	2.5335	2.7441	2.5472	2.6040	2.6660	2.7568	2.8634	3.0127	2.6501
浙江	2.4660	2.5517	2.5657	2.5974	2.6607	2.7852	2.8977	2.8898	2.9479	2.9350	3.0720	2.7608
福建	2.4224	2.4619	2.3704	2.5536	2.5072	2.4841	2.6463	2.6887	2.5606	2.7188	2.8588	2.5703
山东	2.7329	2.8249	2.9119	2.9342	2.9321	2.9141	3.0346	3.0551	3.1675	3.1698	3.3659	3.0039
广东	2.7565	2.9348	3.0323	3.2145	3.2477	3.2361	3.3098	3.4090	3.4996	3.4591	3.5390	3.2398
广西	1.9654	1.8683	1.8378	1.8148	1.7580	1.9658	2.1095	1.9137	2.1062	2.4867	2.2478	2.0067
海南	1.9410	1.8917	2.0544	2.1080	2.2018	2.0134	2.2843	2.3354	2.3061	2.4487	2.4542	2.1854

应用 Eviews7.2 对现代海洋产业发展水平综合评价进行 Kernel 估计，得出 Kernel 密度二维图，如图 3-3 所示。其中选取了更具代表性的首末年份 2001 年、2011 年，以及中间年份 2006 年的综合得分绘制了 Kernel 密度曲线，通过对不同时期的比较，得出了我国现代海洋产业发展水平动态变化特征。

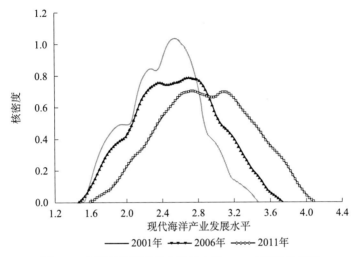

图 3-3　我国现代海洋产业发展水平 Kernel 密度分布图

从位置上看，3 个年份的密度函数中心呈现向右移动趋势，这说明我国现代海洋产业发展水平正在逐步提升。其中，2006 年相比 2001 年只有小幅右移，而 2011 年相比 2006 年则明显右移，反映了 2006 年之后我国现代海洋产业发展水平提升更为明显。

从形状上看，2001 年波峰较为陡峭，且呈现多峰状态，2006 年、2011 年均呈现双峰状态，且波峰较为平坦。这反映我国现代海洋产业发展水平经历了由多极分化向两极分化的转变，且地区差距缩小，这也表明我国现代海洋产业发展尽管还是存在两极分化现象，即现代海洋产业发展水平较高地区（如广东、上海等）发展速度较快，而水平较低地区（广西、海南等）发展速度则不如水平较高地区，但总体上来看两极分化趋势在减弱，发展趋于均衡。

从峰值变化来看，考察期内无论高水平峰值，还是低水平峰值，均呈现下降趋势。具体来看，2001 年，现代海洋产业发展高水平峰值明显高于低水平峰值，到 2006 年，高水平峰值下降快于低水平峰值，且高水平峰值仅略高于低水平峰值，直到 2011 年，两峰峰值持平。这说明我国现代海洋产业发展水平较高地区其提升速度放缓，处于中等发展水平的地区增多，地区间差异缩小。

（二）分项指标评价结果分析

现代海洋产业发展水平分项指标评价结果如表 3-7 所示。

表 3-7　现代海洋产业发展水平分项指标评价（2001～2011 年）

地区	指标	2001 年	2002 年	2003 年	2004 年	2005 年	2006 年	2007 年	2008 年	2009 年	2010 年	2011 年	平均
	总体规模	1.1627	1.2087	1.3849	1.6147	1.6728	1.7127	1.7467	1.8532	1.8352	2.1353	2.3002	1.6934
	产业结构	2.8812	2.8755	2.7820	2.7836	2.7521	2.7541	2.7655	2.7434	2.8538	2.7303	2.7228	2.7858
天津	科技支撑	2.5036	2.4995	2.5506	2.5780	2.5721	3.1247	2.6114	2.5524	2.2052	2.0692	2.0707	2.4852
	发展潜力	3.0162	3.0270	2.1594	2.8052	2.4726	2.7176	3.2357	2.6175	2.1374	2.1621	2.8881	2.6581
	产业效率	3.0781	2.8085	3.0822	3.2352	4.1182	2.7149	2.6217	2.9926	2.7810	3.3680	3.6205	3.1292
	总体规模	1.0423	1.0510	1.0645	1.1492	1.2161	1.5665	1.5831	1.5944	1.6127	1.6384	1.6832	1.3819
	产业结构	3.4227	3.3158	3.2015	2.8765	2.6429	2.8294	2.8578	2.7971	2.7930	2.6534	2.7562	2.9224
河北	科技支撑	1.0737	1.4316	1.4010	1.5004	1.1524	1.5259	1.5906	1.5101	1.8950	1.8377	1.7833	1.5184
	发展潜力	2.9663	3.2318	2.3194	2.7043	2.8910	2.5467	3.3525	2.3423	2.6256	2.9621	3.0297	2.8156
	产业效率	1.6768	1.6567	1.5962	1.6758	1.7493	2.3560	2.3829	2.3822	2.4950	2.5850	2.7245	2.1164
	总体规模	1.5120	1.5939	1.6189	1.6996	1.7731	1.8622	1.9238	2.0598	2.2726	2.4324	2.6347	1.9439
	产业结构	2.9021	2.8963	2.8373	2.6491	2.5543	2.4786	2.3629	2.2290	2.2762	2.3022	2.2995	2.5261
辽宁	科技支撑	3.7310	3.7440	3.8405	3.7148	3.7830	3.4367	3.2652	3.2141	3.6254	3.5201	3.4098	3.5713
	发展潜力	3.3810	3.1792	2.6957	3.6703	2.9045	2.8407	3.3058	2.8685	3.0029	3.2941	3.1509	3.1176
	产业效率	1.2515	1.7471	1.7161	1.9380	2.0093	1.9047	2.0160	2.0747	2.1894	2.1635	2.3207	1.9392
	总体规模	1.8784	1.9472	2.0001	2.4351	2.6905	2.7632	2.9436	3.2172	3.1719	3.6005	3.7160	2.7603
	产业结构	3.7720	3.7142	3.8132	3.3330	3.2973	3.5674	3.5724	3.6102	3.5086	3.3125	3.3485	3.5318
上海	科技支撑	3.5484	3.5516	3.5868	3.6493	3.6893	3.5677	3.2521	3.1522	3.2392	3.3436	3.3735	3.4503
	发展潜力	3.0810	2.5841	3.6234	2.5024	2.7572	2.3906	2.8475	2.9059	3.4156	2.7938	3.7796	2.9710
	产业效率	3.1619	3.4587	3.0335	3.6540	3.7026	3.1031	2.9698	2.8363	2.8207	3.0835	3.1697	3.1813
	总体规模	1.5487	1.6361	1.6978	1.7455	1.7949	1.8704	1.9539	2.0281	2.1537	2.3278	2.6270	1.9440
	产业结构	3.7641	3.7397	3.6486	3.5774	3.5322	3.5227	3.5104	3.4812	3.5177	3.5080	3.5234	3.5750
江苏	科技支撑	2.6296	2.4825	2.8725	2.8109	2.9134	2.5423	2.5665	2.6099	2.8179	2.8512	3.0338	2.7391
	发展潜力	3.0544	3.1065	2.8800	2.9434	2.9834	3.0115	2.9134	3.0083	2.8089	2.9389	3.0302	2.9708
	产业效率	1.7085	1.7451	1.7393	1.9118	2.7502	2.0874	2.3344	2.4477	2.6787	2.8583	2.9737	2.2941
	总体规模	1.7230	1.7563	1.8018	1.9155	2.0193	2.5567	2.8205	2.9587	3.1340	3.2660	3.4854	2.4943
	产业结构	3.3880	3.3906	3.4167	3.4143	3.4858	2.9514	2.7320	2.6792	2.6574	2.5972	2.6145	3.0297
浙江	科技支撑	2.4952	2.6694	2.9013	2.8917	2.8483	3.0384	2.9187	2.9105	2.7207	2.7310	2.7796	2.8095
	发展潜力	3.1591	3.3231	2.9223	2.8794	3.0918	2.8163	3.0019	2.8930	3.1054	2.8366	3.0892	3.0107
	产业效率	1.8938	1.9517	2.0638	2.1387	2.1290	2.6239	3.0062	2.9649	3.0705	3.1359	3.2698	2.5680

续表

地区	指标	2001年	2002年	2003年	2004年	2005年	2006年	2007年	2008年	2009年	2010年	2011年	平均
福建	总体规模	1.7167	1.7413	1.7696	1.8509	1.9271	2.0764	2.2749	2.4954	2.4892	2.7031	2.8793	2.1749
	产业结构	2.7530	2.7991	2.8779	2.9232	2.8901	2.5595	2.6316	2.7081	2.8165	2.6834	2.7477	2.7627
	科技支撑	2.3947	2.5053	2.5727	2.6651	2.7777	2.4331	2.2548	2.4199	2.3433	2.5180	2.7187	2.5094
	发展潜力	3.2655	3.2701	2.5866	3.3598	2.8038	3.0207	3.4923	3.1275	2.5751	2.9264	3.1582	3.0533
	产业效率	2.2189	2.2302	2.2210	2.2124	2.3033	2.4523	2.7141	2.7660	2.6255	2.7816	2.8085	2.4849
山东	总体规模	1.8485	1.8997	1.9974	2.1930	2.4593	2.6756	2.9638	3.0563	3.3866	3.5945	3.8570	2.7211
	产业结构	3.1407	3.1941	3.5359	3.2503	3.2432	2.9477	2.9500	2.8341	2.9412	2.8976	2.8787	3.0739
	科技支撑	3.6854	3.6441	3.8791	3.6739	3.8864	3.8035	3.7282	3.8568	3.3959	3.4216	3.6138	3.6899
	发展潜力	3.1327	3.5088	2.7257	3.0612	2.8812	2.7198	2.9525	2.8510	3.1941	2.7901	3.1820	2.9999
	产业效率	2.0902	2.1447	2.1388	2.1804	2.3091	2.4505	2.5817	2.6356	2.8760	3.0175	3.1558	2.5073
广东	总体规模	2.4087	2.5900	2.6952	3.0468	3.2953	3.3798	3.5985	3.8606	4.0228	4.1350	4.2343	3.3879
	产业结构	3.5047	3.5175	3.4777	3.5084	3.4679	3.5226	3.5372	3.5680	3.6540	3.5645	3.5456	3.5335
	科技支撑	3.3778	3.5698	3.7684	3.7520	3.8294	3.5978	3.7934	3.8479	3.7948	3.5168	3.6609	3.6826
	发展潜力	3.1678	2.8156	2.8508	3.0027	3.0261	3.2495	3.0094	2.9888	3.1027	2.9295	2.9945	3.0125
	产业效率	1.5741	2.3195	2.4756	2.8172	2.6466	2.4911	2.6069	2.7324	2.8687	3.0460	3.1364	2.6104
广西	总体规模	1.0374	1.0435	1.0574	1.0576	1.1015	1.2090	1.3068	1.5457	1.5605	2.2877	1.5952	1.3457
	产业结构	2.2057	2.2532	2.1165	3.3867	2.3774	2.1246	2.1834	2.0062	1.9072	2.0179	2.0240	2.2366
	科技支撑	1.6332	1.6992	1.6989	1.6993	1.3953	1.5299	1.5352	1.5891	2.1682	1.9217	1.7299	1.6909
	发展潜力	3.5008	2.8445	2.7478	1.4913	1.8524	3.2992	3.2076	2.1721	2.5516	4.1712	3.2729	2.8283
	产业效率	1.7786	1.7711	1.8063	1.7297	1.7546	1.9336	2.0587	2.3240	2.4128	2.1970	2.2867	2.0048
海南	总体规模	1.0566	1.0670	1.0806	1.1843	1.2498	1.2528	1.4446	1.4794	1.5197	1.6246	1.6749	1.3304
	产业结构	3.4693	3.4387	3.3940	3.1314	3.0844	3.1446	3.1272	3.2039	3.1446	3.1660	3.2275	3.2301
	科技支撑	1.0000	1.0465	1.8933	1.8942	1.8945	2.0837	2.0655	2.1874	2.3201	2.4791	2.3178	1.9256
	发展潜力	3.0997	2.6746	2.5374	2.8600	3.2920	1.9574	3.0059	3.2208	2.8274	3.2392	3.2793	2.9085
	产业效率	1.5654	1.6634	1.7497	1.8299	1.8717	1.8849	2.0938	1.9348	2.0080	2.0458	2.0891	1.8851

1. 现代海洋产业规模

2001～2011年，广东现代海洋产业规模评价得分在沿海11省（自治区、直辖市）最高，2001年广东产业规模得分仅为2.4087分，还处在较低水平，到2011年，广东产业规模得分已经达到4.2343分，已经达到现代海洋产业规模极高水平，产业规模变化明显。上海、山东、浙江的现代海洋产业规模得分也较高，一直排在前四位，也从2001年的极低水平增长到2011年的较高水平。福建、江苏、辽宁、天津得分在沿海 11 省（自治区、直辖市）中排名较低，至 2011 年还处于中等水平。产业规模得分一直排在后三位的是河北、广西、海南，尽管多年来得分不断增长，但直到 2011 年产业规模得分仍未超过 2，属于极低水平。由此可见，沿海经济较为发达的地区，现代海洋产业规模也较大，如广东、上海、山东、浙江；相反，河北、广西、海南等海洋经济欠发达地区，现代海洋产业规模较小。

2. 现代海洋产业结构

2001 ～ 2011 年我国沿海 11 省（自治区、直辖市）的现代海洋产业结构水平没有明显变化，且部分地区 2011 年得分与 2001 年相比，出现了下降。现代海洋产业结构得分变化有明显的时间差异。2001 ～ 2005 年，属于较高水平，即得分超过 3 的地区主要有上海、江苏、广东、海南、浙江、山东，而到了 2006 年以后，浙江、山东退出了现代海洋产业结构较高水平之列，仅处于中等水平。尽管浙江、山东海洋战略性新兴产业规模较大，但与自身较大的现代海洋产业整体规模相比，战略性新兴海洋产业占比还是较低，因而 2006 年后产业结构得分出现了下降。而海南尽管海洋产业规模较小，但其滨海旅游业发展较好，现代海洋产业中非渔产业比重较高，因而现代海洋产业结构得分较高。

3. 现代海洋产业科技支撑

2001 ～ 2011 年，沿海 11 省（自治区、直辖市）现代海洋产业科技支撑评价等级最高的是上海、山东、广东和辽宁，得分一直在 3 以上，为较高水平。江苏、天津、浙江、福建一直排在中间位置，其中江苏 2001 年仅为中等水平，至 2011 年已经跻身较高水平之列，浙江、福建从 2001 年的较低水平提升到了 2011 年的中等水平，而天津科技成果应用率在 2009 年之后出现了明显下降，导致了天津科技支撑得分降低，在 2009 之后降到了较低水平之列。海南、河北、广西的得分最低，大部分年份位于［0，2）之间，为极低水平，其中海南 2006 年后已经摆脱极低水平，进入较低水平。在现代海洋产业科技支撑指标中，广东海洋科技机构密度最高；海洋高层次人才储备率最高的是广东、上海和山东；辽宁科技成果应用率最高；江苏近年来较为重视成果应用类研究，2011 年科技成果应用率仅次于辽宁。

4. 现代海洋产业发展潜力

沿海 11 省（自治区、直辖市）现代海洋产业发展潜力得分大都在 2.5 分，即中等水平以上。现代海洋产业在海洋经济发展中处在高速发展阶段，因而现代海洋产业的成长对沿海地区整体海洋经济的发展起到了很大的促进作用，现代海洋产业潜力巨大。具体来看，2001～2011年，辽宁、广东、福建、浙江发展潜力平均得分最高，超过3分，为较高水平。其余地区平均得分也超过2.5分，为中等水平。各项指标中，辽宁现代海洋第二产业增长弹性系数始终较高，海洋化工业、海洋电力业、海水利用产业近年来都有较快发展。江苏海洋战略性新兴产业和现代海洋第三产业增长弹性系数最高，在海洋战略性新兴产业中，滨海旅游业、海洋生物医药业、海洋电力和海水利用产业发展最快，其增长速度超过现代海洋产业增长速度，海洋科研管理教育服务业增长率超过了25%。海南、广西的发展潜力都在一般水平以上，这与近年来滨海旅游、海洋油气业等战略性新兴海洋产业发展迅速有关。天津、河北的现代海洋产业发展潜力最低，在发展潜力三项指标中，仅有现代海洋第二产业增长弹性系数大于1，近年来天津、河北依托环渤海经济区，重视临港产业、海洋化工业等第二产业发展，海域环境受到一定污染，滨海旅游业、海洋服务业没有得到较好的重视和发展。

5. 现代海洋产业效率

2001～2011年，天津、上海的现代海洋产业效率平均得分最高，位于较高水平。广东、山东、浙江平均得分位于中等水平。福建、江苏、河北、广西为较低水平。辽宁、海南平均得分最低，位于极低水平。现代海洋产业效率指标中，天津、上海的单位现代海洋产业增加值的岸线占用率最高，这是因为天津、上海的岸线较短，而现代海洋产业规模相对较大。天津、上海的现代海洋产业劳动效率也最高，说明天津、上海集中在现代海洋产业中的劳动力资源利用率较高。福建的养殖面积利用率最高，说明其海水养殖产业的资源利用效率较高，但岸线利用率和劳动效率较低，因此其现代海洋产业效率仅位于较低水平等级。广西的岸线利用率和劳动效率也较低，但养殖面积利用率较高，因而现代海洋产业效率为较低水平。辽宁的岸线利用率较低，尽管海水养殖产业发达，但养殖面积利用率仍旧不高，现代海洋产业劳动效率也较低，劳动力资源也没有得到充分利用，因而现代海洋产业效率为极低水平。

四、沿海地区现代海洋产业发展水平等级划分

结合级别判断准则和评价结果，运用GIS空间分析技术，对沿海11省

（自治区、直辖市）现代海洋产业发展现状进行直观分析。从图3-4中可以看出，沿海11省（自治区、直辖市）没有现代海洋产业发展水平极高（5级）、极低（1级）地区。

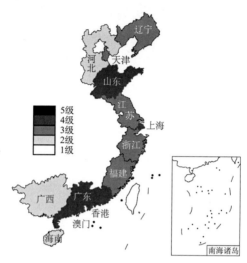

图3-4　沿海11省（自治区、直辖市）现代海洋产业发展水平等级示意图

1. 现代海洋产业发展水平较高地区

该地区包括现代海洋产业规模较大的广东、山东，产业结构和效率较优的上海。总体来说，这类地区现代海洋产业规模较大，产业结构高级化程度较高，科技支撑实力较强，现代海洋产业发展潜力和效率较好，是现代海洋产业相对发达的地区。广东、山东资源禀赋状况最好，发展现代海洋产业具有先天优势。上海倚靠长三角产业优势，现代海洋产业具有较好的区位条件和产业基础。

未来广东应着重构建包含海洋油气业、现代海洋渔业等优势传统产业，海洋工程建筑业等海洋先进制造业，海洋现代服务业及海洋高新技术产业在内的现代海洋产业群。山东应推动现代海洋渔业、海洋生物医药业、海水淡化等产业的集群化发展。上海应重点发展海洋航运服务业、滨海旅游业等海洋服务业，形成以服务经济为主的现代海洋产业体系。

2. 现代海洋产业发展水平一般地区

该地区包括现代海洋产业规模较大的浙江，现代海洋产业科技支撑实力较强的江苏，现代海洋产业效率较高的天津，以及现代海洋产业发展潜力较大的辽宁和福建。这类地区在现代海洋产业发展中呈现各自的特点，但现代海洋产业整体发展水平一般。在海洋产业结构和现代海洋产业评价指标中，浙江、天津、江苏、福建、辽宁各有优劣势。江苏海洋科技投入较大，汇集了大量的科技资源，在科技含量较高的海洋生物医药、海水利用业等新兴海洋产业发展中拥有更快的速度和更高的质量。辽宁海洋渔业资源基础条件较好，现代海洋渔业已经向规模化、集约化、生态化发展。

未来浙江应深入开发丰富的海洋资源，充分发挥港口、渔业、旅游、油气、滩涂、海岛、海洋能等资源的组合优势。天津应大力发展海水综合利用，保持海水淡化业的基础优势。江苏应着力开发以海上风电为代表的海洋可再生能源产业，利用科技优势加快海洋新能源产业集聚区和海洋生物医药研发基地的建设。福建应利用海峡西岸区位优势，发展壮大以海峡西岸港口群为依托的现代临港产业。辽宁应利用高新技术改造传统海洋渔业，加快发展海水养殖及远洋捕捞产业，着力提高渔业现代化水平，实现传统渔业由资源管理型向现代渔业转变；围绕大连东北亚国际航运中心建设，积极推进港口资源整合，建设海洋高端装备制造业、石化产业等临港产业基地。

3. 现代海洋产业发展水平较低地区

在现代海洋产业评价指标评价中，河北、广西、海南与其他省份有较大差距。这类地区现代海洋产业规模较小，产业结构层次较低，科技支撑能力较弱，发展潜力与效率也较低。河北资源禀赋条件差，环渤海的优势区位也没能充分利用。广西、海南自身经济实力较弱，海洋产业基础差，现代海洋产业发展缺乏有利的政策环境。

未来河北应充分利用环渤海区位优势，以港口为依托，加速临港产业集群的发展。广西应加大对北部湾海底油气资源的勘探力度，探索开发高附加值的海洋新材料和清洁能源。海南则应以海洋油气开发为主导建设南海资源开发和服务基地，大力发展滨海旅游业和现代海洋服务业。

第三节　区域海洋经济系统转型成效的比较分析

当前，全球进入国际金融危机的经济复苏期，也是国际产业分工格局、贸易格局、世界经济重心与经济力量对比的重大调整期。发达经济体总体经济增长仍较为疲软，全球需求结构变动和各种形式的贸易保护主义抬头导致中国出口的外需增长放缓，对中国沿海地区尤其是海洋经济的发展影响很大。与此同时，改革开放以来沿海地区的高速增长导致资源环境负荷居高不下，资源环境与经济发展的矛盾凸显。目前，国内经济步入以中高速增长为标志的"新常态"，不仅意味着经济增速的放缓，更意味着经济增长动力的转换和发展方式的转变。海洋经济是外向型经济，沿海地区是中国经济发展的领头羊，海洋经济提质增效、转型发展迫在眉睫。"转型"是指事物从一种运动形式向另一种运动形式转变的过渡过程，通过改变事物的内在性质或外在形式，实现事物的根本性变化，以促进事物朝着更好的方向发展（齐建珍，2004）。海洋经济"转型"是使海洋经济发展方式根本改变的一种渐进式结构转型，是以要素结构调整为路径，以海洋产业结构升级为根本任务，以海洋生态环境可持续发展为目标，促使海洋经济提高发展质量与效率，提升海洋资源开发利用能力，实现涉海人口就业层次转变、海洋发展支撑体系完善，海洋经济发展由量变到质变的过程。海洋经济转型成效是指海洋经济改变原有发展方式、渐进式调整改革所获得的预期效果。海洋经济是复杂的巨系统，转型预期效果包含多个方面，如产业结构、发展条件、就业状况、资源利用、生态环境等。

一、海洋经济转型成效评价指标体系的构建及含义

借鉴可持续发展观、生态经济学、海洋科技观、产业结构优化等理论，本书认为海洋经济转型应注重全局性、系统性发展，因此在明确海洋经济转型实质内涵的基础上，提出 6 个分维度对海洋经济转型成效进行测度研究，如表 3-8 所示。

1. 海洋经济发展度

该维度反映一个地区海洋经济发展的质量和水平，其中海洋产业总体规模是现有业绩"量"的体现；海洋第三产业增长弹性系数反映转型过程中海洋经济的增长潜力和实力；海洋产业岸线经济密度是对一个地区海洋经济效益的衡量。

2. 海洋经济转型度

该维度反映转型过程中海洋产业结构合理化、高度化、协调化水平及产业转型效率。

表 3-8　海洋经济转型成效测度指标体系

总体层	分维度层	指标层 C	指标解释及计算
中国海洋经济转型成效测度指标体系	海洋经济发展度	海洋产业总体规模 C_1	海洋产业总体产值
		海洋产业岸线经济密度 C_2	海洋产业总体产值／岸线长度
		海洋第三产业增长弹性系数 C_3	海洋第三产业增长率／海洋产业 GDP 增长率
	海洋经济转型度	海洋产业比较劳动生产率 C_4	地区海洋产业产值比重／地区海洋产业劳动力比重
		现代海洋产业贡献度 C_5	现代海洋产业增加值／地区 GDP
		海洋产业结构高度化指数 C_6	公式①
		海洋产业结构变化值指数 C_7	公式②
	发展条件支撑度	海洋科研机构密度 C_8	地区海洋科研机构数与全国海洋科研机构总数之比
		海洋高层次人才增备率 C_9	海洋专业研究生、博士生所占总人口比重
		涉海科技人员素质 C_{10}	海洋科研机构科技人员研究生以上学历所占比重
		星级饭店数 C_{11}	从《中国海洋统计年鉴》中获得
	海洋产业就业度	就业结构变化速度指数 C_{12}	公式③
		现代海洋产业就业人数 C_{13}	从《中国海洋统计年鉴》中获得
		涉海就业专业化指数 C_{14}	各地区海洋科研机构专业技术人员／该地区涉海从业人员总数
		海洋产业就业弹性 C_{15}	就业增长率／产值增长率
	资源集约利用度	海域集约利用指数 C_{16}	海洋产业产值／确权海域面积
		现代海洋渔业资源生态位（宽度）C_{17}	公式④
		旅游资源利用率 C_{18}	滨海旅游人数／各地区旅游景点个数
		海洋新能源利用 C_{19}	海洋电力业及海水利用业增加值
	生态环境响应度	工业废水排放达标率 C_{20}	从《中国海洋统计年鉴》中获得
		工业固体废弃物综合利用量（万吨）C_{21}	从《中国海洋统计年鉴》中获得
		海洋类型自然保护区建成数量 C_{22}	从《中国海洋统计年鉴》中获得

注：公式① $H = \sum_{i=1}^{n} k_i h_i$，其中 H 为海洋产业结构高度化指数，$k_i$ 为第 i 个产业的产值在海洋产业总产值中所占份额，根据产业高度对其赋值，分别为 1，2，3。公式② $K = \sum_{i=1}^{n} |q_{ii} - q_{ii-1}|$，其中，K 为海洋产业结构变化值指数，$q_{ii}$ 为报告期第 i 项分产业在海洋产业中所占份额，q_{ii-1} 为第 i 个产业的产业基期值；N 为产业数。公式③ $V_j = \sqrt{\sum_{i=1}^{n}(A_{ij} - B_j)^2 \frac{K_{ij}}{B_j}}$，其中，$V_j$ 为就业结构变化速度指数；A_{ij} 为 j 省份 i 海洋产业结构变化速度指数；B_j 为 j 省份 i 海洋产业产值的年均增速；K_{ij} 为 j 省份 i 产业占该省海洋总产值的比重，n 为产业类别数。公式④ $W = S + A_i P_i^2 / \sum_{i=1}^{n}(S_i + A_i P_i)$，其中，W 为现代海洋渔业资源生态位，$P_i$ 表示 i 类海洋渔业资源生态数量态，S_i 为 i 类现代海洋渔业资源生态元总数量态，即海洋捕捞和海水养殖的产量，S 为现代海洋渔业资源生态元总数量，A_i 为量纲转换系数，P_i 表示现代海洋渔业资源生态位的增长势，即海洋捕捞和海水养殖产量的增长势，P 表示现代海洋渔业资源生态位总数量态，即以一年为时间尺度，若比较连续两年份海洋渔业资源情况，则 A_i 取 1，且 $0 < W_i < 1$。

3. 发展条件支撑度

该维度包括科技支撑和基础设施支撑两个方面。科技是海洋产业转型升级的原动力，反映海洋产业拉动经济的后续能力；基础设施是产业发展的先驱条件和基础。

4. 海洋产业就业度

该维度反映海洋经济转型的社会带动性，衡量海洋经济转型和海洋就业的相互影响程度。

5. 资源集约利用度

该维度反映各地区对新型能源资源的开发利用状况，以及对传统海洋资源的集约使用程度。

6. 生态环境响应度

该维度主要包括污染治理和生态基础建设，反映海洋经济转型对生态环境的影响，以及生态环境对转型的响应。

二、海洋经济转型成效测度方法

（一）基于粗糙集理论赋权

粗糙集（rough sets）理论是一种刻画不完整性、不确定性的数据分析工具，能够有效地分析和处理不精确、不一致和不完整的各种信息，并从中发现隐含的知识，揭示潜在的规律，应用此理论对中国海洋经济转型成效指标体系进行赋权，具体步骤如下。

Step1：建立海洋经济转型成效决策矩阵。

以沿海 11 省（自治区、直辖市）为研究对象，设信息系统 $S=\{U, A, V, f\}$，其中样本集合为 $U=\{x_1, x_2, \cdots, x_{11}\}$，称为论域；$A$ 为样本属性集，$A=C\cup D$；C 为条件属性集，即为 22 个指标的条件属性集；D 为决策属性集，其常用等级或对应分值描述，当样本集数量并非远大于属性集数量时，尽量减少属性级别，本研究符合此情况，故 $D=\{$ 高，中，低 $\}$ 三个等级，分别取值为 3，2，1，建立转型成效决策矩阵。

Step2：指标数据离散化。

由于粗糙集不能直接处理连续型指标，故对原始指标数据进行离散化处理；结合海洋经济发展实际及等级，应用 MATLAB 编程实现原始数据离散化，得到约简矩阵。

Step3：计算属性等价类及正域。

定义 1：等价关系，对于指标体系的任一指标子集 R，都可以定义一个等价关系：

$$\text{IND}(R) = \{(x_i, x_j) \in U \times U, \ \forall p \in R, \ p(x_i) = p(x_j)\} \qquad (3\text{-}29)$$

定义 2：$\text{POS}_P(X) = \underline{P}X$ 称为 X 的 P 的正域。

根据定义 1，计算决策属性和条件属性的等价类 $U/\text{IND}(D)$ 及类 $U/\text{IND}(C)$，然后分别移去各条件属性，计算等价类类 $U/\text{IND}(C\text{-}c_i)$，根据定义 2 计算各属性正域 $\text{POS}_C(D)$，以及 $\text{POS}_{\{C/c_i\}}(D)$，$i$ 为指标标号。正域表示 U 中所有属性移去 C_i 进行划分后，仍为集合 D 的等价类中的对象集合。

Step4：计算属性重要度及权重。

属性集 C 与 D 之间的依赖度为 $R(C, D)$，定义为

$$R(C, D) = \text{Card}(\text{pos}_c(D)) - \text{Card}(\text{pos}_{\{C/C_k\}})(D) / \text{Card}(U) \qquad (3\text{-}30)$$

式中，$\text{Card}(U)$ 表示集合 U 的元素数量；$R(C, D)$ 的值越大，则其对应的指标 C_i 的重要性越大，反之越小。

对各个条件属性重要度进行归一化处理，计算第 i 个指标的权重：

$$w_{lt} = \frac{R(C/c_i, D)}{\sum_{i=1}^{n} R(C/c_i, D)} \qquad (3\text{-}31)$$

式中，$R(C/c_i, D)$ 代表第 i 个指标对转型成效的重要度。

（二）基于灰色系统理论赋权

灰色系统理论是我国著名学者邓聚龙教授于 1982 年提出的。应用此方法对中国海洋经济转型成效指标体系进行赋权，具体步骤如下。

Step1：对原始数据做均值化处理。

$$X_i'(k) = X_i(k) \Big/ \frac{1}{n} \sum_{k=0}^{m} X_i(k)_i, \ (i=1, 2, \cdots, n; \ k=0, 1, \cdots, m) \qquad (3\text{-}32)$$

Step2：求参考序列与比较序列的绝对差，其中，参考序列选择海洋经济转型成效指标历年最优解，即为序列 $X_i(0)$。

$$\Delta i(k) = | X_i(k) - X_i(0) | \qquad (3\text{-}33)$$

Step3：计算最大差与最小差。

$$\Delta_{\max} = \max_i \max_k \Delta i(k), \quad \Delta_{\min} = \min_i \min_k \Delta i(k) \qquad (3\text{-}34)$$

Step4：计算关联系数。

$$r_j(j) = \frac{\Delta_{\min} + \zeta \Delta_{\max}}{\Delta i(k) + \zeta \Delta_{\max}} \qquad (3\text{-}35)$$

式中，ζ 为分辨系数，它的取值影响关联系数的大小，不影响关联序，一般取0.5。

Step5：权重。计算各指标的因子关联系数，归一化处理得到各指标灰色关联权重值 w_{2i}。

（三）综合权重的确定

$$W_i = \eta w_{1i} + (1-\eta) w_{2i} \qquad (3\text{-}36)$$

式中，w_{1i} 为第 i 个指标在粗糙集下的权重；w_{2i} 为第 i 个指标在灰理论下的权重；W_i 为第 i 个指标的综合权重（其中，η 为调整参数）。

（四）综合评价模型

基于综合权重，利用加权线性和法，可得到海洋经济转型成效综合得分及分维度转型综合得分：

$$V_j = \sum_{i=1}^{n} W_i y_i \qquad (3\text{-}37)$$

式中，V_j，当 i 的取值为全部指标时，其为第 j 个省（自治区、直辖市）海洋经济转型成效综合得分，当 i 的取值为分维度全部指标时，其为第 j 个省（自治区、直辖市）相应分维度转型综合得分；W_i 为第 i 个指标的综合权重；y_i 为指标对应的评估值。

（五）核密度估计

核密度估计（Kernel density estimation）是在概率论中用来估计未知的密度函数，属于非参数检验方法之一。对于数据 x_1, x_2, $\cdots$, x_n，核密度估计的形式为

$$\hat{f}_h(x) = \frac{1}{nh} \sum_{i=1}^{n} K\left(\frac{x - x_i}{h}\right) \qquad (3\text{-}38)$$

其中，核函数 K（·）是一个加权函数，包括高斯核、Epanechnikov 核、三角核、四次核等类型，选择依据是分组数据的密集程度。

本研究的估计应用软件 Eviews7.2，结合高斯核函数作图：

$$\text{Gaussian}：\frac{1}{\sqrt{2\pi}}e^{-\frac{1}{2}t^2} \tag{3-39}$$

核密度估计无确定的表达式，因而通常采取图形对比的方式来考察其分布变化。本研究以海洋经济转型成效综合得分为样本点进行拟合作图，基于所得图形的峰值、形状、走势、波动等进行对比观察，从而分析海洋经济转型成效的整体演进规律。

三、海洋经济转型成效测度结果及分析

利用粗糙集和灰色关联理论组合赋权综合评价模型，计算出沿海 11 省（自治区、直辖市）海洋经济转型成效水平，得到海洋经济分维度转型综合得分及海洋经济转型成效综合得分，如表 3-9、表 3-10 所示。

四、海洋经济转型成效时空格局演变分析

（一）整体转型成效趋势分析

根据海洋经济转型成效综合得分，应用核密度估计绘出 2001 ～ 2011 年沿海 11 省（自治区、直辖市）海洋经济转型成效测度分布图，如图 3-5 所示。纵坐标为核密度，核密度的高低，代表地区的集中程度，结合横坐标——海洋经济转型成效综合得分，大致解释沿海 11 省（自治区、直辖市）海洋经济转型成效的演进状况，分布演进具有以下几个明显特征。

（1）从位置上看，选取 6 年的截面数据，呈现的密度函数曲线整体有向右平移的态势，在 2010 年、2011 年曲线右移程度明显，说明沿海 11 省（自治区、直辖市）海洋经济转型总体水平逐年提高，在 2010 年以后海洋经济转型取得明显成效。

表 3-9 2001 年、2011 年海洋经济分维度转型综合得分

省（自治区、直辖市）	海洋经济发展度		海洋经济转型度		发展条件支撑度		海洋产业就业度		资源集约利用度		生态环境响应度	
	2001 年	2011 年	2001 年	2011 年	2001 年	2011 年	2001 年	2011 年	2001 年	2011 年	2001 年	2011 年
天津	0.1137	0.0883	0.0901	0.2684	0.0354	0.0500	0.1219	0.1437	0.0261	0.0850	0.0610	0.1285
河北	0.0641	0.0516	0.0591	0.1222	0.0372	0.0555	0.0416	0.0391	0.0178	0.0690	0.0564	0.2621
辽宁	0.0736	0.0712	0.0375	0.1190	0.0618	0.1676	0.0775	0.0683	0.0302	0.0994	0.0211	0.1250
上海	0.1371	0.1366	0.1423	0.3312	0.0726	0.1852	0.1032	0.1405	0.0993	0.2449	0.1054	0.1239
江苏	0.0671	0.1088	0.0280	0.2149	0.0390	0.1733	0.0878	0.1619	0.0133	0.0880	0.0559	0.2001
浙江	0.0741	0.0969	0.0534	0.1416	0.0599	0.2092	0.0827	0.0486	0.0097	0.0723	0.0626	0.1154
福建	0.0797	0.0904	0.0610	0.1093	0.0458	0.1455	0.1208	0.0542	0.0381	0.1046	0.0586	0.1585
山东	0.1016	0.1546	0.0616	0.1703	0.0771	0.2761	0.1074	0.0860	0.0295	0.0908	0.1076	0.2949
广东	0.1383	0.1727	0.1095	0.1566	0.0950	0.3114	0.1009	0.0739	0.0768	0.2752	0.0711	0.2121
广西	0.0009	0.0408	0.0217	0.0871	0.0055	0.0446	0.0651	0.0634	0.0222	0.0815	0.0443	0.0825
海南	0.0589	0.0585	0.0455	0.1906	0.0156	0.0463	0.0467	0.0395	0.0045	0.0113	0.0804	0.1393
全国	0.0826	0.0973	0.0645	0.1737	0.0495	0.1513	0.0869	0.0835	0.0334	0.1111	0.0659	0.1675
历年平均	0.0649		0.0919		0.0757		0.0749		0.0525		0.0818	

表 3-10 2001～2011 年沿海 11 省（自治区、直辖市）海洋经济转型成效综合得分

省（自治区、直辖市）	2001 年	2002 年	2003 年	2004 年	2005 年	2006 年	2007 年	2008 年	2009 年	2010 年	2011 年
天津	0.44 807	0.38 006	0.41 968	0.40 985	0.40 357	0.37 253	0.39 164	0.38 314	0.45 650	0.86 985	0.76 394
河北	0.27 614	0.19 455	0.28 123	0.25 624	0.19 814	0.28 937	0.23 951	0.31 123	0.25 949	0.50 355	0.59 956
辽宁	0.30 168	0.22 047	0.30 839	0.30 524	0.30 877	0.33 352	0.29 598	0.29 231	0.39 100	0.87 494	0.65 046
上海	0.66 007	0.59 415	0.59 655	0.62 797	0.53 302	0.64 715	0.67 518	0.64 829	0.59 607	1.20 891	1.16 235
江苏	0.29 106	0.25 742	0.32 600	0.27 576	0.27 886	0.35 681	0.30 653	0.35 467	0.36 360	0.85 655	0.94 695
浙江	0.34 233	0.39 291	0.33 241	0.29 278	0.33 589	0.27 326	0.26 571	0.33 673	0.31 286	0.71 501	0.68 383
福建	0.40 393	0.42 526	0.38 716	0.33 867	0.44 969	0.38 748	0.30 492	0.36 511	0.32 290	0.75 044	0.66 249
山东	0.48 472	0.47 462	0.44 974	0.39 249	0.41 518	0.55 189	0.46 608	0.51 696	0.43 793	0.94 955	1.07 267
广东	0.59 164	0.59 629	0.55 959	0.50 137	0.52 993	0.60 834	0.54 808	0.60 655	0.59 652	1.22 512	1.20 181
广西	0.15 978	0.26 354	0.16 415	0.09 316	0.25 475	0.17 004	0.10 598	0.12 056	0.20 112	0.46 367	0.39 991
海南	0.25 172	0.18 612	0.17 581	0.18 524	0.15 981	0.24 456	0.27 230	0.27 503	0.18 273	0.48 887	0.48 553
全国	0.38 283	0.36 231	0.36 370	0.33 443	0.35 160	0.38 499	0.35 199	0.38 278	0.37 461	0.80 968	0.78 450

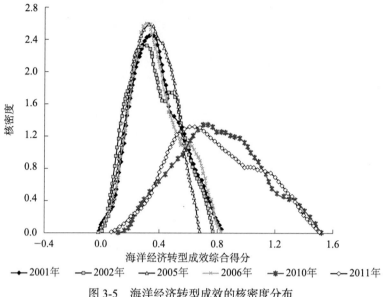

图 3-5　海洋经济转型成效的核密度分布

（2）从形状来看，海洋经济转型成效整体呈单峰分布的态势，只有在 2001 年和 2006 年出现轻度的双峰分布，说明在 2001 年和 2006 年出现轻微的两极分化态势，但此现象并没有长久持续。2001 年、2002 年、2005 年、2006 年整体分布呈现为坡度陡峭状，即为高密度，表明在此期间，沿海 11 省（自治区、直辖市）海洋经济转型集中在中低值区域，转型成效普遍较低。2010 年、2011 年整体分布呈现为坡度和缓状，密度降低，在此期间，沿海 11 省（自治区、直辖市）海洋经济转型集中于中高值区域，转型成效显著提升。

（3）从峰度来看，2001 ～ 2011 年海洋经济转型呈现出尖峰向宽峰发展的变化趋势，2001 年、2002 年、2005 年、2006 年一直呈现尖峰形状且峰顶密度高，说明地区转型低值分布较为集中，转型没有明显进展。2002 年和 2006 年出现轻微的两峰分布，说明有部分地区海洋经济转型呈好转趋势，直到 2010 年、2011 年，峰顶高度下降变化明显，整体呈现宽峰形状，说明在此期间各沿海省市区海洋经济转型差距逐渐缩小，整体较为均衡，各区域转型均取得一定成效。

（二）分维度转型成效时空格局演变分析

中国海洋经济转型包含 6 个维度的转型成效，在地理空间上也表现出一定的规律特征，运用 GIS 空间分析技术，对分维度转型成效进行直观分析。

（1）海洋经济发展度，如图3-6所示。2001～2011年，海洋经济发展度差异在空间格局上没有显著变化。在转型背景下，全国整体海洋经济发展趋势较好，但河北、广西、海南海洋经济发展一直与其他省份存在较大差距。广东、山东、上海海洋经济发展处于领先地位，作为珠三角、环渤海及长三角经济区的增长极，一直保持较好的发展势头，这与其良好的产业基础有重要的关系。天津海洋经济发展整体则呈现放缓趋势。江苏、浙江、福建海洋经济发展速度较快，发展潜力较大。辽宁海洋经济平稳发展，处于转型过程中，并没有突出成绩。

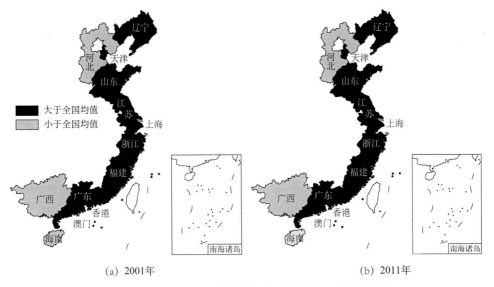

(a) 2001年　　　　　　　　　　　　　　(b) 2011年

图3-6　2001年、2011年海洋经济发展度空间分异示意图

（2）海洋经济转型度，如图3-7所示。海洋经济转型度差异在空间格局上有显著变化。从全国来看，海洋经济转型程度明显提升。上海海洋服务业基础设施配备完善，产业转型基础良好，产业结构优化水平很高，是我国海洋经济转型的领头羊。广东海洋经济转型起步较早，现代海洋产业对海洋经济贡献较大，加之早期国家政策的扶持，使得广东海洋经济转型走在前列。天津积极发展新兴海洋产业，海洋产业结构逐渐优化，结构合理化指数显著提升，海洋经济效率位居各省前列。自2009年江苏沿海地区发展上升为国家战略以来，经济转型也随之迈入快车道，海洋交通运输等优势产业实力增强，沿海风电等新兴产业发展迅猛，产业结构逐渐优化，转型成效较为突出。山东以蓝色经济区为平台，培育战略性新

兴产业，重点打造海洋优势产业集群，经济转型有良好的产业基础。河北、辽宁、浙江、福建、海南海洋经济转型度也有显著提高，其中海南滨海旅游业发展较快，海洋第三产业基础较好，积极发展海洋生物医药等海洋新兴产业，产业结构逐渐优化。2011 年，广西海洋经济转型有一定进展，但海洋产业结构合理化、高度化水平均比较低，海洋经济转型在沿海省（自治区、直辖市）中一直处于最低水平。

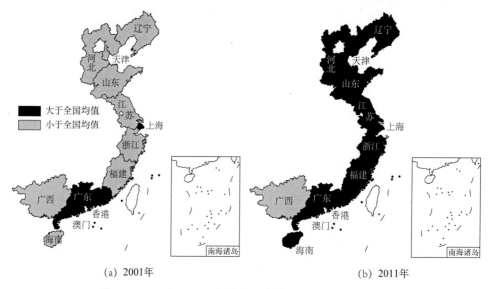

(a) 2001年　　　　　　　　　　　(b) 2011年

图 3-7　2001 年、2011 年海洋经济转型度空间分异示意图

（3）发展条件支撑度，如图 3-8 所示。从全国来看，发展条件支撑度变化较为显著。在转型背景下，广东和山东发展条件一直保持领先水平，广东海洋服务业基础设施较为完善，人才储备丰富，山东集聚大批涉海科研机构和院校，教育资源密集，创新能力突出，为新兴产业的发展提供条件，为海洋经济转型夯实基础。上海发展条件有显著提升，到 2011 年海洋研究与试验发展经费支出位居沿海各地区第一位，科技力量较为雄厚。辽宁、浙江、福建发展条件稳步提高。天津海洋科研机构密度较高，但科研人员能力偏弱，影响整体创新能力的提升，海洋服务业配套设施较差，转型过程中发展条件没有突出成绩。河北、广西、海南发展条件改善相对较慢，一直处于较低水平。

（4）海洋产业就业度，如图 3-9 所示。海洋产业就业度是 6 个分维度中唯一一个在空间上呈现反向变化趋势的系统。相关研究表明，我国主要海洋产业就业弹性呈现出不断降低的态势，即海洋经济增长对就业拉动效应是逐渐减弱的，也就是带动一个百分点就业增加需要更高的经济增长。开拓新兴产业是增加就业的途径，但与科技的紧密结合逐渐提高了对劳动力知识能力的要求，即海洋产业升级对就业的挤出效应，海洋产业升级和海洋高新技术的应用使得技术和资本对劳动的替代优势明显。在一定程度上降低了海洋产业的就业程度，所以在此呈现出一定的反向变化趋势。

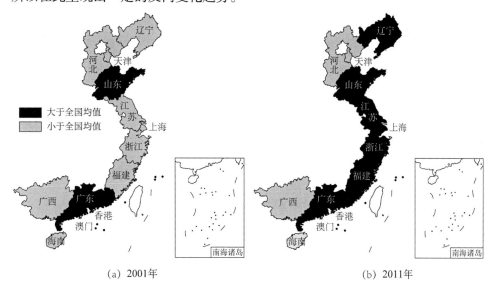

(a) 2001年　　　　　　　　　　　(b) 2011年

图 3-8　2001 年、2011 年海洋经济发展条件支撑度空间分异示意图

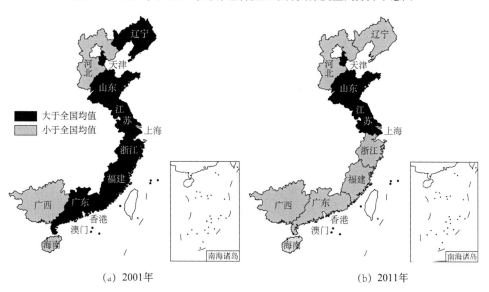

(a) 2001年　　　　　　　　　　　(b) 2011年

图 3-9　2001 年、2011 年海洋产业就业度空间分异示意图

（5）资源集约利用度，如图 3-10 所示。海洋资源集约利用度在空间上呈现出良好的发展态势。上海海域集约利用指数较高，积极发展现代海洋渔业，海洋渔业资源集约利用情况较好；广东旅游资源丰富，注重新能源的开发和利用，资源节约利用程度一直保持较高水平。除海南外，各省（自治区、直辖市）在此系统中转型均得到较好成绩。山东、江苏和浙江海洋新能源利用较好，山东风能年发电能力居沿海 11 省（自治区、直辖市）首位，浙江可开发潮汐能装机容量占全国的 40%、潮流能占全国的一半以上，海水利用业发展突出。辽宁、福建海洋渔业资源丰富，现代海洋渔业资源生态位较宽。天津海域集约利用指数较高，但现代海洋渔业资源生态位逐年变窄，旅游资源较为丰富，资源集约利用度排名靠前。河北、广西资源集约利用度稳步提高，但整体水平不高。海南资源集约利用度有所提升，但一直处于全国最低水平，渔业资源、旅游资源都较为丰富，但并没有得到充分的集约利用。

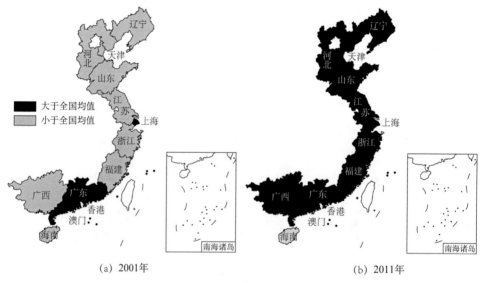

（a）2001 年   （b）2011 年

图 3-10   2001 年、2011 年海洋资源集约利用度空间分异示意图

（6）生态环境响应度，如图 3-11 所示。海洋生态环境响应度在空间上呈现出良好的发展态势。山东对海洋环保建设的投入较为突出，已初步形成覆盖全省沿海的海洋环境监测预报网络，海洋持续性发展有较好的基础。上海高度重视海洋生态环境的维护，到 2011 年，海洋生态监控区面积位于 11 省（自治区、直辖市）首位。广东对海洋环保建设的投入历年保持较高水平，但 2001 年对海洋污染治理较差，所以整体低于全国平均水平，随着转型的推进，到 2011 年取

得较好成效。河北为改善海洋生态环境，开展了海域海岸带综合整治修复、海洋生态保护修复等工作，提高固体废弃物综合应用能力，海洋生态转型有明显成效。天津、辽宁、浙江、江苏、福建、广西海洋生态环境逐渐好转，到2011年均取得较好成效。海南海洋生态环境一直居于沿海各省前列，持续性发展能力较为突出。

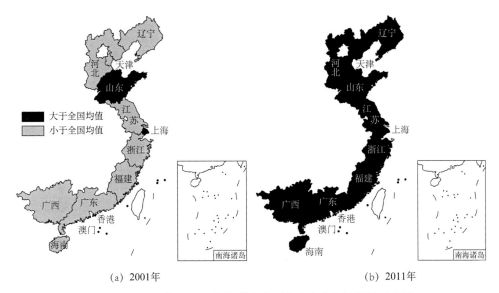

(a) 2001年　　　　　　　　　　　　　　(b) 2011年

图 3-11　2001 年、2011 年海洋生态环境响应度空间分异示意图

五、海洋经济转型机理分析

在研究转型成效时空分异的基础上，对我国海洋经济转型机理进行初步探讨。海洋经济系统是典型的"生态-经济-社会"的复杂系统，由多重因素相互作用。通常，海洋经济系统良性运行受阻，则引发海洋经济与社会系统结构转变与升级，实现要素的优化、调整甚至重构。而调整或重构的过程即各种因素相互影响作用的过程。对各影响因素进行系统性的梳理，认为影响海洋经济转型的因素主要分为历史性基础因素、未来性主导因素和新型因素。

总体来看，各省（自治区、直辖区）海洋经济呈现较好的转型趋势，但整体差距仍然存在，且部分省（自治区、直辖区）的差距较大，这主要是历史性基础因素影响模式难以突破造成的，主要有资源禀赋、区位条件、产业体系基础及腹地经济等因素的差异，但转型绝不仅仅取决于历史性基础因素的影响，纵观我国海洋经济转型进程，认为在未来影响各省（自治区、直辖区）海洋经济转型的因素主要有两个方面，即主导因素和新型因素。其中主导因素包括国家政策和科技。在转型进程中，我国政策导向作用较为显著，在"十二五"规划开局之年，即2010年以后转型成效尤为突出，离不开经济转型大背景的作用和影响；科技则是引领海洋经济转型的本源和核心驱动力，提高科技水平，拓展海洋开发领域，相关产业的技术难题取得突破，将带动产业飞跃式发展。新型因素包括战略定位、海洋意识、资本投资水平、管理体制，战略定位是指各省（自治区、直辖区）的自我发展战略定位，合理的战略定位是主观认知和需求的体现，也是优化调控的内生动力；海洋意识是从宏观国家到微观个体对海洋价值的认识和重视，在一定程度上体现经济的开放和包容程度，在国际大环境下，从海洋大国到海洋强国，从海洋大省到海洋强省的跨越必须要注重海洋意识的提升；资本投资水平主要包括人力资本和物质资本投资，人力资本投资是教育、知识、技能的存量体现，而物质资本投资是指以物质形式体现的生产资料，集约经济发展阶段应注重两者的协同配合，且投资水平要逐步完成从数量增多到质量提升的跨越；海洋管理体制是指政府层面对海洋的管理，现行海洋管理体制尚未真正打破行政分区，存在众多涉海重叠部门，无法真正实现区域间资源信息的全面共享，只有改变管理体制，才能逐步实现全局性的均衡发展。

第四章

国家海洋战略的演变历程

党的十八大提出建设海洋强国的战略目标，标志着我国海洋战略进入了新的发展时期，国家战略和区域政策对区域海洋经济系统的演进有着至关重要的作用，系统梳理我国海洋战略的发展历史，有助于深入理解"建设海洋强国"的深刻内涵和重要意义。

我国海陆兼备的特征十分明显，既具备陆地大国的天然属性，也有发展海洋大国的优越条件，因此我国海洋强国的建设必须能够统筹海陆，发挥我国海陆双向优势，避免"重陆轻海"或"重海轻陆"的战略选择。通过梳理、总结我国政府相继出台的涉海纲领性文件与发展战略，将海洋战略演变过程大致分为两个时期。

第一节 新中国成立至 20 世纪 90 年代末

新中国成立至改革开放前是我国海洋战略的初步形成时期，由于受新中国刚成立的政治环境和传统海洋观念影响，我国还不具备海洋资源开发和深入发展海洋贸易的条件，这就对加强海防、重视国家海洋权益提出了现实要求。国家的海洋战略主要包括重视海军建设、增强海防，从维护国家沿海安全战略高度确定领海线。1958 年发布的《关于领海的声明》中提出"中华人民共和国的领海宽度为十二海里"。在注重海防问题的同时，也积极收回近代被侵占的港口，并实施积极的管理政策；另外，坚持海权独立，积极收回沿海和内河航运权并加强管理。

在改革开放的新形势下，国家对海洋事业的重视和利用提上日程。通过实施对外开放战略，先后设立经济特区，开放沿海港口，开辟沿海经济开放区，开放长江沿岸城市等，逐步形成包括经济特区、沿海开放城市、沿海经济开放区等在内的多层次、宽领域的对外开放新格局，我国逐步融入国际社会，综合国力日益提升，海洋经济也呈现出迅猛发展的新态势。

改革开放初期，在继承和发展改革开放前我国海洋战略的同时，提出"主权在我、搁置争议、共同开发"的海洋资源利用思想，这些思想为海洋经济发展争取了较好的资源条件和国际和平环境。

20 世纪 90 年代以来，海洋因其独特的战略地位深刻地影响和改变着国际政治经济新秩序，而我国对海洋的重视程度也不断提高，1991 年我国第一个国家海洋工作会议召开，会议通过了《九十年代我国海洋政策和工作纲要》，对未来我国海洋事业的方向和重点都做出了规划，提出"以开发海洋资源，发展海洋经济为中心，围绕'权益、资源、环境和减灾'四个方面开展工作，保证海洋事业持续、稳定、协调发展，为繁荣沿海经济和整个国民经济做出贡献"。1994年《联合国海洋法公约》生效和1996年《中国海洋21世纪议程》的制定为我国海洋战略演变历史中的标志性事件，这一时期"从战略和全局的高度认识海洋"成为我国海洋战略的核心内容。随着我国经济发展对资源需求的增强和国际海洋意识的传播，开发和利用海洋资源的迫切性成为各级政府的共识，我国海洋战略从主要关注海防安全向重视海防安全与海洋多重价值转变。1995年《全国海洋开发规划》提出海洋开发整体战略和"八五"、"九五"目标，着重对海洋资源开发规划、海洋国土整治、海洋经济结构调整、区域综合开发及重点工程进行讨论。1996年《中国海洋21世纪议程》阐明了海洋可持续发展的战略对策和主要行动领域，涉及海洋各领域可持续开发利用、海洋综合管理、海洋环境保护、海洋防灾减灾、国际海洋事务及公众参与等内容，将海洋可持续利用和海洋事业协调发展作为21世纪中国海洋工作的指导思想，提出必须坚持以发展海洋经济为中心、适度快速开发、海陆一体化开发、科教兴海和协调发展的原则。其基本思路是：有效维护国家海洋权益，合理开发利用海洋资源，切实保护海洋生态环境，实现海洋资源、环境的可持续利用和海洋事业的协调发展。1998年我国对外发布了《中国海洋事业的发展》白皮书，把发展海洋事业作为国家发展战略，指出我国作为一个发展中的沿海大国，国民经济要持续发展，必须把海洋的开发和保护作为一项长期的战略任务，提出要合理开发利用海洋资源；通过加强污染源控制、加强海洋监测和灾害预警系统建设等保护和保全海洋环境；实施海洋综合管理，完善海域使用管理法律制度，建立海洋综合管理信息系统，深化海洋资源环境调查和评价；积极发展海洋科学技术与教育，大力培养海洋开发与保护的科技人才队伍，普及海洋知识，努力提高全民族的海洋意识；积极参与国际和地区海洋事务，推动海洋领域的合作与交流，为国际海洋事业的发展做出应有的贡献。

第二节 20世纪90年代末之后

党的十六大提出"实施海洋开发战略"，我国对海洋价值的认识进入新的历史时期；同年国务院批准了《全国海洋功能区划》，为我国海域使用管理和海洋环境保护工作提供了科学依据。2003 年我国第一个指导全国海洋经济发展的纲领性文件《全国海洋经济发展规划纲要》颁布，该纲要中明确指出"我国是海洋大国，管辖海域辽阔，海洋资源可开发利用的潜力很大，加快发展海洋产业，促进海洋经济发展，对形成国民经济新的增长点，实现全面建设小康社会目标具有重大意义"。该纲要还详细阐述了我国海洋经济的发展现状和存在的主要问题，提出 2003～2010 年发展海洋经济的原则与目标，并针对主要海洋产业发展、海洋开发建设布局与时序、海洋生态环境与资源保护等问题提出具体措施。2004 年《国务院关于进一步加强海洋管理工作若干问题的通知》指出，"要按照国家统一部署，把海洋经济发展和海洋综合管理纳入国家经济和社会发展总体规划，统筹安排，同步实施"，对当前和今后一个时期海洋管理工作提出了更高要求。2005 年《中共中央关于制定国民经济和社会发展第十一个五年规划的建议》中明确提出，要积极开展海水淡化；开发和保护海洋资源，积极发展海洋经济；加强海岸带的生态保护与管理。同年印发了《海水利用专项规划》，提出了海水利用发展目标、发展重点、区域布局与重点工程等，对于促进沿海地区水资源利用，引导海水利用产业快速健康发展具有十分重要的意义。2006 年全国人大十届四次会议批准的《中国国民经济和社会发展"十一五"规划纲要》中，强调要"强化海洋意识，维护海洋权益，保护海洋生态，开发海洋资源，实施海洋综合管理，促进海洋经济发展"。同年为加快海洋科技发展，推进国家海洋科技创新体系建设，提升我国海洋科技水平和能力，支撑和引领海洋经济快速发展，国家海洋局等印发了《国家"十一五"海洋科学和技术发展规划纲要》，这是我国首个国家海洋科学和技术发展规划，为今后一段时期我国海洋科技发展绘就了蓝图。2007 年党的"十七大"对海洋开发做出了具体安排，提出"发展海洋产业"的战略部署，把海洋产业作为"加快转变经济发展方式，推动产业结构与优化升级"的六大产业之一，据此特制定《全国科技兴海规划纲要（2008—2015 年）》，以促进海洋科技成果转化和产业化为重点，提高海洋资源开发能力，促进海洋产业结构优化和发展方式的转变，提升海洋经济发展水平。2008 年我国海洋领域总体规划《国家海洋事业发展规划纲要》出台，明确提出"以建设海洋强国为目标，统筹国家海洋事业发展，维护国家海洋权益，保障国家安全，加强海洋综合管理，规范海洋资源开发秩序，保护海洋生态环境，提高海洋公共服务水平，强化海洋科技自主创新的支撑能力，保障海洋事业可持续发展"，对促进海洋事业的全面、协调、可持续发展和加快建设海洋强国具有重要的指导意义。同年国家印发了《全国海洋标准化"十一五"发展规划》，明确了"十一五"期间我国海洋标准化工作发展思路与目标，为海洋经济建设和海洋事业发展提供了重要保障。2010年，党的十七届五中全会提出"发展海洋经济"的要求，并在"十二五"规划中提出"坚持陆海统筹，制定和实施海洋发展战略，提高海洋开发、控制和综合管理能力"的原则，把建设和振兴海洋经济提升到国家发展战略高度；并就发展海洋经济的主体内容进行了具体部署，指出"要科学规划海洋经济发展，合理开发利用海洋资源，积极发展海洋油气、海洋运输、海洋渔业、滨海旅游等产业，培育壮大海洋生物医药、海水综合利用、海洋工程装备制造等新兴产业。加强海洋基础性、前瞻性、关键性技术研发，提高海洋科技水平，增强海洋开发利用能力。深化港口岸线资源整合和优化港口布局。制定实施海洋主体功能区规划，优化海洋经济空间布局。推进山东、浙江、广东等海洋经济发展试点"。

近年来，国务院相继批复了《推进天津滨海新区开发开放有关问题的意见》《广西北部湾经济区发展规划》《关于支持福建省加快建设海峡西岸经济区的若干意见》《江苏沿海地区发展规划》《辽宁沿海经济带发展规划》《黄河三角洲高效生态经济区发展规划》《关于推进海南国际旅游岛建设发展的若干意见》《山东半岛蓝色经济区发展规划》《浙江海洋经济发展示范区规划》等多部区域发展规划，这些规划的批复为我国海洋经济发展创造了良好的政策环境，标志着各沿海地区海洋事业的发展已上升到国家战略层面。

2012年，党的十八大将"提高海洋资源开发能力，发展海洋经济，保护海洋生态环境，坚决维护国家海洋权益，建设海洋强国"，作为优化国土开发空间格局、推进生态文明建设的重要举措，标志着我国经济发展的重点由陆域经济转向海洋经济，海洋强国纳入国家全面发展的战略之中，海洋的重要性上升到前所未有的高度。《全国海洋经济发展"十二五"规划》中明确提出"科学开发利用海洋资源，积极发展循环经济，大力推进海洋产业节能减排，加强陆源污染防治，有效保护海洋生态环境，切实增强防灾减灾能力，推进海洋经济绿色发展"的重要目标，并再次提出"海洋可持续发展能力进一步增强"的总体目标。2014年，政府工作报告指出"海洋是我们宝贵的蓝色国土，要坚持陆海统筹，全面实施海洋战略，发展海洋经济，保护海洋环境，坚决维护国家海洋权益，建设海洋强国"。

2015 年 3 月，国家发布了《推动共建丝绸之路经济带和 21 世纪海上丝绸之路的愿景与行动》，标志着"一带一路"建设从战略构想进入到实施阶段。"一带一路"建设以经济合作为先导，以孟中印缅经济走廊为试点，为我国同沿线国家的经济合作寻找到了新的维度，通过经济的外溢效应，为我国海洋强国战略的实施提供了雄厚的物质基础和良好的发展环境。根据"一带一路"路线图，丝绸之路经济带北线路经中亚，过俄罗斯直达欧洲波罗的海；中线从中亚通西亚，经波斯湾到地中海；南线指东南亚经南亚到达印度洋，依托国际大通道，以沿线城市为支撑，以重点产业经贸园区为合作平台，将我国同中亚、南亚、欧洲、非洲陆上国家互动的成果辐射于海洋领域，对我国与沿线国家海洋经济的发展具有重要影响；而 21 世纪海上丝绸之路，一条起始于中国沿海港口经南海至印度洋，一条从南海到达南太平洋地区，以沿线各港口为节点，通过海上互联互通、港口城市合作及海洋经济合作等途径，借助行之有效的海洋合作平台，从政治、经济、文化、安全等领域全方位发展和完善中国与东盟及其他沿线国家海洋合作关系网络，推动中国加快走向深远海，形成面向海洋、联通欧亚大陆的全方位对外开放新格局。无论是丝绸之路经济带还是海上丝绸之路都穿越各地区主要海域和海洋咽喉要道，极大地拓展了我国海洋强国战略的适用空间，发挥了我国海陆兼备的优势，对推进海洋强国建设与发展具有重要意义。党的十八届五中全会提出"拓展蓝色经济空间。坚持陆海统筹，壮大海洋经济，科学开发海洋资源，保护海洋生态环境，维护我国海洋权益，建设海洋强国"，这对于推动海洋经济健康发展、维护国家海洋权益、增强综合国力具有重大而深远的意义。

第五章

区域海洋经济系统对海洋强国战略响应的综合测度

海洋经济系统是一个复杂的区域发展系统，海洋经济系统的发展以丰富的海洋资源生态系统为基础物质支撑，以发达的社会（陆域）经济系统为拉动，以海洋产业系统为结构，通过需求、竞争、科技进步，推动海洋经济的可持续发展。因此，区域海洋经济系统对海洋强国战略的响应需要综合考虑构成海洋经济系统的各个子系统及复合系统之间的相互联系与相互影响。有鉴于此，本研究以沿海11个省（自治区、直辖市）为研究地域单元，基于海洋资源子系统、海洋环境子系统、海洋产业子系统、海洋科技子系统等各子系统之间的因果关系来描述整个区域海洋经济系统对海洋强国战略适应的动态变化过程，并进行区域差异分析及类型划分，为区域海洋经济系统优化及制定差异化的调控对策提供依据。

第一节　评价指标体系构建

一、指标体系构建原则

综合国内外有关海洋经济系统研究的成果，海洋经济系统对海洋强国战略响应测度指标体系涉及众多学科领域，且指标数目较多，为了更加全面客观地衡量区域海洋经济系统对海洋强国战略响应的状况，在选取指标和构建指标体系时应遵循如下原则。

（1）科学性原则。选用的指标必须能够客观、真实地度量和反映区域海洋经济系统发展的资源条件、内部构成、发展现状，且代表性强，经得起检验和论证。

（2）层次性原则。区域海洋经济系统对海洋强国战略响应的评价指标体系是一个多属性、多层次的体系，每一侧面由一组指标构成，应保证指标体系的结构层次合理，指标匹配协调统一。

（3）系统性原则。区域海洋经济系统对海洋强国战略响应的综合测度指标体系应该由与之相关的各项单一指标相互联系形成层次鲜明、结构合理的有机体，各项指标相辅相成、协调统一，能够全面反映我国区域海洋经济系统建设的基本情况及发展特点，为不断提高我国区域海洋经济系统对海洋强国战略响应程度、制定各项政策提供具有针对性的参考依据。

（4）可操作性原则。选取的指标应该概念明确，能够对区域海洋经济系统对海洋强国战略响应程度进行客观评价，同时，评价指标中的数据要便于统计和计算，有足够的数据量。

（5）目标导向原则。选取的指标应该具有明确的导向性，能够反映我国区域海洋经济系统的发展方向，为探寻实现海洋经济强国和区域海洋经济强省的最佳路径提供科学的参考。

二、指标体系构建要素

根据区域海洋经济系统的基本构架与内涵，综合考虑区域海洋经济系统对海洋强国战略响应程度的影响因素，遵循上述评价指标体系的构建原则，从4个方面18个指标对区域海洋经济系统对海洋强国战略响应程度进行分析，如表5-1所示。

1. 海洋产业子系统

海洋产业子系统反映了各海洋产业的构成，以及各海洋产业之间的联系和比例关系。系统中各海洋产业部门的构成，以及相互之间的联系、比例关系不同，对海洋经济增长的贡献大小也不同。海洋产业系统的结构不仅能反映一个地区当前海洋经济的发展状况，也能反映该地区海洋经济未来的发展态势。

2. 海洋科技子系统

海洋科技子系统在海洋经济系统中占有重要地位。科技力量是海洋经济发展得以保持和不断提升的原动力，构成了海洋经济的支撑性竞争力，包括科技投入和产出所形成的海洋科技创新能力，并能反映海洋经济发展的潜在能力。同时在海洋强国战略下，科技水平发展的高低直接决定了区域海洋经济发展对实现海洋强国战略的贡献大小。

3. 海洋资源子系统

海洋经济活动是对海洋资源开发和利用进行的生产活动，因此，海洋资源的丰裕程度和禀赋差异是海洋经济发展的基础和支撑力，一定程度上体现了海洋经济的发展趋势，也对海洋经济系统的完善，乃至实现区域海洋强省、海洋

表 5-1　区域海洋经济系统对海洋强国战略响应程度测度的综合指标体系

一级指标层 A	二级指标层 B	指标解释及计算
	现代海洋产业贡献度 B_1	现代海洋产业增加值 / 地区 GDP
	海洋第三产业增长弹性系数 B_2	海洋三产增长率 / 海洋产业总产值增长率
海洋产业子系统 A_1	海洋二产比重 B_3	海洋二产产值占海洋 GDP 比重
	主要海洋产业比重 B_4	主要海洋产业增加值占海洋产业总产值比重
	非渔产业比重 B_5	海洋二、三产产值之和占海洋生产总值比重
	涉海科技人员素质 B_6	海洋科研机构科技人员研究生以上学历者所占比重
海洋科技子系统 A_2	海洋科研机构密度 B_7	地区海洋科研机构数 / 全国海洋科研机构总数
	海洋科技成果应用率 B_8	海洋科研机构成果应用课题占海洋科研机构总课题数比重
	涉海就业专业化指数 B_9	各地区海洋科研机构专业技术人员 / 该地区涉海从业人员总数
	泊位密度 B_{10}	泊位个数 / 岸线长度
	岸线经济密度 B_{11}	海洋产业总产值 / 岸线长度
海洋资源子系统 A_3	海域集约利用指数 B_{12}	海洋产业产值 / 确权海域面积
	旅游资源利用率 B_{13}	滨海旅游人数 / 各地区旅游景点个数
	海洋新能源利用量 B_{14}	海洋电力业及海水利用业增加值
	沿海海滨观测台站分布数量 B_{15}	从《中国海洋统计年鉴》中获得
海洋环境子系统 A_4	海洋类型自然保护区建成数量 B_{16}	从《中国海洋统计年鉴》中获得
	工业废水排放达标率 B_{17}	从《中国海洋统计年鉴》中获得
	工业固体废弃物综合利用量 B_{18}	从《中国海洋统计年鉴》中获得

资料来源:《中国海洋统计年鉴》和《中国区域经济统计年鉴》

强国建设目标产生重大影响。

4. 海洋环境子系统

海洋生态环境保护是提升海洋经济质量、促进可持续发展的重要保障。该子系统中海洋环保建设力度、海洋污染治理强度等方面是海洋经济发展向质量效益型转变的有利条件,新常态下,海洋环境子系统在海洋经济系统中的作用日益凸显。

第二节　方法模型

从海洋经济系统的基本概念及基础理论出发，构建适合我国区域海洋经济系统对海洋强国战略响应的评价指标体系，在方法模型运算基础上，分析区域海洋经济系统对海洋强国战略响应程度的高低，最后得出结论，有针对性地提出相应的对策、建议。研究过程中主要采用资料收集与实地调查相结合的方法、实证分析和规范分析相结合的方法、定性分析和定量分析相结合的方法、多学科交叉的方法。在评价过程中具体采用的方法有如下几种。

一、集对分析法

由于影响区域海洋经济系统的某些因素具有模糊性，所以区域海洋经济系统对海洋强国战略响应的综合测度具有一定的不确定性，本书尝试引用集对分析法来评价我国区域海洋经济系统对海洋强国战略的响应程度，将不确定性与确定性作为一个系统来加以研究，通过对这个系统中确定性与不确定性相互联系和转化的规律来对不确定性进行评估。

集对分析（set pair analysis）是我国学者赵克勤于 1989 年提出的一种全新的系统分析方法，已广泛应用于政治、经济、军事、社会生活等各个领域。集对分析的核心思想就是把被研究的客观事物之间确定性联系与不确定性联系作为一个不确定性系统来分析处理。其中确定性包括"同一"与"对立"两个方面，不确定性则单指"差异"，集对分析就是通过同一性、差异性、对立性这三个方面来分析事物及其系统。这三者相互联系、相互影响，又相互制约，在一定的条件下还会相互转化。由此建立起的同异反联系度表达式如下：

$$\mu = \frac{S}{N} + \frac{F}{N}i + \frac{P}{N}j = a + bi + cj \tag{5-1}$$

式中，N 为集对特性总数；S 为集对相同的特性数；P 为集对中相反的特性数；F 为集对中既不相同又不相反的特性数，$F = N - S - P$；i 为差异度标示数，$i \in [-1, 1]$；j 为对立度标示数，一般 $j = -1$。而 $a = S/N$，$b = F/N$，$c = P/N$ 分别为组成集对的两个集合在问题 W 背景下的同一度、差异度、对立度。

现代海洋产业体系评价模型构建过程如下。

第一，构造评价矩阵。设系统有 n 个待优选的对象组成备选对象集，记为 $(M_1, M_2, \cdots, M_n)$，每个对象有 m 个评估指标记为 $(C_1, C_2, \cdots, C_n)$，每个评估指标均有一个值标志，记为 $d_{ij}=$（$i=1, 2, \cdots n; j=1, 2, \cdots m$），其中效益型指标为 I_1、成本性指标为 I_2，则基于集对分析同一度的多目标评价矩阵 H 为

$$H = \begin{pmatrix} d_{11} & d_{12} & \cdots & d_{1n} \\ d_{21} & d_{22} & \cdots & d_{2n} \\ \vdots & \vdots & & \vdots \\ d_{m1} & d_{m2} & \cdots & d_{mn} \end{pmatrix} \quad （5\text{-}2）$$

理想方案 $M_0=(d_{01}, d_{02}, \cdots, d_{0j}, d_{0n})^{\text{T}}$，其中 d_{0j} 为 M_0 方案第 j 个指标值，其大小为 H 矩阵中的 j 个指标中的最优值。

比较评价矩阵的指标值 d_{ij} 和理想方案 M_0 中对应的指标值 d_{0j}，可形成被评价对象与理想方案指标不带权的同一度矩阵 Q：

$$Q = \begin{pmatrix} a_{11} & a_{12} & \cdots & a_{1m} \\ a_{21} & a_{22} & \cdots & a_{2m} \\ \vdots & \vdots & & \vdots \\ a_{m1} & a_{m2} & \cdots & a_{mn} \end{pmatrix} \quad （5\text{-}3）$$

式中，元素 a_{ij} 称为被评价对象指标值 d_{ij} 与 M_0 对应指标 d_{0j} 的同一度，有

$$a_{ij} = \frac{d_{ij}}{d_{0j}}, \quad (d_{ij} \in I_1) \quad （5\text{-}4）$$

$$a_{ij} = \frac{d_{0j}}{d_{ij}}, \quad (d_{ij} \in I_2) \quad （5\text{-}5）$$

第二，确定指标权数。本书运用熵值法来确定各指标的权数 W，具体如表 5-1 所示。

第三，构造评估模型。利用前面已经确定好的权数向量 W 及同一度矩阵 Q，即可确定各评价对象 M_i 与理想方案 M_0 带权同一度矩阵 R

$$R = W \times Q = (w_1, w_2, \cdots, w_m) \times \begin{pmatrix} a_{11} & a_{12} & \cdots & a_{1n} \\ a_{21} & a_{22} & \cdots & a_{2n} \\ \vdots & \vdots & & \vdots \\ a_{m1} & a_{m2} & \cdots & a_{mn} \end{pmatrix} = (a_1, a_2, \cdots, a_n) （5\text{-}6）$$

R 中的元素 a_j（$j=1, 2, \cdots, n$）就是第 j 个评价对象与理想方案的同一度。根

据同一度矩阵 $\boldsymbol{R}$ 中 a_j 值大小确定出 m 个被评价对象的优劣次序，a_j 值越大则评价对象越好。

第四，多层次综合评判。通过对指标集的分层划分，可将上述模型扩展为多层次集对分析评判模型。就是将初始模型应用在多层因素上，每一层的评估结果是上一层评估结果的输入，直到最上层为止。在对指标集 $C=\{C_1,\ C_2,\ \cdots,\ C_m\}$ 作一次划分 P 时，可得到二层次集对分析评判模型，其算式为

$$\boldsymbol{R}_0 = \boldsymbol{W} \times \boldsymbol{Q} = \boldsymbol{W} \times \begin{bmatrix} w_1 \times a_1 \\ w_2 \times a_2 \\ \vdots \\ w_n \times a_n \end{bmatrix} \tag{5-7}$$

式中，$\boldsymbol{W}$ 为 $C/P = \{C_1,\ C_2, \cdots,\ C_n\}$ 中 n 个因素 C_i 的权重分配；w_i 为 中 $C_i = \{C_{i1},\ C_{i2},\ \cdots,\ C_{ik}\}$ 中 k 个因素 x_{ij} 的权数分配；$\boldsymbol{Q}$ 和 $\boldsymbol{Q}_i$ 分别为 C/P 和 C_i 的被评价对象与理想方案指标不带权的同一度矩阵；$\boldsymbol{R}$ 则为 C/P 同时为 C 的被评价对象与理想方案带权同一度矩阵。

若对 C/P 作划分时，则可以得到三层次以至更多层次综合评判模型。据此，可根据不同待优选对象的不同综合评估值 $\boldsymbol{R}$ 的大小排出其优劣次序。

二、模糊物元分析模型

1. 模糊物元分析原理

物元分析理论根据物元模型进行评价、识别及信息处理。物元分析是将事物、相应事物特征及量值结合在一起，进行构思不相容问题的解决方法。这种方法的主要思想是将事物用"事物、特征、量值"三个要素描述，进而建立相应的物元模型，实现问题由定性到定量的描述与转换。

2. 模糊物元和复合模糊物元

给定一事物 E，其特征 C 有量值 X，以有序三元组 $R=(E,\ C,\ X)$ 作为描述事物的基本元称为物元。若其中量值 X 具有模糊性，则可称其为模糊物元，表示为

$$\boldsymbol{R} = \begin{bmatrix} & E \\ C & a(x) \end{bmatrix} \tag{5-8}$$

式中，R 表示为模糊物元，对于海洋经济系统对海洋强国战略适应性评价及结果评价而言，E 为评价样本，C 为样本评价指标，$a(x)$ 则为评价样本对于评价指标相应值的隶属度。

若事物 E 有 n 个特征 C_1，C_2，$\cdots$，C_n 及相应量值 X_1，X_2，$\cdots$，X_n，则称 R 为 n 维模糊物元。若将 m 个事物的 n 维物元结合在一起便构成 m 个事物的 n 维复合物元 R_{nm}；将 R_{nm} 的量值通过设定隶属函数来确定隶属度，则称为 m 个事物 n 维复合模糊元 $\overline{R}_{nm}$，即

$$\overline{R}_{mn} = \begin{bmatrix} & E_1 & E_2 & \cdots & E_m \\ C_1 & a_{(11)} & a_{(12)} & \cdots & a_{(1m)} \\ C_2 & a_{(21)} & a_{(22)} & & a_{(2m)} \\ \vdots & \vdots & \vdots & & \vdots \\ C_n & a_{(n1)} & a_{(n2)} & \cdots & a_{(nm)} \end{bmatrix} \tag{5-9}$$

式中，E_j 为第 j（$j=1$，2，$\cdots$，m）个事物；C_i 为第 i（$i=1$，2，$\cdots$，n）个特征；$a(i, j)$ 为第 i 个特征值对应的模糊量，即指标隶属度。

3. 标准模糊物元和差平方复合模糊物元

根据从优隶属度原则，在计算出各物元从优隶属度的基础上，确定从优隶属度模糊物元中各项指标从优隶属度的最大值或最小值，即标准模糊物元 $\overline{R}_{0n}$。本研究则根据指标在区域海洋经济系统对海洋强国战略响应中的属性来确定最优值，各指标从优隶属度均为 1。

$$\overline{R}_{0n} = \begin{bmatrix} & E_0 \\ C_1 & a_{(01)} \\ C_2 & a_{(02)} \\ \vdots & \vdots \\ C_n & a_{(on)} \end{bmatrix} \tag{5-10}$$

如果以 Δ_{ij}（$i=1$，2，$\cdots$，n；$j=1$，2，$\cdots$，m）表示标准物元与复合模糊物元中指标项模糊量值差的平方，则组成差平方复合模糊物元 $\overline{R}_\Delta$，即

$$\overline{R}_\Delta = \begin{bmatrix} & E_1 & E_2 & \cdots & E_m \\ C_1 & \Delta_{(11)} & \Delta_{(12)} & \cdots & \Delta_{(1m)} \\ C_2 & \Delta_{(21)} & \Delta_{(22)} & \cdots & \Delta_{(2m)} \\ \vdots & \vdots & \vdots & & \vdots \\ C_n & \Delta_{(n1)} & \Delta_{(n2)} & \cdots & \Delta_{(nm)} \end{bmatrix} \tag{5-11}$$

式中，$\Delta_{(ij)} = (a_{(0j)} - a_{(ij)})^2$，$(i=1, 2, \cdots, n; j=1, 2, \cdots, m)$。

4. 欧氏贴近度和模型意义

贴近度是指被评价样本与标准样本之间的相互接近程度，贴近度越大，表示两者越接近，反之则相离越远。因此，可以依据贴近度的大小对各方案优劣进行排序。本研究选取欧氏贴近度，不仅克服了加权平均模型评价值趋于均化的缺点，而且适应多指标定量研究海洋经济系统对海洋强国战略响应的综合测度。用 $M(\cdot, +)$ 算法来构建欧氏贴近度的复合模糊物元矩阵，即

$$\bar{R}_{\rho H} = \begin{bmatrix} & E_1 & \cdots & E_n \\ \rho H_j & \rho H_1 & \cdots & \rho H_n \end{bmatrix} \tag{5-12}$$

在运用基于熵值权重的模糊物元分析法对海洋经济系统对海洋强国战略响应程度进行测度的过程中，将评价对象区域海洋经济系统对海洋强国战略的响应作为物元事物，以各项评价指标及其相应的模糊量值构造复合模糊物元。通过计算与标准模糊物元之间的欧氏贴近度值，实现待评价样本的识别与排序。因标准模糊物元即为理想模糊物元，则认为是基于最优原则的评价结果。

第三节　综　合　测　度

一、区域海洋经济系统对海洋强国战略响应的综合测度

按照模糊物元分析模型以原始数据为基础对我国区域海洋经济系统对海洋强国战略的响应程度进行总体测度，测度结果如表 5-2 所示，数值越大，表示我国区域海洋经济系统对海洋强国战略的响应程度越高。

表 5-2　2001～2013 年区域海洋经济系统对海洋强国战略响应的总体测度结果

年份	2001	2002	2003	2004	2005	2006	2007	2008	2009	2010	2011	2012	2013
响应程度	3.1015	3.2819	3.6281	3.9194	4.0501	4.4726	4.5536	4.6356	5.2298	5.7119	5.9320	6.2350	6.4646

由表 5-2 可知，我国区域海洋经济系统对海洋强国战略响应程度总体呈现上升趋势。以 2008 年为界，2008 年以前我国区域海洋经济系统对海洋强国战略的响应水平整体提升缓慢。这一时期，区域间海洋经济发展差异显著，广东、山东、上海海洋经济发展较好，海洋经济系统对海洋强国战略的响应程度相对较高，而河北、广西、海南海洋经济发展相对缓慢，与其他省（自治区、直辖市）相比还有较大差距，其海洋经济系统对海洋强国战略的响应程度较低，天津、江苏、浙江、福建、辽宁海洋经济系统对海洋强国战略的响应程度处于中等水平。特别是 2006～2008 年区域海洋经济系统对海洋强国战略响应程度呈现较为明显的减缓趋势，2008 年受金融危机的影响，我国沿海地区外贸依存度较高的海洋产业增速趋缓，在经济危机中暴露出产业结构偏离、科技水平较低、资源集约利用程度不高等一系列问题，区域海洋经济系统增长动力不足，对海洋强国战略的响应程度并未出现较大幅度的提升。2008 年以后，我国区域海洋经济系统对海洋强国战略响应程度开始出现快速上升的态势，伴随《国家海洋事业发展规划纲要》《全国海洋经济发展"十二五"规划》等相关海洋战略规划的出台，各沿海省（自治区、直辖市）依托国家政策、产业基础及优势资源大力发展海洋经济，区域间海洋经济差异有所减小，海洋经济系统对海洋强国战略响应程度不断提高，而海洋强国战略对区域海洋经济发展的促进作用也进一步增强。

图 5-1 为应用集对分析方法对区域海洋经济系统对海洋强国战略响应测度的结果。与模糊物元分析模型得出的结论相比，区域海洋经济系统对海洋强国战略响应程度变化趋势基本一致，均呈现上升趋势，2008 年以前综合贴近度较低，说明我国区域海洋经济系统对海洋强国战略的响应程度较低；2006～2007 年综合贴近度呈上升趋势但上升幅度较小，2007～2008 年出现下降趋势，说明区域海洋经济系统对海洋强国战略响应程度降低，2008 年之后综合贴近度呈现明显上升趋势，说明我国区域海洋经济系统对海洋强国战略的响应程度不断提高。

二、区域海洋经济系统对海洋强国战略的时间演变分析

由于沿海 11 省（自治区、直辖市）海洋资源禀赋、经济基础、产业结构、区位条件等差异，海洋经济系统发展水平各不相同，对海洋强国战略响应程度也呈现出明显的地域分化格局。为充分认识我国沿海 11 省（自治区、直辖市）

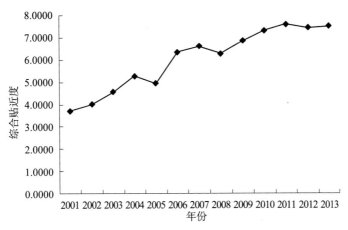

图 5-1　区域海洋经济系统对海洋强国战略的响应测度结果

海洋经济系统对海洋强国战略响应程度的差异和时空格局演变规律，本研究基于模糊物元分析模型分别对我国沿海 11 省（自治区、直辖市）海洋经济系统对海洋强国战略的响应程度进行测度，测度结果如表 5-3 所示。由 2001 ～ 2013 年沿海 11 省（自治区、直辖市）海洋经济系统对海洋强国战略响应的测度结果，得到 2001 ～ 2013 年沿海 11 省（自治区、直辖市）海洋经济系统对海洋强国战略响应程度的变化趋势图，如图 5-2 所示。总体而言，2001 ～ 2013 年沿海 11 省（自治区、直辖市）海洋经济系统对海洋强国战略响应程度均呈现不断上升的趋势。

为了进一步反映区域海洋经济系统对海洋强国战略的响应状况，将沿海 11 省（自治区、直辖市）海洋经济系统对海洋强国战略响应程度的变化过程分为三个阶段。

2001 ～ 2004 年为第一阶段，其中 2001 ～ 2003 年沿海 11 省（自治区、直辖市）海洋经济系统对海洋强国战略响应程度较低，且增长趋势缓慢，地区之间响应差距较小；2003 年之后，伴随《全国海洋经济发展规划纲要》的实施，沿海 11 省（自治区、直辖市）海洋经济系统对海洋强国战略响应程度的差距初步显现，广东海洋经济系统对海洋强国战略响应程度快速提升，海洋经济系统的发展受国家海洋战略影响较大，主要是因为广东作为南部沿海地带中心省份，其海洋经济发展起步早，优越的海洋经济发展支撑条件不断吸引区域内的资源、人才、技术等生产要素集聚，使其成为区域海洋经济增长极，海洋经济发展步伐相对快于其他沿海地区，海洋经济系统在国家发展海洋经济的各种战略、政策的激励作用下变化较为明显，主要表现为海洋经济总量增长迅速，海洋产业

表 5-3　2001～2013 年沿海 11 省（自治区、直辖市）海洋经济系统对海洋强国战略响应的测度结果

省（自治区、直辖市）	2001 年	2002 年	2003 年	2004 年	2005 年	2006 年	2007 年	2008 年	2009 年	2010 年	2011 年	2012 年	2013 年
天津	0.2838	0.3160	0.3554	0.4014	0.4083	0.4097	0.4123	0.4085	0.4984	0.5099	0.5190	0.5627	0.5901
河北	0.2831	0.2581	0.2793	0.3148	0.3221	0.3287	0.3365	0.3424	0.3684	0.3942	0.3969	0.4563	0.4529
辽宁	0.2964	0.3104	0.3237	0.3525	0.4111	0.3828	0.4128	0.4009	0.4508	0.4988	0.5033	0.5592	0.5613
上海	0.3181	0.3558	0.3627	0.3601	0.3576	0.4630	0.4652	0.4583	0.5599	0.5922	0.6740	0.6523	0.6907
江苏	0.2753	0.3013	0.3322	0.3585	0.4178	0.4028	0.3823	0.4056	0.4316	0.5616	0.5884	0.5722	0.5879
浙江	0.3002	0.2901	0.3379	0.3920	0.3673	0.4139	0.4843	0.4961	0.5428	0.5927	0.5936	0.6258	0.6681
福建	0.3022	0.3129	0.3572	0.4018	0.4055	0.4492	0.4484	0.4651	0.4919	0.5276	0.5448	0.5698	0.5897
山东	0.2846	0.3101	0.3748	0.3821	0.4145	0.4656	0.4821	0.5129	0.5582	0.6566	0.6732	0.7033	0.7118
广东	0.3744	0.4009	0.4034	0.4582	0.4111	0.5021	0.5230	0.5071	0.6209	0.6357	0.6806	0.7290	0.7693
广西	0.1828	0.2230	0.2391	0.2154	0.2942	0.3293	0.2887	0.3137	0.3784	0.3874	0.3634	0.3945	0.4297
海南	0.2007	0.2032	0.2623	0.2826	0.2406	0.3255	0.3180	0.3251	0.3286	0.3551	0.3948	0.4099	0.4130

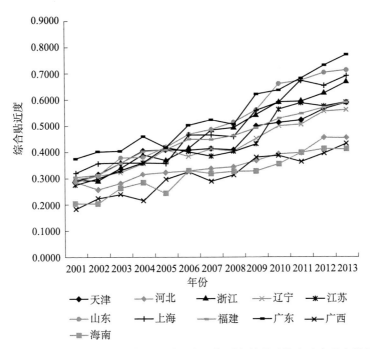

图 5-2 沿海 11 省（自治区、直辖市）海洋经济系统对海洋强国战略响应程度的综合贴近度

结构逐步优化，海洋经济发展模式加快转变，对海洋强国战略响应程度也相应提高。而广西海洋经济系统对海洋强国战略的响应程度则出现明显的下降趋势，广西海洋经济发展起步晚、海洋产业结构不尽合理、海洋科技水平较低等严重制约了海洋经济的发展，导致海洋经济系统受国家海洋战略的影响较小，在国家发展海洋经济的各种战略、政策的激励作用下海洋经济发展速度、发展质量、发展模式等变化不明显，对海洋强国战略响应程度相对较低。山东、上海、浙江、江苏、福建、天津、辽宁、河北、海南海洋经济系统对海洋强国战略响应程度在这一时期呈现上升趋势，但上升幅度较小。

2005～2008 年为第二阶段，沿海 11 省（自治区、直辖市）海洋经济系统对海洋强国战略响应程度的波动幅度较大，且地区间响应差距逐渐扩大，广东、上海响应程度较高，在这期间呈现波动上升的趋势；山东、浙江、福建响应程度呈现稳步上升的态势；辽宁、天津、江苏、广西、海南、河北海洋经济系统对海洋强国战略响应程度变化幅度较小，且广西、海南、河北响应程度仍处于较低水平，与其余省（自治区、直辖市）海洋经济系统对海洋强国战略响应程度的差距较大，说明其海洋经济系统在国家海洋战略激励作用下所产生的反应并不明显，海洋产业、资源、环境及海洋科技子系统并未发生明显的变化。

2009～2013年为第三阶段，这一时期我国海洋经济战略布局调整步伐加速，国家相继出台了《江苏沿海地区发展规划》《辽宁沿海经济带发展规划》《海南国际旅游岛发展规划纲要》《广东海洋经济综合试验区发展规划》《山东半岛蓝色经济区发展规划》等多项沿海地区发展规划，各沿海省（自治区、直辖市）依托国家政策和产业基础大力发展海洋支柱产业，海洋经济综合实力不断增强。区域海洋经济系统对海洋强国战略响应程度稳步提升，且维持在较高水平，海洋经济系统对海洋强国战略整体响应状态呈现良好的发展态势。

三、区域海洋经济系统对海洋强国战略的空间演变分析

区域海洋经济系统对海洋强国战略的响应程度在地理空间上具有一定的规律特征，为探究沿海11省（自治区、直辖市）海洋经济系统对海洋强国战略响应程度的差异及空间演变特征，运用GIS空间分析技术对沿海11省（自治区、直辖市）2003年、2008年、2011年、2013年的响应程度进行直观分析，如图5-3所示。

以2003年为界，2003年之前，沿海11省（自治区、直辖市）海洋经济系统对海洋强国战略响应程度较低，且变化幅度较小；2003～2004年，天津、河北、辽宁、上海、江苏、浙江、福建、山东、广东、海南响应程度具有明显上升的趋势，其中广东、福建、浙江、河北响应程度提升速度较快，其余省（自治区、直辖市）提升相对缓慢，而广西响应程度则呈下降趋势。2003年《全国海洋经济发展规划纲要》颁布，将我国海岸带及邻近海域划分为11个综合经济区，针对沿海地区主要海洋产业发展、海洋开发建设布局与时序、海洋生态环境与资源保护等问题提出具体措施，天津、河北、辽宁、上海、江苏、浙江、福建、山东、广东、海南这一时期充分发挥区域比较优势，海洋经济综合实力不断提升，海洋产业结构不断优化，科技兴海和海洋资源环境保护工作取得显著成效，对海洋强国战略的响应程度也有不同程度的提高；而广西由于海洋经济总体规模较小，海洋科技水平落后，产业结构合理化水平较低，进而影响其海洋经济系统对国家海洋强国战略响应程度的提升。2005～2008年，沿海11省（自治区、直辖市）海洋经济系统对海洋强国战略响应程度提升缓慢，且波

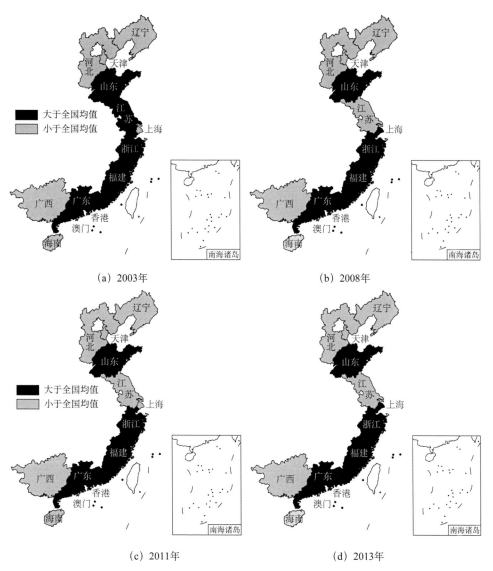

图 5-3 区域海洋经济系统对海洋强国战略响应程度的空间分异示意图

动幅度较大，2008 年，天津、辽宁、上海、福建、广西、海南海洋经济系统受金融危机影响较大，部分海洋产业增长动力不足，海洋经济增速趋缓，对海洋强国战略响应程度呈下降趋势。

2008 年之后，我国区域海洋经济系统对海洋强国战略响应程度开始迅速提升，其中 2008 ~ 2011 年是我国区域海洋经济系统对海洋强国战略响应程度提升速度最快的时期。这一时期国家相继出台了多项沿海地区发展规划，其中

2008 年国家批准实施了《广西北部湾经济区发展规划》，广西充分发挥北部湾经济区引领带动作用，以北海、防城、钦州港口经济圈建设为依托，利用沿海港口优势培育壮大临港产业集群；通过政策引导加大海洋产业科技创新力度，海洋经济发展水平不断提高，对海洋强国战略响应程度也呈现快速提升的态势。随着天津滨海新区、海南国际旅游岛、福建海峡西岸经济区、江苏沿海经济带、辽宁沿海经济带、山东半岛蓝色经济区、浙江海洋经济发展示范区、长三角经济区、广东海洋经济综合试验区、河北沿海经济带等沿海经济区纷纷建立并先后上升为国家战略，沿海各省（自治区、直辖市）海洋经济发展在国家海洋战略激励作用下取得显著成效，对海洋强国战略响应程度不断提高。海南以《海南国际旅游岛发展规划纲要》为基础，以提高海洋经济发展质量和效益为中心，进一步调整海洋产业结构，以建设海南国际旅游岛为契机优化提升海洋旅游业，旅游资源利用率不断提高；以三亚海洋高新技术产业区为平台，精心培育海洋生物医药、新能源利用、海水淡化等高新技术产业，在发展海洋经济的同时注重海洋生态系统的保护，海洋经济系统对海洋强国战略响应程度逐步提升。

广东、山东、上海海洋经济发展处于领先地位，海洋经济系统对海洋强国战略响应程度较高。①广东依托在海洋经济发展中的先行优势，贯彻国家关于发展海洋经济的战略部署，科学确定海洋经济综合试验区发展定位，以临港产业集聚区为载体，整合区域内资源、技术等优势大力提升传统海洋优势产业，积极培育海洋战略性新兴产业，集约发展高端临海产业；通过优化配置海洋科技资源，推动了科技成果向现实生产力的转化，促进了海洋经济全面协调发展。②山东在增强海洋经济综合实力的基础上推进海洋经济改革发展示范区建设朝纵深方向发展，以山东半岛蓝色经济区建设为契机，加快提高海洋科技自主创新能力和成果转化水平，推动海洋生物医药、海洋新能源、海洋高端装备制造等战略性新兴产业规模化发展；优化海岸与海洋开发保护格局，全面规范海洋资源开发利用秩序，推动了海洋经济可持续发展。③上海则依托长三角地区的区位、科技、资源优势，以发展海洋高新技术产业为导向，重点推进海水综合利用、海洋生物、海洋新能源等海洋资源开发利用，提高海洋科技创新和成果转化能力；在发展海洋经济的同时加强对海岛、生物、湿地等自然资源的保护，有效控制陆源污染物排海总量，保护附近海域和海岸带的生态环境，海洋产业、科技、资源、生态等子系统的发展不断完善，对海洋强国战略响应程度稳步提升。

浙江海洋经济系统对海洋强国战略响应程度总体呈上升趋势，2011～2013年响应程度经历了快速提升阶段，2011年浙江海洋经济发展示范区和舟山群岛新区建设相继上升为国家战略，这一时期浙江发挥区位、产业、资源等组合优势，围绕构建现代海洋产业体系加大科研投入、科技成果转化及相关体制机制创新，通过以海引陆、以陆促海的海陆联动发展方式聚力海洋工程装备、海水综合利用、海洋清洁能源、海洋生物医药等新兴产业的发展；通过实施"碧海生态建设行动计划"积极做好海洋生态保护工作，主要入海污染物总量得到较好控制，生态修复、湿地保护等得到加强，海域环境质量总体保持稳定；在海洋资源利用方面坚持开发与保护并重，集约利用深水岸线、海岛、海洋能等资源，海洋资源利用率不断提高，海洋经济系统对海洋强国战略响应程度较高。

江苏2009年之前海洋经济系统对海洋强国战略响应程度较低，国家海洋战略对其海洋经济的发展影响较小，2009～2011年海洋经济系统对海洋强国战略响应程度快速提升。伴随江苏沿海地区发展上升为国家战略，江苏加快转变海洋经济增长方式，以科技创新为动力积极培育海洋生物医药、海水综合利用、海洋新能源开发、海洋现代商务服务业等海洋新兴产业，现代海洋产业对海洋经济贡献度不断提高；通过建立海洋自然保护区加强近海海域资源保护和生态修复，确保了海洋生物资源可持续利用，海洋经济综合竞争力逐渐增强。

2009年之前，福建海洋经济系统对海洋强国战略响应程度提高缓慢，2009年之后有较大幅度提升，但与广东、山东、上海等海洋经济发达省市相比还存在一定差距。2009年《国务院关于支持福建省加快建设海峡西岸经济区的若干意见》正式出台，福建以此为契机不断加强海岸带及邻近海域、陆域的优化开发，集约利用海洋资源，健全海洋资源有偿使用制度，合理高效利用岸线、滩涂、海岛等海洋资源；加强陆源和海域污染控制，推进建设海洋自然保护区和特别保护区，提高海洋资源环境承载力；积极推进海洋渔业等传统产业转型升级，以关键技术研发为动力推进海洋生物医药、海水综合利用等海洋战略性新兴产业发展，形成以高端临海产业基地为主体的具有区域特色和竞争力的海峡蓝色经济带，海洋经济发展取得显著成效，对海洋强国战略响应程度也不断提高。

天津以港口为龙头，以滨海新区为主要载体发展海洋经济，依托现有海洋工业基础推进战略性新兴产业培育，海洋经济增长势头强劲，2011～2013 年海洋经济系统对海洋强国战略响应程度较高。

2009 年之前，辽宁海洋经济系统对海洋强国战略响应程度相对较低且增速缓慢，2009 年之后依托沿海经济带开发建设，基于区位资源与产业实力，大力推进海洋船舶、滨海旅游、海洋渔业和海洋交通运输业等优势产业发展；借助现代技术手段，将海洋资源开发与资源多样化利用有机结合起来，实现了海洋资源的高值化利用；同时坚持海洋开发与海洋生态环境保护并重，海洋产业、海洋科技、海洋资源与生态子系统及海洋经济复合系统对海洋强国战略的响应程度有了大幅度的提升。

2011 年之前，河北海洋经济系统对海洋强国战略响应程度相对较低且上升趋势缓慢，2011～2012 年，海洋经济系统对海洋强国战略响应程度迅速提高，2012～2013 年，响应程度增长趋势减缓，但与其他沿海发达省（自治区、直辖市）相比差距进一步缩小。2011 年，河北沿海地区发展正式上升为国家战略，河北充分发挥环京津、沿渤海优势，整合海洋科技和教育资源，增强自主创新能力，着力抓好沿海经济隆起带等建设，以港口为龙头重点发展现代物流、先进装备制造和新能源、新材料等产业，打造临港产业集群；充分发挥海洋渔业资源、海盐资源、油气资源及滨海旅游资源的优势，提升发展现代海洋渔业、海盐及盐化工业、海洋油气业与滨海旅游业等主导产业，在发展海洋经济的同时统筹沿海陆域与岸、滩、湾、岛、海等要素资源的开发与保护，加强沿海重点生态功能区的空间管制，以海洋环境、资源、科技、产业的协调发展来推动海洋经济系统的可持续发展，对海洋强国战略响应程度也相应提高。

区域海洋经济系统对海洋强国
战略的响应机理

海洋经济系统是典型的"生态－经济－社会"系统，其对海洋强国战略的响应是持续动态变化的过程。在区域海洋经济系统对海洋强国战略响应的过程中，各区域不断按照自身发展规律突破原有海洋经济结构和发展方式限制，逐步构建新产业结构和发展模式，这一过程中各驱动因素起着不同的作用。

第一节　国家战略和区域发展政策

国家战略和区域发展政策是在一定时期内立足于国家或地区总体发展方针和区域经济发展态势，根据国家和地区经济发展需要，并针对区域发展中存在的问题制定的，旨在促进各区域经济健康协调发展。我国国家战略和区域政策对区域海洋经济系统的演进有着至关重要的作用，国家战略和区域经济政策对海洋经济的倾斜，使我国海洋经济系统得到了迅速发展。尤其是改革开放以来，我国国家战略和区域发展政策对海洋经济的不同倾斜程度，带来了海洋经济系统的不同发展阶段。改革开放以后，珠江三角洲地区作为我国对外开放的前沿地区，国家优惠政策的实施加速了资本、技术、人才等生产要素向该地区的集聚，使得我国南部沿海地区拥有雄厚的海洋经济基础。20世纪90年代末，沿海各省（自治区、直辖市）为响应国家发展海洋经济的战略政策，曾掀起了一轮发展海水增养殖业的热潮；2005年左右曾掀起了港口整合发展的热潮；伴随近年来天津滨海新区、广西北部湾经济区、福建海峡西岸经济区、江苏沿海经济区、辽宁沿海经济带、海南国际旅游岛、山东半岛蓝色经济区、浙江海洋经济发展示范区、广东海洋经济综合试验区、河北沿海经济区等纷纷建立并先后上升为国家战略，北起辽宁、南至海南的大"S"形海域经济带逐步形成，海洋经济成为沿海地区新的经济增长点。天津依据《天津海洋经济科学发展示范区规划》，海洋经济空间的布局在现有基础上不断优化，形成"一核、两带、六区"的海洋经济总体发展格局：通过强化天津滨海新区的核心地位，积极构建沿海蓝色产业发展带和海洋综合配套服务产业带，重点打造南港工业区、临港经济区、天津港主体港区、滨海旅游区等六大海洋产业聚集区域，并将产业锁定海水资源综合利用循环经济、海洋工程装备产业、海洋服务业、海洋生物医药产业四大新兴产业。

广西依托北部湾经济区提升优化现代海洋渔业，大力发展滨海旅游、海洋交通运输物流等海洋第三产业，做大做强船舶及海洋工程装备制造业，在培育这些蓝色产业核心竞争力的同时，着力培植海洋生物、海洋新能源与矿产、海水综合利用、海洋环保与社会服务等海洋新兴产业，努力加大对海洋科技和海洋教育的投入，建立健全广西海洋综合管理体系，把广西海洋经济融入"一带一路"建设大框架中精心谋划，充分发挥沿海地区带动全区经济发展的"龙头"作用。

福建以海峡西岸经济区战略为引领，坚持高起点推进海洋开发，大兴海洋产业，向海洋要空间、要资源、要效益，以港口建设为龙头，以临海工业发展为核心，实施港口群、产业群和城市群"三群联动"，深度推进"临海、跨海、环海"三步走战略，海洋经济发展亮点频现。

江苏沿海地区依据国家战略定位，充分发挥比较优势，努力建设成为我国东部地区重要的经济增长极，把加快建设新亚欧大陆桥东方桥头堡和促进海域滩涂资源合理开发利用作为发展重点，着力建设我国重要的综合交通枢纽、沿海新型工业基地、重要的土地后备资源开发区。

辽宁沿海经济带建设则立足辽宁，依托东北，面向东北亚，把沿海经济带发展成为特色突出、竞争力强、国内一流的产业聚集带，东北亚国际航运中心和国际物流中心，改革创新的先行区、对外开放的先导区、投资兴业的首选区，成为带动东北地区振兴的经济带。加快辽宁沿海经济带发展，对于振兴东北老工业基地、完善我国沿海经济布局、促进区域协调发展和扩大对外开放，具有重要战略意义。

海南紧紧抓住国家实施"一带一路"战略机遇，加快海洋渔业转型升级，统筹发展海洋旅游，扶持发展海洋运输、海洋装备制造、海洋生物医药、海水淡化等海洋新兴产业，促进临港产业加速发展。集聚发展港口运输、海洋文化等海洋服务业态，着力培育"蓝色引擎"新动力，加快推进海洋大省向海洋强省转变。

山东半岛蓝色经济区以沿海七市为前沿，以全省资源要素为依托，以海带陆、以陆促海、内外联动，形成连接长三角和环渤海地区、沟通黄河流域广大腹地、面向东北亚全方位参与国际竞争的重要增长极。

浙江海洋经济发展示范区立足浙江资源条件、产业基础和体制机制等方面优势，加快转变经济发展方式，优化沿海空间布局，积极探索海陆联动的新思路与新举措，提升浙江辐射长江流域、带动内陆地区发展的能力。

广东海洋经济综合试验区以原有的珠三角海洋经济区为支撑，通过加强与港澳地区的海洋产业合作，构建粤港澳海洋经济合作圈；同时以粤东海洋经济区为支撑，对接海峡西岸经济区，构建粤闽海洋经济合作圈；再以粤西海洋经济区为支撑，对接北部湾经济区、海南国际旅游岛，构建粤桂琼海洋经济合作圈。河北则充分依托海洋资源，发展对外贸易，同时利用国际资本、技术等新竞争要素，建成沿海临港现代重化工业、产业体系，摆脱对传统产业的过度依赖，打造沿海新增长极。

沿海地区依托国家政策、产业基础、资源优势等，在增强海洋经济综合实力的基础上推进沿海经济区建设朝纵深方向发展，不断优化海洋经济空间布局，拓展海洋经济发展空间；加快改造提升传统产业，积极培育海洋战略性新兴产业，以海洋科技创新助推海洋产业发展；在发展海洋经济的同时加快蓝色生态屏障建设，严格监测和控制陆源污染物入海，开展海洋和海岸带生态系统建设；完善海洋综合管理体制机制，探索海洋行政管理体制改革，实施海洋公共服务体系配套建设，为我国海洋经济发展赢得更大的发展空间和活力，使得区域海洋经济系统对国家海洋战略的响应程度稳步提升。

第二节　海陆统筹发展

海洋经济是涉及多部门、多行业的经济，这些部门、行业多是陆地经济某些部门向海洋空间上的延展，与陆地经济活动密不可分。海洋经济生产力的形成取决于陆域经济发展水平允许的转移投入水平，同时多数海洋经济生产、流通、消费都需在陆地进行，区域经济实力、产业结构、劳动者科学文化素养、消费需求、经济对外开放程度都直接或间接地影响海洋经济部门的发展，影响海洋经济系统的演进。随着海洋经济的深入发展，各沿海地区开始着手进行海陆统筹规划、联动发展、产业衔接和综合管理，以期实现整个区域科学、全面发展，增强区域海洋经济对沿海地区经济的带动作用。海陆统筹的原动力是海陆之间相互提供产品和服务，其核心内容更直接、深刻地体现在海陆产业的关联方面。海陆产业在结构上具有对应性，在空间上具有相互依赖性，很多海洋产业都具有长而复杂的产业链，与陆域产业关联度高，在海洋开发活动中，诸如海洋捕捞、海上运输、海洋油气开采、海洋矿产开发、海水利用和海水养殖等，需要海域完成一些生产环节，并在沿海陆地完成其余生产环节，对区域经济的支撑和带动作用十分巨大。在与海洋产业关联密切的陆地产业发展较好的地区布局海洋产业，通过与现有陆地产业形成产业链联系，不仅有利于充分利用当地资源，使海洋产业在短期内发展壮大，也可以进一步促进当地陆域产业的发展。从实践结果来看，区域海洋经济具备带动区域全面发展的能力，但总体来看，我国沿海地区海陆统筹发展尚处于起步阶段，地区之间海陆经济发展不平衡、海陆经济关系不协调、海岸带和海域开发布局不合理、海陆生态环境冲突严重、规划管理和体制改革不到位等问题突出，严重制约了区域海洋经济系统对海洋强国战略响应程度的提高。对此在沿海地区推进海陆统筹发展的进程中，陆海系统相关规划的衔接是实施陆海统筹最为现实可行的操作手段，也是陆海统筹协调发展的基础。统筹规划的内容需要覆盖所有相关领域，对陆海系统协调中出现的问题提出相应的解决方案。在编制规划过程中，要广泛吸纳相关部门参与，既注重实际情况，又符合可持续原则，重点关注海岸带使用问题，科学规划填海活动，推动沿海地区产业、科技、资源与环境的和谐发展。积极促进陆海产业链整合，坚持推进陆海产业分工与协作，优化陆海产业结构，打造陆海产业特色体系，培育一批有竞争力和广阔前景的主导产业。同时，进一步加强陆海基础设施建设，通过港口、公路、铁路、机场等多层次、立体化现代交通运输网络的形成，使海洋、海岸与内陆腹地紧密连接，为陆海经济整合提供强有力的硬件支撑，并以此扩大海洋经济辐射范围。通过陆海产业布局的积极调整，以及沿海综合开发区和临港工业区的建设，打造海港与腹地间相互依存、相互促进的关系，让内陆地区更好地融入海洋经济建设发展的大潮之中，以海带陆，以陆促海，力争实现错位发展与互补发展。应在资源整合、环境保护、经济协调、科技支持、基础设施建设、灾害防治及海洋文化建设等多个方面努力实现陆海统筹管理。积极建立陆海统筹工作指导机构，广泛吸纳经济、海洋、财政、科技、环保、交通、对外贸易等陆海相关部门参与协调工作，并强化该机构跨部门、跨地域的协调领导能力。根据国家主要区域规划和宏观政策明确陆海统筹战略的实施方向，重点关注陆海土地利用格局、海区利用、主导产业布局规划、政策资源配置及海陆基础设施规划对接等问题，以优化海洋功能分区和海洋产业区域分工格局为基本方向加强海陆资源、产业、空间的互动，将海洋的区位和资源优势与陆域的人才、科技、产业优势相结合，统筹海陆基础设施建设、科技创新建设、人才资源配置、生态环境保护等方面，以实现海陆产业发展、基础设施建设、生态环境保护的有效对接和良性互动，提升沿海地区的集聚辐射能力和对海洋强国战略的响应程度。

第三节　海洋产业集聚

海洋产业集聚，即海洋产业生产要素在特定空间逐步汇集的一种现象，是产业集聚形式在海洋产业中的运用，海洋产业集聚是优化海洋生产要素配置、巩固与提升区域海洋经济发展基础的重要途径。由于海洋产业存在着"原材料指向性强""技术要求高""海陆关联密切"等特征，海洋产业集聚同其他产业相比也存在着特殊性。海洋资源的分布情况对海洋产业的影响较大，因此海洋产业多数集中在海洋资源较为丰富的沿海区域；海洋经济活动面临着风险高、开发难度大等问题，海洋开发活动需要以高新技术为重要支撑，因此海洋产业集聚的形成对海洋科学技术有较高的依赖性；海洋经济的发展离不开陆地经济的支持，海洋产业同陆域产业之间存在着较高程度的互动关系，因此海洋产业集聚所产生的效应对陆域产业的波及效果较强。目前我国各沿海经济区在海洋经济空间发展模式上以点域、点轴、网络型的增长极发展模式为主，海洋产业集聚主要以临港工业和重化工业为主，对海洋资源利用强度较大，使得海洋经济发展与资源环境承载力矛盾日益突出；各沿海经济区产业集聚的形成主要依赖于海洋资源禀赋的比较优势和政府投资规划，在形成过程中缺乏以市场需求为导向所形成的海洋产业集聚，造成了各地区间海洋产业集聚缺乏特色和准确的市场定位；以增长极为主的普遍发展模式，在一定程度上制约了区域海洋经济的协调发展，海洋资源丰富、技术水平较高、区域经济综合实力较强的地区不断吸引区域内的资源、要素、企业、经济部门，形成区域经济发展增长极，使区域产生了中心和边远的分化，最终导致区域空间差异和非均衡化，降低了区域海洋经济系统对国家海洋战略的响应程度。对此沿海地区要针对海洋产业集聚过程中所面临的诸多阻碍因素，如海洋资源环境承载力下降、海洋产业集聚市场定位缺失等问题，因地制宜地提出相应的解决措施，加强海洋生态管理，推进海洋资源环境保护的正规化与法制化；完善市场准入制度，利用政策杠杆为社会资本进入海洋产业创造良好的软环境，推动以市场需求为导向的海洋产业集聚的发展，提高海洋产业集聚水平。首先，制订具有针对性、先进性、可行性的海洋发展规划，在整体规划的基础上制订子规划，包括海洋产业规划、海洋科技规划、海洋生态保护规划等，在规划中充分借鉴、吸收当代先进的海洋管理理念，明确保障措施和考核机制，依托规划制订更加详细的实施办法，使规划真正落到实处。其次，加强部门协调，形成发展海洋产业的合力优势，打破当前海洋开发中存在的部门分割、多头管理、无序开发的局面，形成海洋开发的合理态势。建立健全海洋经济管理体制，正确处理陆域产业布局和海洋产业布局的关系、海洋资源的开发利用与沿海地区经济发展水平的关系、发展传统海洋产业与发展新兴海洋产业的关系，使海洋产业的规划布局有利于区域经济增长、产业结构升级和可持续发展。

第四节　海洋资源禀赋及合理利用程度

海洋经济与海洋资源之间有着复杂的互动和关联关系。一方面，在海洋经济发展的初级阶段，海洋产品产量的提高主要来自于投入要素的大量增加，海洋资源消耗量加大成为必然结果。当经济增长超过一定临界值后，伴随着海洋经济增长方式的转变，以及技术进步和产业结构的优化，海洋资源压力得到一定程度的缓解。另一方面，海洋经济在发展过程中不可避免地要消耗海洋资源，但由于海洋资源的有限性，上一阶段海洋资源的消耗必然会对下一阶段海洋经济的发展产生影响。海洋资源是海洋经济发展的前提和基础，同时也是海洋经济强国建设和区域海洋经济强省建设的重要物质保障，海洋资源禀赋的差异决定了区际分工格局。海洋资源所具有的地域性的特点，导致其分布是不均衡的，进而影响到沿海各省（自治区、直辖市）在区际分工中的地位和利益分配的多寡。海洋经济发展对海洋资源具有高度依赖性，而这种资源依赖性决定了沿海各省（自治区、直辖市）海洋资源开发利用状况，由于各省（自治区、直辖市）海洋资源拥有量不同，各海洋产业在地区海洋产业系统中的地位作用是不同的，如果利用地区海洋资源禀赋好、相对丰富的生产要素进行生产，在竞争中就会处于有利的地位；相反利用资源禀赋差、相对稀缺的生产要素进行生产，就会处于不利地位，最终导致我国沿海地区海洋经济发展的差异，进而影响一个地区海洋经济发展质量的高低和对海洋强国战略的响应程度。当前沿海各省（自治区、直辖市）海洋资源开发过度与利用不足并存，海陆功能区划错位和割裂、海岸带开发管理不到位，导致海域开发布局不合理，一方面海洋开发程度较高的滩涂、河口、海湾区等近岸区域资源开发过度；另一方面大片海域特别是专属经济区和大陆架的海底油气、金属矿产、能源、旅游等资源开发利用不足，尽管资源利用规模不断扩大，但提供高附加值海洋产品和服务的水平不高，海洋资源可持续利用面临巨大挑战。对此沿海各省（自治区、直辖市）要依据自身资源禀赋的不同，充分考虑海洋资源环境承载力状况，在发展海洋经济的同时加强海洋资源保护，借助现代海洋科技手段，依托各省（自治区、直辖市）海洋资源供应链的产业优势，将海洋资源开发与资源高值化、高质化利用有机结合起来，实现海洋经济的可持续发展。重视陆海资源的差异性与互补性，建立资源统筹开发新格局，优化开发渤海湾、长江口及其两翼、珠江口及其两翼、北部湾、福建海峡西部，以及辽东半岛、山东半岛、苏北、海南岛附近海域，拓展海岸带开发利用空间，把港口、岸线、海域开发与城市、产业、陆域发展有机结合起来，统一规划、合理布局港口岸线资源、海洋产业和临港工业园区、腹地工业园区，促进港口和海洋生产要素在沿海地区的流动和合理配置，将资源开采方向由内陆向浅海，甚至深海调整，将深海作为未来海洋资源利用的落脚点。根据我国沿海地区海域区位、自然资源、环境条件和海洋资源开发利用的要求，优化海域主导功能区、兼容利用区、功能拓展区的区划布局模式，实现海域资源的立体开发与兼容使用。在涉海用地上"控制增量、盘活存量、管住总量"，积极引导建设项目向开发区和工业园区集中，从根本上防止无度填海用海，实现海洋空间资源高效利用和土地集约使用。充分发挥我国海岛资源的比较优势，依托海岛独特的自然环境，建设沿海生态走廊；加强海洋自然保护区建设和海岸带保护，积极开展河口、近岸生态系统修复和典型性海岸带综合整治项目，维护海洋典型生态系统的多样性，提高区域海洋经济系统对海洋强国战略的响应程度。

第五节　海洋科技实力

海洋科技实力即在现有海洋科技资源基础上，进行海洋科技活动，发挥效能，取得产出，促进社会、经济、科技全面发展的综合能力。海洋科技实力一般包括海洋科技发展基础、海洋科技投入水平、海洋科技产出水平、海洋科技对社会经济及技术发展的影响力，并且主要体现在海洋生物技术、海水利用技术、海洋信息技术、海洋工程技术、海洋油气勘探开发技术等关键技术方面。由于海洋的特殊性，海洋开发相对于陆域来说对技术的要求更高，海洋科学技术在世界海洋经济发展中起着举足轻重的作用。世界海洋经济发展的实践证明，从海洋资源勘探到生产产品、经济运行及管理，均依赖于整个知识系统和高新技术的支持。海洋科技实力的高低对区域海洋经济发展具有至关重要的作用，海洋科技实力直接影响海洋资源的开发利用程度、海洋经济的发展水平、海洋经济的可持续发展能力及海洋生态环境的改善。当前我国海洋科技发展取得了显著成效，沿海地区依据各自优势因地制宜地实施"科技兴海"战略，海洋人才队伍不断壮大，海洋科技创新能力有了明显提高。

　　但地区之间海洋科技实力差异显著，广东、山东、上海等沿海发达省（自治区、直辖市）是我国海洋科技力量的聚集区，是国家海洋科技创新的重要基地，其海洋科研机构数、从业人员和专业技术人员数等均处于较高水平，海洋科技综合实力较强，对海洋经济发展推动作用明显；而河北、广西、海南等海洋科技综合实力较弱。

　　首先，由于河北、广西、海南等对海洋高新技术研究行业科研经费投入少，与知识产权相关的技术要素集聚能力不强导致海洋科研项目研究成果储备不足、成熟度低、应用性较差，不能满足海洋科学研究快速发展的需求。

　　其次，由于河北、广西、海南等海洋科技自主化程度不高，尤其是在海洋开发的关键技术研发方面自主创新能力薄弱，还未形成完善的科研体系，海洋科技成果转化及技术收益的获取不能形成良性循环，严重束缚着海洋科技的进步，致使海洋科技子系统对海洋强国战略响应程度较低，进而影响整个区域海洋经济系统对海洋强国战略响应程度的提高。

　　对此沿海各地要以海洋科技与海洋经济发展紧密结合为目标，围绕海洋科技面临的重大问题，在海洋工程装备技术、海洋油气资源勘探开发技术、海洋可再生能源开发与利用技术、海水资源综合开发利用技术等与海洋战略性新兴产业相关的核心技术上形成具有我国海洋科技优势的创新研究体系，力争拥有更多自主知识产权的海洋科技产品，提高海洋产业核心竞争力和海洋科技对海洋经济发展的贡献率。加快面向涉海企业的"海洋＋互联网""海洋＋智能工业装备"等发展模式创新，整合国家自主创新示范区科研资源发展众创空间，提高海洋资源共享与服务的能力，推动海洋科技创新成果在更大范围、更深层次的流动和转化。通过体制改革建立有效整合各类海洋科技创新创业资源的孵化服务机制，完善海洋产业自主创新的政策体系和创新服务模式，引导企业加大研发力度，调动自主创新的积极性。重视海洋产业创新人才的培养和引进，通过实施高层次人才创新支持计划完善创新人才队伍建设。推进产学研结合，鼓励支持涉海企业与科研院所之间建立实质性合作关系，围绕产业链建立创新链，围绕创新链优化服务链，实现海洋资源供给、精深加工和海洋产品制造等各环节的紧密衔接，提高海洋科技创新成果转化率，推动海洋产业创新发展。

第六节 海洋行政管理体制

海洋行政管理是政府规范海洋经济发展秩序的一个重要方面。随着沿海各省（自治区、直辖市）海洋经济发展步伐的加快，海洋资源开发利用的规范、海洋生态环境的保护、海域使用管理及海洋权益的维护等方面都对海洋行政管理工作提出了更高的要求。海洋行政管理体制在海洋行政管理中发挥着重要的制度保障作用，海洋行政管理体制是否合理、健全，对海洋行政管理的效果会产生深刻的影响。而海洋行政管理的效果直接影响着各项海洋事业的发展，从而最终影响区域海洋经济系统对海洋强国战略的响应程度。改革开放以来，随着我国海洋事业和海洋经济的高速发展，我国海洋行政管理体制所凸显的不足和缺陷也日渐明显，且在某种程度上制约着"海洋强国"战略目标的实现。

首先，受国家海洋管理体制的制约，地方海洋行政管理部门与其他产业管理部门职能相互交叉，管理区域和对象大致相同，给海洋行政管理工作带来一定的负面影响。其次由于海洋生态环境和资源保护的界限模糊性和联系的普遍性，一些区域海洋生态环境治理和资源保护工作往往需要多个行政区共同完成，如长三角海域管理分属江苏、上海和浙江，加剧了海洋资源开发和生态环境的保护、管理难度，在地方利益的驱动下，各地方政府、企业对区域内的公共海洋资源采取掠夺式开采方式，造成海洋公共资源的退化。海洋管理法制建设面临缓慢滞后的困境，我国真正意义上的海洋法制建设起步于改革开放之后，随着民主法制意识的增强及国家海洋战略地位的提升，国家逐步开始加强对海洋的法治管理，先后通过了《中华人民共和国领海及其毗连区法》《中华人民共和国海洋环境保护法》《中华人民共和国海域使用管理法》《中华人民共和国海岛保护法》等十多部法律，这些法律规定了我国海洋管理的基本权利与义务。除此之外，我国还有各种有关海洋管理的法规条例。从总体来看，我国目前的海洋管理法律数量较多而且涵盖范围也较广泛，但从纵向上却缺少一部具有统筹意义的海洋法律，而且在我国宪法中，也并没有完全明确我国海洋权益的全部事项。目前，有关海洋管理的各项法律法规虽然名目较多，但由于是各个部门的单行法，所以会存在相互重叠的情况，由于不能统筹全局，这些法律并不能涵盖海洋权益的全部，往往出现海洋管理的法制空白。政府海洋管理体制的综合配套失衡。随着经济的发展，国家陆地上的各项资源正在急剧减少，各国都把目光转向海洋资源的开发上，我国也在海洋的开发和保护上做出了诸多尝试和努力。在国家政策的支持下，部分沿海城市开始了综合性的海洋开发热潮，浙江舟山、广东万山等都逐步成立了海洋综合开发试验区，借海洋开发来推动地方经济的新一轮发展。而面对新的情况，政府需要进行职能的转变和综合配套管理的建设，这可能涉及政府海洋管理中部门的变化、具体职能的变化、人事制度的变化等，只有及时根据海洋发展的新情况来进行政府海洋管理的配套综合建设，才能应对快速发展的海洋开发和建设。而目前的海洋管理往往出现不同步的现象，一些国家政策支持地方海洋经济的开发，而地方海洋管理部门却没有任何变化，地方综合配套海洋管理的落后和不配合也阻碍了地方海洋开发工作的开展。

对此沿海各省（自治区、直辖市）要在涉海部门之间建立统筹的协调机构，对涉海有关部门的职能分工加以明确，合理界定各级政府的海洋行政管理权限和范围，提高海洋行政主管部门对海洋事务的综合协调能力，防止因为沟通不畅、政策不一而阻碍海洋发展的情况产生，促进海洋管理效率的提高；在海洋管理行政机构建设上要防止机构的臃肿和膨胀，并处理好与其他机构的并容关系。完善海洋法规制度体系建设，为沿海各地更好地实施海洋行政管理与海洋行政执法提供法律依据和制度保障，首先要解决目前我国海洋立法散乱、层次不一的问题，制定一部能够统筹海洋管理各项事务的综合性海洋法律，用来解决各个单行法之间法律条文重复或是海洋管理法律上的空白问题；其次制定有关海洋管理专项型法律法规，主要是针对海洋管理中的某一事务进行专门法律法规制定，这为海洋各项事务管理的主管部门进行海洋管理提供了专门而详细的依据，能够有效提升海洋管理的行政管理效率。政府要转变海洋管理职能，优化公共服务能力，完善海洋管理体制。海洋公共服务主要包括以下几项：一是海洋调查与测绘，承担我国管理海域的各项评估与调查工作；二是海洋的观测和监测，构建全方位的立体海洋监测网络，提升海洋监测的能力；三是要实现海洋公共服务信息化，促进信息的公开与流通；四是完善海洋预报系统，形成国家、区域及地方的多层次、全方位的海洋预报体系，增强海洋预报能力。

第七章

基于系统动力学的
区域海洋经济系统模拟

第一节 系统概况

一、系统论及系统的概念

系统论是研究系统的一般模式、结构和规律的学问，它研究各种系统的共同特征，用数学方法定量地描述其功能，寻求并确立适用于一切系统的原理、原则和数学模型，是具有逻辑和数学性质的一门新兴的科学。系统论的基本思想方法，就是把所研究和处理的对象，当做一个系统，分析系统的结构和功能，研究系统、要素、环境三者的相互关系和变动的规律性，并优化系统观点看问题。系统论的任务，不仅在于认识系统的特点和规律，更重要的还在于利用这些特点和规律去控制、管理、改造或创造系统，使它的存在和发展合乎人的目的需要。系统论反映了现代科学发展的趋势，反映了现代社会化大生产的特点，反映了现代社会生活的复杂性，所以它的理论和方法能够得到广泛的应用。

系统是一组结构有序、功能独特、对外部激励产生响应、有一定自我调节能力和自组织能力的要素、属性或对象的集合。系统把事物之间的复杂联系（外部联系和内部联系），事物之间的包容特征（等级有序），事物之间的定量关系（从逻辑关系向函数关系演进），事物之间存在的可调、可控、可测的特点（互相作用，互相制约的总体把握）等，从理性的深度和抽象的意义上进行表达和判断，从而把事物之间存在的综合性与分析性，分层次地统一在一个完整的图式或模型之间（闫敏，2006）。而且，越是复杂的事物集合，应用系统的概念或系统分析的方法，就越能揭示出比其他理论和方法更好的结果。由于区域海洋经济系统涉及人口、资源、环境、技术、产业等诸多因素，规模庞大，其内部结构复杂，功能综合，各元素之间关系较为模糊，因此区域海洋经济系统可以看做是一个结构有序、功能独特、对外部激励产生响应、有一定自我调节能力和自组织能力的复杂巨系统。此外由于海洋经济的发展必须依靠陆域作为支撑，所以区域海洋经济系统是一类海陆复合系统，不断地和外界进行物质、能量、信息的交换，在不受外界力量干扰或外界干扰作用比较小时，处于相对稳定的状态。

二、系统的特点

1. 整体性

系统是由若干要素组成的具有一定功能的有机整体，各个要素一旦组成系统，就表现出独立要素所不具备的性质和功能，形成新系统的质的规定性，从而表现出整体的性质和功能不等于各个要素的性质和功能的简单相加，即"整体大于部分之和"。

2. 结构性

构成系统的各要素是按照一定的秩序、方式和关系结合起来的。系统的结构与功能的关系表达了系统的结构性。结构是系统元素相互联系的总和，也是系统存在的组织形式。功能是系统与环境相互关系中所表现的属性、所具有的能力和所起的作用。

3. 层次性

所谓层次性，即系统的层次或等级。一个系统必然地被包含在一个更大的系统内，这个更大的系统常被称为"环境"。一个系统内部的要素本身也可能是一个个很小的系统，这些小系统常被称为这个系统的"子系统"，由此形成了系统的层次性。层次性是系统中不同级别系统的一种垂直结构关系。系统的层次与系统的运动状态相适应，系统运动状态的改变引起系统层次的突变，并且高层次系统从低层次系统中产生，并以低层次系统为基础与载体。

4. 目的性

系统是客观存在的。任何一个系统的发生和发展都具有很强的目的性，这种目的性就是要完成一定的功能。目的是一个系统的主导，它决定着系统要素的组成和结构。自然系统如此，人工系统更是如此。自然系统的目的性反映了系统内在的客观要求，人工系统的目的性体现了人们对客观规律的认识和运用。

5. 自组织性

系统的有序与无序的关系表达了系统的自组织性。系统的自组织性表示系统的运动是自发的，通过少数变量控制，通过子系统合作能够形成宏观有序结构。也就是说系统能够自动地从有序程度低、比较简单的系统，演化为有序程度高、比较复杂的系统。虽然任何系统都有一定程度的有序性或自组织性，但自组织性主要还是发生在开放系统之中，系统的自组织离不开与环境的互动，系统的自组织性包含系统的自发运动，同时强调自发运动过程也是自发形成一定的组织结构的过程，即系统的自组织包括了系统的进化与优化。

6. 相似性

系统的相似性是指系统具有同构和同态的性质，体现在系统结构、存在方式和演化过程具有共同性。系统具有相似性，根本原因在于世界的物质统一性。系统的整体性、层次性、目的性都是系统统一性的体现。系统的相似性是各种系统理论得以建立的理论依据，也是建立各种模拟方法的基础。

7. 稳定性

系统的稳定性指的是在外界作用下开放系统具有一定的自我稳定能力，能够在一定范围内自我调节，从而保持和恢复原来的有序状态，保持和恢复原有的结构和功能。

8. 突变性

系统的突变性是指系统通过失稳从一种状态进入另一种状态的一种剧烈变化过程。它是系统质变的一种基本形式。系统的突变通过失稳而发生，因此突变与系统的稳定性有关。突变称为系统发展过程中的非平衡因素，是稳定中的不稳定，同一之中出现的差异。当系统个别要素的运动状态或结构功能的变异得到其他要素的响应时，子系统之间的差异进一步扩大，加大了系统的非平衡性。特别是当它得到整个系统的响应时，涨落放大，整体系统一起变动，系统发生质变从而进入新的状态。

第二节　区域海洋经济发展的系统特征

一、区域海洋经济系统的整体性和协同性

从系统论的观点来看，区域海洋经济发展是人与自然、环境交互作用的集

中体现，海洋资源、环境、产业、科技要素之间相互作用、相互联系构成了一个涉及众多因素的复杂开放系统。除具有大系统整体性、关联性、目的性和环境适应性等特征外，区域海洋经济系统内部结构及子系统之间相互作用机制比一般系统要复杂。其发展不仅依赖于各子系统自身的持续发展，更取决于各子系统之间的协调发展程度。海洋是人类生命的起源，又是人类赖以生存的重要环境。海洋环境变化影响到地球上的生态、大气循环、经济发展等方面的问题。区域海洋经济系统是一个有机的整体，各部分之间相互影响、相互作用形成了一个完整系统，整个系统所涌现出的功能和性质又是各子系统所不具备的特殊的整体功能，如图 7-1 所示。

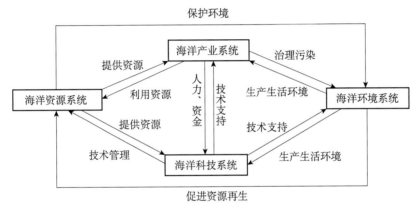

图 7-1 区域海洋经济系统协同作用关系示意图

区域海洋经济系统的发展要注重经济发展与环境的协调，以海洋产业发展和海洋技术水平的提高促进环境保护，以环境的改善保障和服务于海洋产业的发展，实行开发与保护并举；同时，环境保护必须考虑海洋资源的持续供给能力，海洋资源的合理利用应促进区域海洋经济系统发展和海洋环境的良性循环，这是处理好海洋产业发展与海洋资源、环境三者之间相互关系的正确途径。海洋资源、环境与产业、科技子系统之间既彼此冲突又相互协调，它们之间的"协同作用"是实现区域海洋系统持续协调发展的内在因素。根据哈肯提出的协同学原理可知，当外部控制参量达到一定阈值时，海洋资源环境、产业与海洋科技子系统之间通过协同作用，可以使系统由无规则混乱状态变为宏观有序状态，实现子系统之间的协调发展。

区域海洋经济系统的协调性表现在构成系统状态的众多变量或影响系统发展

的因素之间通过合作和竞争，使系统最终只受少数变量支配，体现出该系统的协同性，正是这种"协同作用"，推动整个系统朝着持久、稳定和协调的方向发展。在海洋开发中，每个企事业单位或每一海洋产业都在向着它们自己的目标活动，它们之间会出现相互制约、相互影响的问题。例如，开发利用海洋渔业资源可能会挤占海洋运输的航道，这就要求在开发海洋资源时，一方面各部门应该相互协调，实现整体系统的运转，并使整体的行为得到改善，使整体利益得到实现；另一方面人们要自觉地调整自身的需求和海洋开发利用观念，不断改造自身、规范自身的行为，同时运用人类的智慧和能动性，使自然摆脱缓慢的自发进化过程。再如，海洋生物工程技术在海水养殖中的应用，使某些海水养殖品种按照人类的需要生长发育，这就实现了海洋科技与海洋资源利用的协同进化。

海洋资源子系统是区域海洋经济系统发展的物质基础。受当前技术水平和思想观念的限制，对海洋资源的过度开发利用，会对海洋环境造成污染，导致海洋环境的恶化；恶化的环境反过来会破坏海洋的生态环境，致使海洋资源再生能力减弱；而且海洋产业子系统的消耗也增加了对海洋资源的开采和使用，使资源存量不断减少，资源承载能力下降。因此，实现海洋资源子系统的协调发展及其与其他子系统的协调发展必须考虑海洋资源的承载能力。一方面可以通过技术进步与外界投资培育可再生资源和寻找非再生资源来增加海洋资源存量；另一方面，应该合理利用海洋资源，提高其使用效率，对不可再生的资源优化利用，对可再生能源可持续利用，实现代际配置均衡，即不仅要考虑满足当代人的需要，还要兼顾后代人发展对海洋资源的要求。

海洋环境子系统是区域海洋经济系统发展的空间支撑。区域海洋经济发展与海洋环境承载力之间存在着冲突与协调两种关系：海洋环境承载力的上升取决于环保投资和环境改造技术水平，从这方面上看，海洋产业发展能从资金和技术上对海洋环境保护给予强有力的支持，两者之间的关系是协调的；另外，海洋产业发展和海洋资源消耗量会导致污染的排放增加，导致海洋环境承载力下降，危害各种海洋生物存在和发展的空间，对人类生产和生活产生一定的不良影响，直接或间接扰乱了海洋经济以至国民经济正常的发展秩序，造成经济巨大损失，两者又是矛盾的。因此，海洋环境的保护是区域海洋经济系统可持续发展的根本保障。

海洋产业子系统是区域海洋经济系统发展的核心。海洋产业子系统以其物质再生产功能为其他子系统的完善提供了物质和资金的支持。海洋产业与陆域产业存在着密切的产业关联，是国民经济的重要组成部分。海洋产业的发展，必然促进整体国民经济的发展，提高人民生活的质量和水平。海洋产业子系统与其他子系统之间也存在着协调和矛盾的关系：各种非生产性投入（如环保、教育、消费等）会减少生产性投资，从而抑制海洋产业增长，因此，海洋产业子系统与其他子系统之间存在利益冲突；但是，增加其他子系统的投入有利于海洋资源利用率及海洋环境质量的提高，在它们的推动下，有助于海洋产业发展效益的改善，所以海洋产业子系统与其他子系统之间存在着协调关系。

海洋科技子系统是区域海洋经济系统发展的重要驱动力。20世纪60年代以来，海洋进入全面开发的新阶段，特别是科技进步，一方面，大大提高了人类开发利用海洋的能力，降低了海洋生产活动对环境造成的污染，使海洋产业规模日益扩大，产品种类不断增加。随着海洋产业的发展，我国海洋科研机构和从业人员不断壮大，经费投入规模持续增长，科研基础设施不断完善，取得丰硕的研发成果，海洋科技成果广泛应用于海洋渔业、海洋船舶工业、海洋盐业等传统产业，促进海洋传统产业的生产方式不断朝绿色环保、高效节能方向转变。海洋科技领域重大核心技术的突破保持了海洋新兴产业强劲的发展势头，海洋科技的引领作用不断增强，沿海地区科技兴海基地建设加快推进，区域海洋产业集聚发展效果显著。另一方面，科学技术的进步会大大提高对海洋资源的开采和消耗力度，甚至使某些资源几近枯竭，资源大量消耗的同时也导致了海洋环境的严重污染，这时科学技术成为导致和加速海洋不可持续发展的因素。总的来说，科学技术对海洋经济可持续发展的负面影响是次要的，科学技术水平越高，海洋经济可持续发展能力越强。

二、区域海洋经济系统的开放性和自组织性

要素之间稳定的、有一定规则的联系方式的总和叫做系统的结构。复合系统结构是构成复合系统的各个子系统及其要素相互联系、相互作用的方式和顺序，是复合系统内各组成部分的整体联系，反映复合系统的组织性程度、系统的相互关联和相互制约关系，是复合系统整体性和功能性的基础。区域海洋经济系统结构中表现出两方面的特性：①系统具有耗散结构，在各子系统之间，系统与环境之间进行着物质流、能量流和信息流的交换，它是一个高度开放的系统；②他组织性和自组织性。区域海洋经济系统由于有人类活动的参与，人

类可以选择不同的发展模式对海洋的发展过程进行干预，是一种他组织的过程，这种过程可能促进海洋经济系统的协调发展也可能延缓或破坏系统的协调发展。另外，系统是一个通过自组织作用形成的自组织系统。"自组织作用"就是系统内部，以及系统与环境之间各种作用的综合，它表现为能够自动地由无序状态转变为有序状态。区域海洋经济系统中各子系统过程的相互作用都可以通过反馈（正的或负的、直接的或间接的反馈）来调节，从而使系统结构有序化，如海洋生物的竞争、共生、捕食与被捕食等过程都具有这种自组织的特征。综上所述，海洋资源－环境－产业－科技复合系统是一个复杂的开放系统，它具有复杂系统的特征，在分析和研究时，必须从复杂系统的角度来认识它，从而全面解决区域海洋经济系统可持续发展问题，即实现以海洋资源的可持续利用和良好的海洋生态环境为基础，以海洋产业可持续发展为中心，以谋求社会的全面进步为目标的发展模式，最终实现海洋资源子系统、环境子系统、海洋产业子系统、海洋科技子系统的协调发展，提高对国家海洋强国战略的响应程度。

三、区域海洋经济系统的动态性和复杂性

动态系统的特点是系统所包含的各因素随时间而变化。区域海洋经济系统包含的技术、产业、资源和环境等各因素都具有明显的动态性特征，如海洋从业人数的增减、海洋经济的增长、海洋产业结构的调整、海洋可再生和不可再生资源的开采和利用、污染物的排放等各因素都是随时间而变化的。

海洋资源、环境系统中的能量流和物质循环在通常情况下（没有受到外力的剧烈干扰）总是平稳地进行着，与此同时，海洋资源、环境系统的结构也保持相对的稳定状态，说明海洋资源、环境子系统具有自我调节和维持平衡状态的能力；当海洋资源、环境子系统的某个要素出现功能异常时，其产生的影响就会被系统做出的调节所抵消。海洋资源、环境系统的能量流和物质循环以多种渠道进行着，如果某一渠道受阻，其他渠道就会发挥补偿作用。对污染物的入侵，海洋环境系统表现出一定的自净能力，这也是系统自我调节的结果。海洋资源、环境系统的结构越复杂，能量流和物质循环的途径越多，其调节能力或抵抗外界影响的能力就越强。反之，结构越简单，海洋资源、环境系统维持平衡的能力就越弱。海洋资源、环境子系统的调节能力是有限度的，外力的影响超出这个限度，海洋资源、环境子系统就会在短时间内发生结构上的变化，

但变化总的结果往往是不利的，它削弱了系统的调节能力。这种超限度的影响对海洋资源、环境系统造成的破坏是长远性的，系统重新回到和原来相当的状态往往需要很长的时间，甚至造成不可逆转的改变，严重破坏海洋资源、环境系统的平衡。当前人类对海洋生态的破坏性影响主要表现在三个方面：①大规模地把自然生态系统转变为人工生态系统，严重干扰和损害了海洋生物圈的正常运转；②大量取用海洋中的各种资源衰减，包括生物的和非生物的，会严重破坏海洋生态平衡，导致近海生物资源、渔业资源锐减，赤潮等自然灾害频繁发生，某些海域趋于"荒漠化"，海洋生态系统功能退化，处于剧烈演变阶段。③向海洋中超量输入人类活动所产生的产品和废物，严重污染和毒害了海洋的物理环境和生物组分，制约了海洋经济的可持续发展。

区域海洋经济系统作为一个有内在联系的动态复杂系统，要求人们能够能动地调控这个动态复杂系统，在海洋资源合理开发和永续利用、海洋生态环境质量不断改善的前提下，不断优化海洋产业结构，提高海洋经济的产出效率。

四、区域海洋经济系统的多重反馈联系

系统同一单元或同一子块输出与输入间的关系称为反馈，反馈系统就是包含反馈环节与其作用的系统，它受系统本身历史行为的影响，把历史行为的后果反馈给系统本身，从而影响系统未来的行为。根据反馈回路各因素的相互影响关系分为正反馈和负反馈，正反馈使系统的行为得到加强，负反馈使系统的行为削弱而趋于稳定。以海洋产业系统中的海水增养殖业为例，如图 7-2 所示，海水增养殖的发展必须以养殖面积为前提，如果没有宜养海域面积，就不可能发展增养殖业。随着增养殖业的发展，宜养海域面积越多，则发展养殖业的规模也会越大，这是正因果关系。养殖规模越大，单位产量越高，对渔业总产量的贡献就越大，这两者之间也是正因果关系。随着科学技术的发展及劳动人员、管理人员经验的丰富及素质的提高，养殖深度不断加深，养殖面积和品种将不断增加。

在区域海洋经济系统中，相互联系、相互独立具有不同性质的要素是构成整体系统的基本单位。各种要素虽然都有各自的领域和构成，但是在区域海洋经济大系统中却相互不可分割，在总体上同样呈现出一种多向交叉和耦合递变的状态。从发展的角度看，区域海洋经济系统包括海洋产业子系统、海洋科技

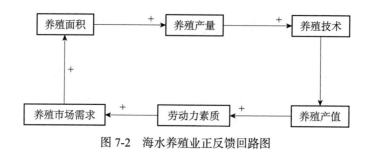

图 7-2 海水养殖业正反馈回路图

子系统、海洋资源子系统、海洋环境子系统，海洋资源与环境子系统提供了系统发展进化的物质基础，海洋产业发展为整个系统的发展进化提供经济支持，而海洋科技子系统为整个系统的发展进化提供技术支撑，四部分相互促进、相互制约，存在着多种反馈联系（刘波等，2004）。

第三节　基于系统动力学的区域海洋经济系统模拟

一、系统动力学简介

系统动力学（system dynamics）是一门分析研究信息反馈系统的学科，也是一门认识系统问题和解决系统问题交叉的、综合性的新学科。它最早由美国麻省理工学院教授福雷斯特（Jay W. Forrester）于 1956 年创立，初期主要用于工业管理，称为"工业动力学"。它吸取系统论、控制论和信息论的精髓，采用电子计算机模拟技术模拟复杂动态系统的结构和功能，对其进行定性与定量的研究。系统动力学的研究重点是那些源自反馈机制的动力学问题，强调系统的行为模式主要根植于系统内部的信息反馈机制，它对于认识和处理高阶次、非线性、多重反馈的复杂时变系统是一种极为有效的认识工具和模型方法（王其藩，1994）。

区域海洋经济系统是一个动态的、存在多重反馈联系的复杂的社会经济系统。目前研究社会经济系统最常用的方法主要有投入产出、目标规划、经济计量和系统动力学建模等，前三种方法都是以线性代数为基础，解决不了技术变化和投入产出中的时滞等一系列动态问题。系统动力学基于信息反馈机制，通过对现实系统结构和功能的模拟分析，提供人们解决问题的方法和途径（刘波，2003）。区域海洋经济系统内部要素、各子系统之间各种反馈联系为采用系统动力学方法对其研究提供了必要条件。系统动力学能定性与定量地分析研究系统，它采用模拟技术，以结构－功能模拟为其突出特点。从系统的微观结构入手，构造系统的基本结构，进而模拟与分析系统的动态行为。与采用其他模型和定量方法研究区域海洋经济系统相比，系统动力学有自己独特的优越性，其优越性表现在如下几个方面。

1. 直观形象性

从直观上看，系统动力学方法最突出的特点在于它拥有规范的、定量的，用计算机语言书写的模型。在建立区域海洋经济系统发展模型的初始阶段，要根据系统内部各要素及各子系统的相互作用关系画出因果关系图。因果关系图是系统的形象表示，它将存于人们脑中非规范的思维模型转化为形象的规范模型；在建立系统模型的过程中，Vensim 等软件可以及时再现所建系统各因素的反馈环联系和相互影响关系，为保证系统结构的正确性提供帮助；模型建立后，采用历史数据对模型进行检验和输入决策进行政策实验时，可以通过 Vensim 软件将系统的运行结果以曲线图形式输出，使人们对系统的运行有形象直观的了解。

2. 多人参与性

任何模型都只是对真实系统的某方面或某个侧面的模拟，模型的建立是一个逐步向真实系统逼近的过程。系统动力学方法的优点在于在建模的过程中可以有多人参与，使最大限度地保证模型结构的正确性和完整性成为可能。因果关系图的直观形象性便于那些没有受过专门训练而对真实系统有所了解的人也可以参与讨论，它的存在为最大限度地集中人们对区域海洋经济系统的认识提供了便捷有效的工具。在模型的改进和完善阶段，决策执行者和政策实施者可以随时根据实际情况提出新的修改意见，使模型更能贴切地表达真实系统。

3. 实验检验性

模型建立后代入历史数据进行运算，如果得到的结果与实际情况吻合则说明系统通过了历史性检验。系统动力学的实验检验性可以保证建模过程中对系统的合理假设和对部分参数的合理估计。同时，检验过程中通过参数的调整可以找出系统的灵敏参量，该参量的微小变化会导致整个系统巨大的变化甚至结构的改变，这就是真实系统的政策杠杆作用点，也是研究区域海洋经济系统对国家海洋强国战略响应的关键所在。

但采用系统动力学研究区域海洋经济系统发展也有其不足的地方。首先，系统动力学模型是一个结构依存型模型，模型仿真结果的可靠性很大程度上依赖于模型对模拟对象结构的刻画程度。但区域海洋经济系统是一个复杂的社会经济系统，系统包含的诸多因素，如政治制度、政策及人的行为等很难甚至无法抽象为具有明确结构关系的模型，这种"问题的非结构化"限制了模型的结构化，从而影响了仿真结果的客观性。其次，模型仿真结果的客观性还取决于参数的准确性（殷克东等，2002）。对于区域海洋经济系统，其问题的非结构化必然导致在研究时的高度抽象和综合，这就造成模型中的许多参数与实际概念及其统计数据有一定差别，使得参数难以准确测定。可以采取的解决办法如下：一是可以根据需要设计模型，即在建模前弄清模型要回答的问题，然后紧紧围绕这些问题设置变量和参数。对那些与问题关系不大但又不能忽略的系统要素可进行高度概括和综合；对不影响问题分析的系统要素或子系统可以不予考虑。二是，可以多种方法配合起来确定参数，对难以准确定量的指标，可以请有实践经验者定性分析并通过模型调试；对于趋势性参数，除采用回归预测等方法外，还可以利用政策分析等手段进行修正；在所有参数基本算出后，把握不大的可提交对口部门加以讨论和修正，交叉使用多种方法以较好地解决参数软化问题。

二、系统动力学构建模型的基本原则

1. 系统的因果关系原则

系统是相互作用并与环境处于相互联系中的元素的集合体。系统元素相互作用或相互联系的规律的具体形式有两种——输入输出关系与因果关系。输入、输出是一对基本矛盾，是系统的基元；因果关系主要表现为矛盾与矛盾之间的关系，是系统各部分联结在一起的纽带。系统动力学充分利用了这两种关系，并且把这两种关系具体化了。系统动力学把系统中的一个元素表示为一个水平变量，把这个水平变量的输入表示为输入速率变量，把它的输出表示为输出速率变量。水平变量是输入速率与输出速率的矛盾统一体，它们是系统动力学最基本的结构单元。系统动力学把水平变量与水平变量之间，也就是把矛盾统一体之间的关系具体化为因果关系环，通过因果关系把系统各部分组合为一个整体。

2. 结构决定功能原则

系统是结构功能的统一体。结构是系统内各单元之间相互联系、相互作用的方式。功能，是各单元活动的秩序或单元本身的运动或单元间相互作用而形成的总体效应。系统动力学认为，系统外的作用并非是导致系统状态变动的根源，系统行为的根源在系统内部。在特定的环境下，一个系统的功能虽然取决于它的元素，但更主要取决于结构。结构是功能的基础，结构决定功能，功能反作用于结构，在一定条件下会导致结构改变。系统动力学从系统的微观结构入手，将一阶反馈回路作为系统的基本结构，通过反馈回路将元素与元素之间、子结构与子结构之间联系起来，构成一个完整的模型，完成一定的功能。

3. 信息反馈原则

系统动力学认为，反馈回路是构成系统的基本结构，反馈回路有正反馈回路和负反馈回路。反馈结构是导致事物随时间变化的根源，反馈回路的不同特性及连接方式决定系统的行为。正反馈回路具有发散性的特征，导致系统不稳定；负反馈回路具有收敛性的特征，当系统受到干扰偏离原来的状态时，能使系统逐渐恢复到原来的稳定状态。

4. 主导结构原则

在系统内部的众多反馈回路中，在其发展运动的各个阶段，总是存在着一个或一个以上的主要回路，这些主要回路构成了系统的主导结构。主导结构主要决定了系统行为的性质和发展变化，忽略的系统要素可进行高度概括和综合；对不影响问题分析的系统要素或子系统可以不予考虑。

5. 参变量敏感原则

系统动力学认为系统中总有那么几个相对重要的参变量，它们对系统的结构与行为影响比较大，这些参变量被称为敏感变量。敏感参变量对干扰与涨落的反应十分敏感和强烈，一旦系统处于临界状态，涨落对这些敏感参变量的作用可能会导致系统由有序变为无序或者是由旧的结构演变为新的结构。这些敏感参变量的变化，可能会使主回路发生转移，并使系统的反馈回路极性发生逆转。

6. 动态定义问题原则

系统动力学研究的是系统的动态反馈性问题。因此需要利用随时间变化的变量图来描述研究对象，借助随时间变化的图形来思考，从中发现重要变量的动态行为，并推论和绘制出与这些重要变量有关的其他变量的相应变化，从而比较准确、全面地把握有待研究问题的发展趋势与轮廓，为模型构筑提供参考和依据。动态的定义问题，并不需要具体的数据和演进的数学函数，主要工作是研究对象随时间变化的模式和趋势，包括周期的增减、变量的相位差、波峰、波谷等。

7. 系统的整体行为与结构层次分析互动原则

系统动力学认为系统是结构与行为的统一体，系统的行为是系统整体结构的行为。如果模拟系统的行为不能正确地反映真实系统的运行规律，那一定是模拟系统的结构设置不合理，需要做出调整。在系统的结构分析时，适用于分解原则；在系统的行为分析时则需采用综合的原则。通过分解与综合的互动，建立完善的模型。

8. 系统行为反直观性原则

由于系统动力学研究的是复杂动态反馈性系统问题，系统内存在着非线性、高阶次的多重反馈性结构，系统的行为常常出现反直观性现象。因此，需要将系统放在足够长的时间跨度里进行考察，只有这样才能揭示系统行为的全貌，以免得出错误的结论。

9. 系统抗干扰原则

复杂系统的另外一项特征就是系统的抗干扰性，即对大多数参数变动的不敏感性和对变更政策的抵抗性。若想对系统进行有效的调控，就需要努力去寻找系统中的敏感参数和敏感结构。

10. 系统的同构与相似性原则

根据结构决定功能的基本原则，系统动力学认为结构相似的系统一般具有相似的功能或行为，即结构如同构，功能则相似。但不同系统的行为相似不一定结构相似，只有结构与功能都相似，才能说系统与系统是相似的。

系统动力学的整个建模过程是从定性到定量的综合集成的过程。该过程主要可以分为以下几个部分。

（1）分析问题，明确建模目的。系统建模的最终目的是通过模型解决一些实际问题，比如，对过去发生的有些事情的原因分析或对未来发展进行预测等。因此我们在开始建模之前，首先要明确我们研究的是什么样的社会经济现象，研究的最终目的是要解决哪些问题。

（2）划分系统边界。确定研究系统的边界的原则是采用系统的思考方法，根据建模目的，集中系统工程专家、管理专家、经济研究专家等相关行业的实际工作者、课题研究者的知识，形成定性分析意见，在此基础上确定系统的边界。

（3）系统的结构分析。这一步的主要任务在于处理系统信息，分析系统的反馈机制。分析系统的总体和局部结构，分析系统的层次与子块，定义变量（包括常数），确定变量的种类及主要变量；分析各个子系统的变量、变量间的关系，确定回路及回路间的反馈复合关系，初步确定系统的主回路及它们的性质，分析主回路随时间转移的可能性，绘制因果关系图和系统流图。

（4）建立数学模型。根据确定的变量，写出有关这些变量的方程。变量方程的建立要进行更深入、更具体的实证分析，而且往往要与其他统计模型，如回归模型等结合才能完成。方程中的一些参数要用一些常用的参数估计方法进行估计。

（5）模型的模拟。利用模型对系统在一段时间内的运行状况进行模仿，它的目的是产生一个人工控制的运行过程，去描述、分析、改进系统的运行特征。以系统动力学的理论为指导进行模型模拟与政策分析，可以更深入地剖析系统，寻找解决问题的决策，并尽可能付诸实施，取得实践结果，获取更丰富的信息，发现新的矛盾与问题。最后根据模拟的情况修改模型，包括修改系统的结构与参数。

（6）模型的评估与运用。我们通过参数的调控，上机仿真可以得出多种仿真结果，将定量仿真的方案与各种定性分析相结合进行比较，得出一种最优的决策方案。这一步骤的内容并不都是放在最后一步来做的，一部分内容是在上述其他步骤中分散进行的。

三、系统建模仿真软件简介

SD 可以定性和定量地构建模型。口头描述和因果环图可以定性地描述系统；流图可以定量地描述系统。为了实现定量地描述系统并模拟运行系统随时间展开的动态性，相应的计算机软件是必需的。20 世纪 60 年代 Forrester 等开发出第一代仿真软件 Dynamo 后，特别是 20 世纪 80 年代中后期，可用于计算机的仿真软件陆续问世，如面向模型（模型结构对用户开放）的软件：STELLA，Vensim，Powersim，Professional Dynamo 等（黄贤金，2004）。Vensim 是一种可视化的建模工具，通过 Vensim 可以定义一个动态系统，将之存档，同时建立模型、用结构分析工具检查模型结构、进行模型仿真（通过调节模型参数取值，看模型对参数取值变动如何反应）、分析（使用数据分析工具更详细地检查模型的行为特征）及最优化。使用 Vensim 建模非常简单灵活，可以通过因果关系图和流图两种方式建立仿真模型。在 Vensim 中，系统变量之间通过箭头连接而建立因果关系，因果关系回路图可以直观地、非技术性地描述系统的基本结构，但在因果关系回路图中不能区分不同性质的变量，如状态变量、速率变量、辅助变量和外生变量等，所以变量之间的因果关系由方程编辑器进一步精确描述，然后用系统动力学符号来表示回路图中的不同变量，将因果关系图转化为相应的系统流程图，来表达、模拟系统的动态行为。在创建模型的整个过程中可以分析和考察引起某个变量变化的原因及该变量本身如何影响模型，还可以研究包含此变量的回路的行为特性。

四、区域海洋经济系统结构的总体框架

由于区域海洋经济系统包含的因素较多，为便于分析，可以将区域海洋经济系统划分为海洋产业子系统、海洋科技子系统、海洋资源和环境子系统，每个子系统都有自己的结构特点和独特功能，其中一个子系统的输出是其他子系统的输入，子系统之间彼此联系。

海洋经济生产是推动区域海洋经济系统演变和进化的动力，是实现区域海洋经济系统可持续发展的中心，如图 7-3 所示。海洋经济生产创造物质财富，满足人们的物质消费需求，提高人口生活质量和生活水平。同时，海洋经济生产

创造的经济价值可以通过国民收入再分配投资于各个行业和领域，促进该行业和领域的发展。例如，投资于海洋科研机构，促进海洋科学技术整体水平的提高；投资于海洋环保部门，促进海洋环境质量的提高。海洋资源是进行海洋经济生产的物质基础，资源的承载力直接影响海洋经济生产活动。海洋资源可以分为可再生资源和不可再生资源，可再生资源有其自身的发展规律，受到海洋环境条件的约束。海洋环境除了对海洋资源产生作用外，还可以看作是一种特殊的不可再生资源（如海洋旅游资源），海洋环境质量的改善可以提高沿海地区人口的生活质量。区域海洋经济系统中还应包括科技因素。海洋科学技术作用于生产部门，可以提高海洋产业生产力水平，创造更多的物质财富和经济价值；作用于海洋环境保护部门，可以提高环境保护能力，提供良好的生活环境，同时促进海洋资源再生，更好地实现海洋经济的可持续发展。

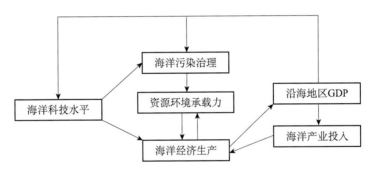

图 7-3　区域海洋经济系统发展的高层结构图

五、区域海洋经济系统因果关系图综合分析

因果反馈关系图可用于帮助分析系统内各因素的相互影响关系，在此只考虑区域海洋经济系统内主要因素的影响，略去了次要因素的影响。正反馈联系使系统内各因素的变化加强和放大，既是系统不稳定的原因，也是系统得以发展和进化的动力。从对系统内的主要因果关系分析中可以看出，正反馈回路是系统的主要反馈回路，说明在不考虑子系统间的相互影响时，各子系统的发展都偏向于不稳定，敏感于子系统的初始变化。社会的发展（如社会制度的变革）、经济的发展（如经济危机的爆发）、自然的发展（如物种的灭绝）都在某种程度上证明了这一点。而系统间的负反馈回路是使整个系统平衡、稳定的原

因，要使整个系统在和谐的状态下进化发展，需要对正、负反馈回路进行综合分析，找出制约发展的敏感变量。经过分析区域海洋经济系统结构的总体框架，区域海洋经济系统的因果关系如图 7-4 所示。

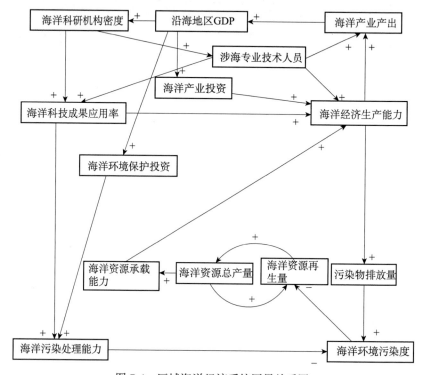

图 7-4　区域海洋经济系统因果关系图

图中主要的因果反馈联系如下。

（1）沿海地区 GDP →海洋产业投资→海洋经济生产能力→海洋产业产出→沿海地区 GDP（正反馈）。

（2）沿海地区 GDP →海洋科研机构密度→海洋科技成果应用率→海洋经济生产能力→海洋产业产出→沿海地区 GDP（正反馈）。

（3）涉海专业技术人员→海洋经济生产能力→海洋产业产出→沿海地区 GDP →海洋科研机构密度→涉海专业技术人员（正反馈）。

（4）涉海专业技术人员→海洋科技成果应用率→海洋经济生产能力→海洋产业产出→沿海地区 GDP →海洋科研机构密度→涉海专业技术人员（正反馈）。

（5）海洋资源总产量→海洋资源再生量→海洋资源总产量（正反馈）。

（6）海洋资源承载能力→海洋经济生产能力→污染物排放量→海洋环境污染度→海洋资源再生量→海洋资源总产量→海洋资源承载能力（负反馈）；

（7）海洋环境污染度→海洋资源再生量→海洋资源总产量→海洋资源承载能力→海洋经济生产能力→海洋产业产出→沿海地区 GDP→海洋环境保护投资→海洋污染处理能力→海洋环境污染度（正反馈）。

六、区域海洋经济系统各子系统模块因果关系图分析

系统动力学的基本结构是反馈结构，这种反馈结构是建立在系统的反馈因果关系上的，根据以上对区域海洋经济系统结构总体框架与系统内因果反馈关系的分析，建立了海洋产业子系统、海洋科技子系统及海洋资源与环境子系统的因果关系图。

（一）海洋产业子系统模块

海洋产业子系统模块，如图 7-5 所示。海洋产业子系统推动着整个区域海洋经济系统的进化发展，海洋产业的发展程度受到海洋资源与环境承载力水平的制约，对资源环境的索取超过一定的允许值，人类的经济活动与社会行为就会受到自然资源规律的惩罚。海洋经济生产能力是整个系统发展的原动力，海洋科研机构密度、海洋科技成果应用率反映了海洋科技子系统的支持。同时，海洋产业活动的作用是双向的，一方面不可避免地带来海洋资源消耗、海洋环境污染；另一方面也为海洋自然资源的再生、环境的改造提供经济支持。因此，在设计海洋产业子系统模块时，主要考虑海洋产业产出、海洋经济生产能力、产业投资、海洋科技成果应用率等影响因素，其中海洋产业产出可以用现代海

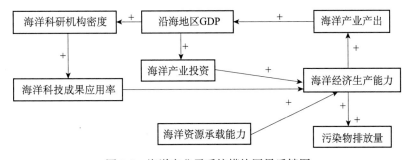

图 7-5　海洋产业子系统模块因果反馈图

洋产业贡献度及海洋第三产业增长弹性系数来衡量，反映海洋产业发展的总体水平与速度；海洋经济生产能力可以用主要海洋产业比重、非渔产业比重等指标衡量。

因果反馈回路如下。

（1）海洋产业产出→沿海地区 GDP →海洋科研机构密度→海洋科技成果应用率→海洋经济生产能力→海洋产业产出（正反馈）；

（2）海洋产业产出→沿海地区 GDP →海洋产业投资→海洋经济生产能力→海洋产业产出（正反馈）。

（二）海洋科技子系统模块

海洋科技子系统（图 7-6）提供海洋经济生产所需要的专业技术人员，提供经济生产和环境保护的技术水平支持，从而提高海洋经济的生产能力。其中涉海科研人员素质的提高和技术进步在整个海洋科技子系统中处于支配地位，通过影响和支配海洋经济生产的技术水平来决定系统中各要素的地位、作用和相互关系，而涉海就业专业化指数、海洋科研机构密度、涉海科研人员素质、海洋科技成果应用率可以作为海洋科技发展的衡量指标。因此，在设计海洋科技子系统模块时主要考虑涉海专业技术人员、海洋科研机构密度、海洋科技成果应用等影响因素，引用该模块时还可以考虑沿海地区 GDP 对涉海专业技术人员的影响、海洋科技成果应用对沿海地区 GDP 变化的影响。

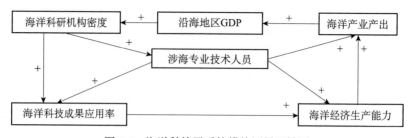

图 7-6　海洋科技子系统模块因果反馈图

因果反馈回路如下。

（1）涉海专业技术人员→海洋经济生产能力→海洋产业产出→沿海地区 GDP →海洋科研机构密度→涉海专业技术人员（正反馈）。

（2）涉海专业技术人员→海洋科技成果应用率→海洋经济生产能力→海

洋产业产出→沿海地区 GDP →海洋科研机构密度→涉海专业技术人员（正反馈）。

（3）涉海专业技术人员→海洋产业产出→沿海地区 GDP →海洋科研机构密度→涉海专业技术人员（正反馈）。

（三）海洋资源与环境子系统模块

海洋资源与环境子系统模块，如图 7-7 所示。

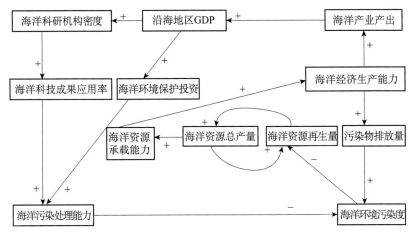

图 7-7 海洋资源与环境子系统模块因果反馈图

区域海洋经济系统的发展是以海洋资源和海洋环境为物质基础的。海洋资源和环境的状况不仅影响系统的整体功能和运行，而且对系统的发展方向和过程也起到重要的作用。海洋资源是海洋开发活动的物质基础，但是海洋为人类开发所提供的资源是有限的，海洋资源利用的状况和配置效率将直接影响海洋经济的持续发展。过去海洋经济的快速发展是以粗放型的扩张、过度开发利用海洋资源为代价的，海洋资源的浪费和过度开发，致使海洋资源短缺日趋严重化，直接或间接扰乱了海洋经济以至国民经济正常的发展秩序。当前在海洋经济可持续发展前提下，应当重新认识对海洋资源的管理问题。对于海洋资源的开发与利用，不仅要考虑满足当代人的需要，而且要兼顾后代人发展对资源的需求，通过建立有效的资源管理体系，来规避海洋资源配置失衡。

海洋环境是海洋资源得以存在和发展的环境场所，因此海洋环境的好坏对海洋资源开发活动有重大的影响，同时海洋环境还对开发活动造成的污染具有一定的自净能力。20世纪60年代以来，海洋进入全面开发的新阶段，特别是海洋科技进步大大提高了人类开发利用海洋的能力。但随着海洋开发活动的深化和发展，海洋资源的无序开发、过度利用及大量污染物排入海洋，导致了海洋生态环境日益恶化，如近岸海域的海洋水质受到污染，超过了海洋的自净能力，对海洋生物的生存繁衍造成严重威胁。海洋生态环境的恶化使海洋资源的开发利用，特别是可再生资源的开发利用受到限制，又对海洋产业的发展造成负面影响，制约着海洋经济的可持续发展。实践经验表明，造成海洋环境污染容易，而治理海洋环境污染相当困难。基于海洋开发与海洋环境管理的协同关系，为治理海洋环境污染，就必须投入大量的人力、财力，大力开展污染治理技术和清洁生产技术的研究，兴建污染治理和环境保护工程等，而这些活动的开展有待于海洋经济的深入发展，才能从财力和技术上对海洋环保产业给予强有力的支持。反过来，海洋环保产业的发展，又能保证海洋经济与环境的协调发展，因此海洋开发与海洋环境保护存在着相互制约的连带关系，海洋环境保护不能忽视海洋开发活动的规模和结构水平。

在设计海洋资源与环境子系统模块时，主要考虑海洋资源再生与资源总量的关系，海洋环境、海洋技术、海洋经济生产能力对资源承载能力的影响及海洋产出对海洋环境的影响等。

因果反馈回路如下。

（1）海洋资源总产量→海洋资源再生量→海洋资源总产量（正反馈）。

（2）海洋资源承载能力→海洋经济生产能力→海洋产业产出→沿海地区GDP→海洋科研机构密度→海洋科技成果应用率→海洋污染处理能力→海洋环境污染度→海洋资源再生量→海洋资源总产量→海洋资源承载能力（正反馈）。

（3）海洋资源承载能力→海洋经济生产能力→污染物排放量→海洋环境污染度→海洋资源再生量→海洋资源总产量→海洋资源承载能力（负反馈）。

（4）海洋资源承载能力→海洋经济生产能力→海洋产业产出→沿海地区GDP→海洋环境保护投资→海洋污染处理能力→海洋环境污染度→海洋资源再生量→海洋资源总产量→海洋资源承载能力（正反馈）。

（5）海洋环境污染度→海洋资源再生量→海洋资源总产量→海洋资源承载能力→海洋经济生产能力→海洋产业产出→沿海地区GDP→海洋环境保护投资→海洋污染处理能力→海洋环境污染度（正反馈）。

（6）海洋环境污染度→海洋资源再生量→海洋资源总产量→海洋资源承载

能力→海洋经济生产能力→污染物排放量→海洋环境污染度（负反馈）。

（7）海洋环境污染度→海洋资源再生量→海洋资源总产量→海洋资源承载能力→海洋经济生产能力→海洋产业产出→沿海地区 GDP →海洋科研机构密度→海洋科技成果应用率→海洋污染处理能力→海洋环境污染度（正反馈）。

第八章

区域海洋经济系统的分区调控

第一节 天 津 市

天津发展海洋经济要以转变海洋经济发展方式为主线，以服务滨海新区开发开放为核心，以科技兴海为支撑，提高海洋自主创新能力，增强海洋可持续发展能力，提高海洋综合管理能力，推动海洋事业全面和谐发展，为建设海洋强市奠定坚实的基础。

一要依托现有的海洋政策与产业基础，以加快建设全国海洋经济科学发展示范区为契机，转变海洋经济发展方式，实现海洋经济产业链的有效延伸。以中心渔港等重要相关建设项目为平台重点推行工厂化养殖和远洋捕捞，逐步缩小传统围海养殖规模；积极开展增殖放流，实行伏季休渔制度，恢复近岸渔业资源；通过精深加工、冷链物流延长渔业产业链，提升海洋渔业发展水平；依托天津港主体港区、临港经济区、南港工业区等海洋产业集聚区推进海洋石油化工业、海洋精细化工业等优势海洋产业的快速发展，打造海洋化工循环经济产业链；以补短板、延链条、提层次为重点大力发展海洋高端装备制造业、海水利用业、海洋生物医药业等海洋战略性新兴产业，提高海洋经济竞争力。以临港造修船基地为载体重点发展专业船舶和高技术、高附加值的大型船舶制造，突破海上风能工程装备、海水淡化和综合利用装备的关键技术，具备自主设计制造能力；加快海洋装备性能测试等公共服务平台建设，积极培育海洋深度潜水器、海洋生物和矿产采集设备，探索发展海洋能源探测及海洋环境监测技术；深层次开发本地特色海洋生物资源，推进创新海洋生物医药和功能食品新型产业形成集群；加强海水淡化与制盐、热电、化工等产业的结合，打造"热电—海水淡化—浓海水制盐—海水化学资源提取利用"新的产业链；以高端服务业和生产性服务业为重点，发展海洋物流、滨海旅游、海洋科技服务、海洋金融服务等海洋服务产业，提高海洋服务业规模和水平。

二要紧紧围绕天津海洋经济发展的需求与目标，针对培育海洋战略性新兴产业和制约海洋产业发展的关键性科技问题开展顶层设计、重点攻关，增强海洋产业发展后劲；以企业为主体构建海洋科技自主创新体系，形成产学研用结合、陆海统筹、区域合作的科技兴海模式。依托海洋科技产业基地建设所形成的海洋战略性新兴产业链，围绕海洋生物医药和功能食品、海洋生物制品、海洋化工原料和生物材料，以及海水养殖和海洋生物资源利用装备、海洋工程配套装备、海水综合利用关键装备、海洋探测装备等重点方向，在上下游企业和科研院所之间建立实质性合作关系，组成产业创新与成果转化产业化联合体，加强材料供应、精深加工和产品制造等各环节的紧密衔接，突破海洋产业关键技术，形成一批拥有自主知识产权的优势产品、品牌，提高海洋生物医药产业、海水综合利用、海洋高端装备制造等海洋战略性新兴产业的核心竞争力。以科技兴海项目为抓手，针对具有一定优势和潜力的产业链，梳理技术创新链和创新点，促进产业技术创新联盟建设，以产学研合作的方式引导大中型骨干企业建立工程研究中心、工程技术研发中心、企业技术中心等创新平台，形成以企业为主体、市场为导向、产学研用相结合的海洋科技创新体系，通过开展重大产业关键共性技术、装备和标准的研发公关和协同创新，推动各类创新资源整合，将科技成果转化为现实生产力，提高海洋科技资源的配置效率。加强科技人才建设，围绕重点产业技术创新，积极引进海外研发团队，并将引才、引智与引项目相结合，通过引进高端研发机构、行业领军人才、创新创业团队，满足战略性新兴产业和企业的发展需要。

三是要以建设高水平自贸试验区为发展平台，积极参与"一带一路"建设，发挥中蒙俄经济走廊东部起点、海上丝绸之路战略支点的作用，深化与沿线国家和地区的务实合作。以制度创新为核心任务，以可复制、可推广为基本要求，围绕自贸区的产业特点和产业形态，积极引进相关配套项目，增强自贸区研发转化、金融创新、航运物流、贸易服务功能，努力打造承接国际制造业和服务业高端环节转移的重要基地；加快推进贸易便利化，完善国际贸易服务功能，创新口岸监管服务模式，深化国际贸易"单一窗口"建设。积极参与"一带一路"建设，推进海上全面合作，加强与沿线国家在海洋装备、海水淡化、邮轮产业、海洋渔业等海洋经济领域的合作，推进海洋资源联合开发；密切与东盟、南亚等地区的海洋科技合作，推进重点科技领域的联合攻关和成果转化，全面提升对外开放水平。坚持引资、引技、引智相结合，通过推进高端集群链条招商，新引进一批涉海跨国公司地区总部、研发中心等功能性机构，为海洋高端装备制造业、海水综合利用等海洋高新技术产业发展提供技术支持；积极推动海洋经济对外贸易转型，壮大一般贸易出口规模，拓展新型贸易方式，大力发展跨境电商，努力开拓新兴市场，培育新的海洋经济增长点。

四要加强海洋基础设施建设，以推动京津冀协同发展为目标，加快推进交通一体化发展，深化港口、机场合作，构建以海空两港为核心、轨道交通为骨干、多种运输方式有效衔接的海陆空立体交通网络，拓展海洋经济发展空间。完善天津港主体港区、临港经济区、南港工业区、滨海旅游区、中心渔港五大海洋产业集聚区内围海造陆及相关配套等基础设施建设；着力推进北方国际航运核心区建设，促进北部港区向集装箱港、商港、邮轮母港转型，加快南部港区大宗散货港和能源港建设，大力发展中部港区临港产业，形成"北集南散"的港口布局；加快推进现代集疏运体系建设，发展海路与铁路、海路与公路多式联运，同时加快发展航运保险、航运交易、海事仲裁等高端航运服务业，积极引进国内外知名航运公司和分支机构，形成航运总部集聚区，提高海洋产业对外交通联系，拓展海洋经济发展空间，为环渤海地区海洋经济发展提供高效便捷的服务。

五要以海洋主体功能区划为依据加强海域使用管理，规范海洋开发秩序，提高海域资源利用率；以实施重点生态保护和修复工程为抓手，提升海洋生态系统稳定性和海洋生态服务功能。严格执行海洋功能区划制度，对海域资源实行精细化审核管理，以海洋生态红线区的划定为依据明确自然岸线保有率、红线区面积、水质达标、入海污染物减排等控制指标，在用海项目对海洋环境影响的核准过程中，严格审查海洋生态红线合规性，严禁与红线区保护与修复无关的开发建设活动，实现集约节约高效用海；以实现滨海新区海洋生态服务功能的可持续开发利用为目标，立足人工岸线生态修复，针对天津海洋生态环境状况和特点，积极开展人工渔礁投放和珍稀濒危物种的繁育与养护，以及人工海岸生态湿地重建工作。

第二节　河　北　省

河北省发展海洋经济要按照把沿海地区"努力建成东北亚地区经济合作的窗口城市、环渤海地区的新型工业化基地、首都经济圈的重要支点"三个战略定位，充分利用毗邻京津经济圈的相对比较优势，围绕拓展港口功能、推动海洋产业聚集、培育临港重点园区、发展临港城市等主要任务，加快拓展海洋经济新空间，培育海洋经济新的增长点，努力将沿海地区建成全省经济增长的新引擎，为我国海洋强国建设做出更大贡献。

一要遵循沿海经济的发展规律，按照陆海统筹、海陆互动、梯次推进的总体要求，强化港口龙头带动作用，完善集疏运体系，努力形成布局合理、优势互补的现代化港群体系。①以秦皇岛港、黄骅港、曹妃甸港为支撑，按照"优化结构、提升功能"的原则强化岸线资源统筹管理，加快建设支撑后方腹地和临港产业发展所需要的集装箱、原油、矿石和散杂货等专业码头，严格控制岸线资源开发。②明确各个港口的功能分工，深化曹妃甸港与周边港口的战略合作，鼓励与周边大港和国内外大型船运公司采取出资共建、委托经营、特许经营等多种合作方式，积极开辟国际货运航线，着力打造国际综合贸易大港；推进黄骅港尽快由能源集疏港向现代化综合大港转变，打造冀中南和中西部地区经济便捷的出海口；推动秦皇岛港向多功能现代化大港发展，西港区重点发展旅游客运、游艇和国际邮轮码头，东港区和山海关港重点发展散杂货和集装箱运输码头。③以推动核心港区服务功能为着力点，加快口岸通关建设，通过构建"电子口岸"等信息化平台完善口岸查验设施，实现查验部门、港口、机场、运输、进出口企业等通关环节的信息共享，营造便捷高效的口岸通关环境。④以完善集疏运通道为着力点，加快港区内公路改造升级和铁路扩能改造，构建沿海地区便捷直达港口的交通运输通道；围绕加强港口腹地战略合作，谋划与中西部省市合资共建内陆港，建立联络沟通机制，拓展海洋经济发展的后方腹地。

二是利用沿海地区产业基础优势，加速聚集劳动、资本、技术等优质生产要素，大力发展临港重化工业和先进制造业，加快发展临港服务业，培育发展海洋战略性新兴产业。①依托沿海地区产业优势和资源优势，推动纳入沿海规划的产业支撑项目尽早开工建设，带动中心城市周边的钢铁、建材、石化等相关产业向临港地区转移；着力发展船舶及海洋工程装备、现代轨道交通、节能环保装备、能源装备、专用汽车及新能源汽车、数控机床、关键基础零部件等先进制造业，打造临港临海装备制造业聚集区，促进装备制造产业结构调整和转型升级。②以港口物流、金融、滨海休闲旅游为重点，大力发展有利于临港产业集聚、升级的现代服务业，通过着力谋划实施一批富有文化创意的生态观光、休闲度假、康体疗养等滨海高端旅游项目和推出全季候系列滨海旅游产品等方式，提升滨海旅游产业的服务层次；着力建设煤炭、矿石、钢材等大宗商品全国或区域性交易中心，支持国内期货交易所设立商品期货交割仓库，鼓励国内外大型企业建设采购中心和物流配送中心，建设一批物流产业园区，整合物流资源，促进物流企业规模化、网络化、集约化发展，提升港口物流服务能力。③着力推动金融改革和创新，支持国内外各类金融机构到沿海地区注册设立分支机构，整合提升地方投融资平台，增强在海洋环保、海洋化工、生物制药等产业的核心领域及关键技术研发方面的投融资能力；建立沿海开发产业投资基金，鼓励发展各类股权投资基金，积极投资建设海洋特色突出的产业园。④高值化、高质化、深层次开发本地特色海洋生物资源，推进海洋生物医药和功能食品新型产业形成集群，提高海洋生物产业对海洋经济发展的支撑作用；加快推进海水养殖公共服务信息平台建设，重点加强"互联网+"与海洋渔业科技服务管理、渔业作业安全的深度融合，提升种苗繁育、病害防治、生产管理、技术服务、产品销售等养殖各环节的信息化水平；在电力、化工、石化等重点行业大力推广直接利用海水作为冷却原水，替代有限的淡水资源，依托海水淡化项目对海水直接利用技术进行深入研究，提高海水循环冷却技术水平。

三是按照主体功能区定位，以新区建设和重大项目建设为突破口，科学配置区域生产要素，推动曹妃甸区、渤海新区、北戴河新区的分工协作和对外开放，实现曹妃甸区、渤海新区、北戴河新区经济跨越式发展。以港口、港区、港城一体化发展为方向，依托港口优势与资源优势，重点发展现代港口物流、精品钢铁、石油化工、装备制造四大主导产业，将曹妃甸新区打造成国家级循环经济示范区、东北亚区域合作先导区、先进产业聚集区和新型工业化基地；加快矿石、原油、集装箱、液化天然气和煤炭为主的专业化、大型化码头建设，提升港口综合运营能力；加快涉海重大项目建设，推动海洋产业向新区聚集；积极开发新能源、新材料，培育壮大战略性新兴产业；科学开发湿地资源和海岛资源，打造国内知名旅游景区和休闲度假胜地。渤海新区以黄骅港建设为重点，依托临港优势重点发展港口物流、石油化工、钢铁加工、装备制造和电力能源产业，建设具有较强竞争力的产业聚集区和能源集散中心；完善道路、水利、能源、电力、信息等涉海基础设施，增强海洋经济发展的支撑能力；促进海盐生产与盐化工、石化储运与石化加工、钢铁精深加工与装备制造业之间的产业对接，延长产业链条；重点发展液化天然气船、滚装船、豪华游船、大型散货船、油船、集装箱船舶，加强大型化、系列化船舶修理设施建设，在发展船舶整体制造的基础上，提高船舶配套能力；依托新区建设，重点打造渤海新区的临港工业游，谋划海洋运动休闲项目，积极发展海洋文化演艺、海洋文化博览、海洋数字出版等文化产业，推动滨海旅游业从海岸旅游向内陆腹地和海上旅游延伸，打造河北滨海旅游品牌。以高端旅游、信息技术等产业为重点，充分发挥秦皇岛市的海洋资源优势和人文优势，将北戴河新区建设成为以人文和生态为核心的滨海休闲旅游目的地；加强基础设施建设，通过加大招商引资力度，加快建设满足港口和临港产业发展需要的商业商务、生活居住、科技信息、文化产业等生产和生活服务设施，构建以滨海旅游业为支柱的现代化服务业产业体系；调整优化产业布局，提高生态环境质量，促进生态系统良性循环，创建国家级生态示范园区。

四是要加快构建开放型经济新体制，更加主动地融入"一带一路"、环渤海地区合作发展大格局，不断拓展对外开放空间，借助京津等地开放优势，实现投资与贸易便利化；全面推进省际战略合作和区域协同创新，合作共建一批重点海洋高新技术园区平台。加强国际交流与合作，引导涉海企业开展跨国经营，深化与"一带一路"沿线国家的战略合作，通过鼓励吸引涉海跨国集团与行业领军企业在河北沿海地区设立区域总部、加工制造基地、研发中心和物流中心的方式积极引进国外开发利用海洋资源、培植海洋优势产业的先进经验和技术，提高招商引资和外资利用的水平；积极承接京津产业向沿海地区转移，推动京津与沿海地区的经济渗透，鼓励京津涉海骨干企业参与海洋经济发展，共同构建海洋经济发展示范区；强化与环渤海地区的合作，促进区域协调联动，错位发展；依托秦皇岛港、唐山港、黄骅港和海洋高新技术产业园区的产业、交通等优势，强化与晋、蒙、豫、陕、甘、宁等纵深腹地的合作，扩大口岸与腹地的直通及货物运输服务范围，为广大腹地在资源开发、出口贸易、对外开放、科技创新等方面提供高效服务，提高合作交流的广度与深度。

五要扎实推进创新驱动发展战略，通过搭建海洋科技创新平台、加强海洋科技人才队伍建设、开展涉海领域关键技术攻关，全面提升海洋科技创新能力，增强海洋科技对海洋经济发展的支撑能力。加强海洋高新技术研发、试验、成果转化平台的建设，围绕海洋工程装备制造、海水综合利用、海洋生物医药等产业，在曹妃甸区、北戴河新区、渤海新区等重点区域，加快建设一批功能完善、服务便捷的海洋高新技术企业孵化器、加速器（中试基地），不断增强海洋经济关键技术转化能力；以北戴河新区科技兴海产业示范基地为载体，全力引进一批资本雄厚、产业技术含量高、发展潜力大的成长型海洋科技企业入驻海洋科技创新基地，增强基地的产业集聚效应和产能释放。以提高科技创新和产业开发能力为目标，完善人才引进政策，以海洋科技示范基地为平台，加大海洋科技人才引进与培养力度，通过与国内外知名科研院所、高等院校开展战略合作，加快建设一批国家级和省部级企业技术中心、工程研究中心、重点实验室，构筑海洋科技人才高地，多形式、多渠道引进一批海水利用、海洋工程装备制造、海洋生物和能源开发等方面专业技术人才为海洋经济发展服务。围绕河北省海洋经济发展的重大问题和关键技术，以提升海洋经济发展科技含量为目标，着力组织开展关键技术攻关，加快推进海洋能源资源、工程装备制造、环境保护、通信导航等领域关键技术研发，着力攻克海水淡化大型成套装备、浓海水高效利用技术与装备、贝类功能性产品加工、海产品加工废弃物高值利用、海岸带生态环境修复、海洋灾害预警和处置等重大关键技术，提高对海洋战略性新兴产业发展的支撑能力。

六要优化海洋资源配置管理，实现海域资源配置市场化、管理精细化、使用有偿化；加强海洋环境污染防治，扎实推进海洋生态保护修复工作，努力探索海洋经济与海洋生态协调发展的科学模式。以海洋功能区划为指导，实行海洋功能区的动态管理，完善海域资源市场化出让配套制度，提高海域资源配置效率；严格控制围填海规模，改进围填海造地方式，通过合理布局海洋生产生活生态空间，实现陆海空间开发保护的协调衔接，提高海域海岛资源的利用效率。加强海洋自然保护区的管护能力，推进建立黄骅滨海湿地和滦河口湿地等海洋特别保护区（海洋公园）、北戴河国家级海洋公园，保护典型海洋生态系统；加快实施海水养殖区整治修复、生态廊道建设、滨海湿地保护修复等系列工程，逐步改善海域海岛海岸带生态功能。加大沿海工业企业污染排海监管力度，实现污水达标排放、垃圾无害化处理；示范推广海水科学养殖模式，开展高效低排和生态改造，提高海水养殖生态化水平；加强海上运输和海洋工程建设管理，严格控制排海污染物总量，严禁溢油、废水和垃圾倾倒，提高海上污染控制水平，有效保护海洋生态环境。

第三节 辽 宁 省

辽宁是海洋大省，工业基础深厚，区位优势明显，在沿海经济带开发开放战略中，应充分发挥区位和先发优势，加强对海洋经济发展的调控，从供给侧发力矫正海洋经济供需结构错配和要素配置扭曲，加快海洋产业结构转型升级，优化资本、技术、人才、资源等要素的配置和组合，减少无效和低端供给，扩大有效和中高端供给，实现更高水平的供需平衡，提高区域海洋经济系统对海洋强国的响应程度。

一是要以深化改革为抓手处理好海洋产业"稳增长"与"调结构"的关系，实现海洋产业"量质双升"。①加快改造提升海洋传统产业，积极培育海洋战略性新兴产业，有效化解产能过剩。积极推动大连长海县獐子岛、海洋岛海洋牧场体系化建设，扩大鸭绿江流域增殖放流规模，以立体循环生态养殖、耕（养）海牧渔、可控管理为重点全力打造以獐子岛、海洋岛海域为核心的海产品生态养殖基地；完善水产品批发市场，通过探索发展电子商务等新型生产销售模式，做大做强海珍品养殖品牌，提升海洋渔业产业化水平；借鉴国外先进经验，以海洋盐业为基础，充分利用晒盐后的苦卤资源生产钾、溴、镁等化工产品及深加工产品，发展高附加值相关产业，实现产业链的有效延伸；深度开发海岛、温泉等旅游精品，发展海洋休闲游精品旅游线路，完善旅游基础设施，以高端海滨旅游项目拉动滨海旅游业发展；加快调整船舶产品结构，以大连长兴岛工业园区建设、大连湾临海装备制造业聚集区及配套园区建设、盘锦辽东湾新区建设为载体，重点研发万箱级以上集装箱船、大型原油运输船、液化天然气船、深水半潜式钻井平台和大型浮式生产储存卸货装置等高附加值装备制造核心技术，提升园区对自主创新资源的聚集孵化能力，增强海洋工程装备制造产业竞争优势。②大力发展海洋生物医药、海洋新能源和海水利用等新兴产业，着力释放海洋新兴产业的供给端活力，依托"大连现代海洋生物产业示范基地"，深层次开发海参、鲍鱼、扇贝等特色海洋生物资源，研发具有自主知识产权的海洋生物医药和功能食品、海洋生物制品、海洋工业原料和生物材料等；加快推进葫芦岛再生能源基地建设，充分利用海上风能资源发展海洋风电项目；重点培育大连海水综合利用园区发展，有序推进红沿河循环经济区海水淡化工程等项目建设，通过"发电—海水淡化—综合利用"的深度集成等途径，把海水冷却、海水淡化、海水制盐和化学品的提取紧密结合起来，形成发电、淡化、化学元素提取一套完整的产业链；加快发展涉海生产性和生活性服务业，在加强协同的同时实行错位发展，充分发挥海洋服务业对海洋经济转型升级的推动作用。依托核心港区加强与内陆腹地经济的联系与合作，逐步建成集传统运输、现代物流、信息服务等多种功能于一体的港口物流产业集群，以港口及海洋经济发展带动和辐射腹地经济发展，有效实现海陆联动和港城互动发展。

二要鼓励两众两创，加快形成以创新为引领和支撑的海洋经济发展新动能，实现海洋经济发展动力的转换。要以海洋科技与海洋经济发展紧密结合为目标，围绕辽宁海洋科技面临的重大问题，以海洋生物资源、海水资源、可再生能源、油气资源等为重点推进海洋开发技术由浅海向深远海的战略拓展，在海洋工程装备技术、海洋油气资源勘探开发技术、海洋可再生能源开发与利用技术、海水资源综合开发利用技术、海洋生物资源开发与高效综合利用技术等与海洋战略性新兴产业相关的核心技术上形成具有辽宁海洋科技优势的创新研究体系，力争拥有更多自主知识产权的海洋科技产品，提高海洋产业核心竞争力和海洋科技对海洋经济发展的贡献率。加快面向涉海企业的"海洋＋互联网""海洋＋大数据"等发展模式创新，整合国家自主创新示范区科研资源发展众创空间，提高海洋资源共享与服务的能力，推动海洋科技创新成果在更大范围、更深层次的流动和转化。通过体制改革建立有效整合各类海洋科技创新创业资源的孵化服务机制，完善海洋产业自主创新的政策体系和创新服务模式，引导企业加大研发力度，调动自主创新的积极性。重视海洋产业创新人才的培养和引进，通过实施高层次人才创新支持计划完善创新人才队伍建设。推进产学研结合，鼓励支持涉海企业与科研院所之间建立实质性合作关系，围绕产业链建立创新链，围绕创新链优化服务链，实现海洋资源供给、精深加工和海洋产品制造等各环节的紧密衔接，提高海洋科技创新成果转化率，推动海洋产业创新发展。

三是对海洋资源供给结构精准发力，依托海洋科技实现海洋资源的高效利用和优化配置，突破辽宁海洋资源的"供给桎梏"。①借助现代海洋科技手段，以市场和应用为导向，依托辽宁海洋资源供应链的产业优势，将辽宁海洋资源开发与资源高值化、高质化利用有机结合起来，通过开发海洋生物资源经过深加工获得海洋功能食品、海洋药物、海洋生物医用材料、海洋微生物制剂等高附加值海洋产品，推进海洋生物原材料产品的升级换代，增强海洋产业对海洋经济发展的支撑作用；积极推进海水提钾提溴及浓盐水综合利用，重点发展钾盐、溴素和溴系列产品的精深加工，实现海洋优质资源开发与工业原料高端产品的对接，推动海洋资源开发向创新引领型转变。②根据辽宁海域区位、自然资源、环境条件和海洋资源开发利用的要求，优化海域主导功能区、兼容利用区、功能拓展区的区划布局模式，实现海域资源的立体开发与兼容使用；完善以大连为核心，以营口—盘锦都市区为重要集聚区，以锦州、葫芦岛和丹东为两翼的空间开发格局，拓展海岸带开发利用空间，把港口、岸线、海域开发与城市、产业、陆域发展有机结合起来，统一规划、合理布局港口岸线资源、海洋产业和临港工业园区、腹地工业园区，促进港口和海洋生产要素在沿海地区的流动和合理配置，形成海陆经济协调发展的格局；划定海洋生态保护红线区，严禁开发超过海洋资源环境承载力的项目，在涉海用地上"控制增量、盘活存量、管住总量"，积极引导建设项目向开发区和工业园区集中，从根本上防止无度填海用海，实现海洋空间资源高效利用和土地集约使用。充分发挥辽宁长山群岛、庄河黑岛等海岛资源的比较优势，依托海岛独特的自然环境，建设沿海生态走廊；加强海洋自然保护区建设和海岸带保护，积极开展锦州白沙湾岸线等典型性海岸带综合整治项目和丹东大鹿岛等海岛生态修复项目，维护海洋典型生态系统的多样性，实现海洋经济可持续发展。

四要深度对接"一带一路"、中蒙俄经济走廊等重大发展战略，以港口为龙头集聚资本、技术等生产要素，补齐产业短板。以大连、营口、丹东、锦州、盘锦和葫芦岛港为支撑，中韩日等国际海运航线为载体，通过建立港航信息互通平台，提升核心港区的服务功能；深化与涉海跨国集团与行业领军企业的战略合作，坚持引资与引智、引技相结合，引进海洋生物工程化养殖及先进装备制造项目、海水综合利用示范项目及涉海服务业项目等，补齐产业短板；提高利用外资的质量和水平，引导外资重点投向海洋生物医药、海水利用、海洋高端装备制造等海洋战略性新兴产业。坚持"走出去"与"请进来"并重，以大连跨境电子商务综合试验区建设为契机，通过"互联网＋外贸"的服务模式深度对接中蒙俄经济走廊建设，拓展中蒙俄陆海物流、船舶制造、海洋交通运输业等临港产业交易平台，推进海洋先进装备走出去和部分富余产能转出去。面向"一带一路"沿线国家开展定向招商、进出口贸易和产能合作，促进海洋优势资源的聚集，带动自有品牌、自有知识产权和高附加值海洋产品出口，提升海洋产业国际竞争力。深度对接"辽海欧""辽满欧""辽蒙欧"三大通道，加快推进中日韩循环经济示范基地、中韩自贸示范区等产业园区建设，全面提升辽宁对外开放水平，形成新的人才、资本、技术集聚效应。

五要加大政府简政力度，通过释放制度红利提高政权含金量，发挥市场在资源配置中的决定性作用。政府一方面运用货币政策、财政政策等对海洋经济进行调控，充分发挥财政税收政策杠杆作用，解决海洋经济发展疑点难点，增强现代海洋渔业、海洋生物产业、海洋高端装备制造业、滨海旅游业等特色产业发展能力，使其效能最大化，将海洋资源切实转化为经济资源；在提升海洋基础设施水平和涉海公益事业上加大财政扶持力度，成立财政引导发展基金并设定基金扶持范围、标准，重点对全省各涉海地区的优势特色海洋产业进行鼓励支持，以实现海洋产业集约化规模化发展；降低制度性交易成本，通过"营改增"、消费税减税等结构性减税政策为相关涉海企业松绑减负，促进重点海洋产业领域涉海企业的发展；完善市场准入制度，结合政府机构改革和职能转变，科学合理配置政府部门行政审批等权限，整合归并重复、相近的涉海领域行政审批等事项，推行网上审批、重大涉海项目"绿色通道"、"一站式"审批等方式，不断提高行政服务水平。利用政策杠杆为社会资本进入海洋产业创造良好的软环境，吸引持续性的资本进入，保护"市场"这只看不见的手，激发市场主体创业、创新的活力。另一方面通过制定法规、成立监管机构来监督市场运行。市场通过自身资源配置来引导海洋经济运行，涉海企业通过对政府和市场在经济运行中的作用准确定位，积极应对改革，按照市场规律办事，建立责权统一、运转协调、有效制衡的管理结构，规范企业生产的全过程。

六要积极引导金融资源向海洋经济领域集聚，完善海洋产业金融服务支撑体系，以风险可控助力"蓝色经济"发展。加快整合地方政府投融资平台，探索建立资源集成、优势互补、风险共担的多元化融资机制，综合运用风险补偿、财政贴息等扶持政策，促进金融机构加大对海洋战略性新兴产业发展的支持力度和重点涉海企业技改投入力度，引导金融机构建立符合海洋战略性新兴产业特点的信贷管理和贷款评审机制。对资产规模较大、行业影响力较强的涉海骨干企业要重点培育；对技术含量高、创新能力强的中小企业建立海洋高新技术产业化风险投资基金，增强企业发展后劲。充分利用辽宁沿海经济带开发开放优势，引进外资银行设立科技创新风险投资分支机构，借助外部金融资源实现海洋产业金融市场的拓展，为海洋科技创新企业提供更大的发展空间；地方金融机构在风险可控前提下要积极推进金融创新，发展多种海洋经济融资模式，着力开展船舶融资、航运融资、物流金融、海上保险、航运资金结算、离岸金融业务等海洋金融服务，重点支持钻井平台、远洋捕捞船等海洋工程装备制造，对重大港口基础设施、物资储备基地优先安排信贷资金。通过多种保证方式的信贷产品发展供应链金融，缓解沿海地区涉海企业融资困境。切实加强区域金融合作，通过设立股权投资引导基金、天使投资引导基金等方式，吸引社会资本参与海洋产业园区基础设施建设、企业并购重组、技术改造升级等，完善海洋经济金融服务体系建设；积极与俄、蒙、日、朝、韩等国家金融监管当局建立涉海领域双边监管协作机制，促进跨境金融合作深化，满足海洋产品出口贸易的资金需求，维护区域金融稳定。

第四节　上　海　市

海洋经济发展要更加突出海洋作为上海重要战略空间资源的基础地位，依托上海海洋经济优势，强化科技创新的驱动引导作用，更加突出海洋在服务城市转型发展、维护城市生态安全中的重要保障作用，更加突出海洋经济向"深远"海发展的巨大潜力。

一是要依托上海的区位优势、人才优势和科技优势，扩大产业优势，构建以海洋战略性新兴产业引领、先进制造业支撑的新型海洋产业体系。

（1）抓住世界船舶工业转移的良好机遇，坚持自主开发、技术引进和科技创新相结合，在现有船舶工业的基础上，不断优化产品结构，提高船舶自主设计制造能力。优化发展三大主流船型，重点发展超大型原油运输船、万箱级以上集装箱船、大型液化天然气船、大洋钻探船、豪华邮轮、游艇、海洋勘测与海底布缆船舶等高技术和高附加值船舶，加快发展船用主机、船用辅机和通信导航等关键配套产业。加快长兴岛、外高桥等船舶制造基地和奉贤游艇制造基地建设。

（2）重点开发海洋钻井平台、水上工作平台等海洋工程装备及其配套设备。研制大深度潜水器、海底管线电缆检测及维修装置、深海潜网设备等海洋潜水和海底工程设备。优化海洋工程装备产业布局，推进长兴岛、临港等海洋工程装备基地建设，形成北部以长兴岛为依托、南部以临港产业区为依托的海洋工程装备产业集聚区。

（3）加快培育海洋战略性新兴产业，发挥上海国家生物产业基地作用，加大投入和扶持力度，建立海洋药物重点实验室和海洋生物资源中心，重点研究开发一批具有自主知识产权的海洋药物，培育和引进具有国际先进技术的海洋生物医药企业，增加海洋生物医药业在海洋产业中的比重。发挥海上风电建设率先示范优势，建设东海大桥海上风电二期、临港、奉贤海上风电及扩建等项目，新增装机容量约60万千瓦，初步形成东海大桥、临港和奉贤三个海上风电基地。同时加强对潮汐能、波浪能等海洋新能源的研究和开发。结合海洋渔业结构的调整优化，加快标准化渔船改造进度，推进横沙等标准化渔港建设，购买和建造金枪鱼围网船只，推进中西太平洋金枪鱼延绳钓，探索大型拖网后备渔场，积极发展远洋渔业。

二是以源头控制、生态修复为重点，加强海洋生态环境保护，重点实施"健康海洋上海行动计划"，主要开展海洋生态环境污染控制行动、生态修复行动和环境保护行动，保障海洋生态安全。

（1）强化陆源入海污染控制，在完善城市污水处理系统的同时，加大对直排入海污染源、入海河流污染物和沿海垃圾监控力度。开展巡航监视、定点监视、专项监视相结合的静动态船舶污染监视系统建设。严格执行海洋倾废许可制度，控制、调整、优化海域倾倒区布局，规范海洋倾倒区的管理，对海上倾倒活动实施跟踪监测，加强对渔业船舶的污染排放管理，减轻对海洋环境的影响。严格执行涉海工程海洋环境影响评价制度，控制海洋工程和海岸工程建设项目对海洋生态环境的影响。

（2）加强港口排污工程建设，实施港口生活污水和废水纳管工程；开展港口环境污染专项整治行动。加强港口污染应急设备库和专业队伍建设，完善港口船舶含油污水、压载水、洗舱水、船舶生活污水和垃圾接收处理设施。更加注重生态修复，继续实施水生生物增殖放流，并向近海、外海水域延伸，同时开展具有重要经济价值水生物种的人工培育。

（3）加强现有重要渔业水域水生生物资源本底调查、监测，开展渔业资源增值放流效果评估。在崇明、浦东、金山、奉贤侵蚀岸段，实施保滩护岸工程；在崇明、金山、奉贤海岸选择示范岸段实施海岸生态修复工程；在浦东新区海岸建设生态安全防护林带，保护及恢复海岸生态系统，改善海洋生态环境，打造生态宜居岸线。选择5公里²海区建设海洋牧场，开展海洋生物放牧，探索防止海底沙漠化进一步蔓延的方法，促使海底局部底质生态逐渐恢复。

三是要充分发挥科技创新的驱动引导作用，加快海洋科技创新体系建设，围绕科技兴海战略，整合海洋科技资源，集聚海洋科技力量，以增强海洋经济高新技术和海洋综合管理关键技术自主创新能力为重点，加快海洋科技创新成果应用和产业化，发挥科技引领和支撑作用。

（1）重点研究超大型原油运输船、万箱级以上集装箱船、大型液化天然气船、海洋勘测与海底布缆船舶等高技术和高附加值船舶的关键技术，加强船舶关键配套产品的开发和应用研究。重点开展海洋油气钻井平台、海底管线铺设检修维护设备、港口机械等高新技术的研发；大力培育深海探测、运载和作业设备的设计制造关键技术的研发；积极开展海水淡化等应用工程装备技术、极地考察开发利用装备技术研究；深化海洋工程材料耐蚀防护技术研究；加快推进海洋工程装备专业化、标准化、模块化、智能化集成制造技术研发和应用。开展海洋生物不饱和脂肪酸产品研发、胶原蛋白与活性肽研发、海藻活性物质纯化与活性功能研究及其产品开发、海洋生物活性物质与海洋药物大规模筛选模型研究等。开展海洋风力发电技术研发，重点研究海上大功率风力发电机组核心技术和主要部件制造技术；加强潮汐能、波浪能等海洋新能源的研究。

（2）以建立上海市海洋科技研究中心为契机，以项目为纽带，人才为核心，整合海洋科技资源、集聚海洋科技力量开展合作研究，提高海洋科技创新和成果转化能力。建立产、学、研、用一体化的科技兴海平台，形成开放、流动、竞争、协作的科技创新机制，加快上海临港"国家科技兴海产业示范基地"建设。

四是以夯实基础、强化服务为重点，围绕转变政府职能和强化海洋公共服务，提高海洋综合管理水平。

（1）在浦东新区建设上海国际航运中心核心功能区，推进港区联动、港城联动、航运和金融贸易联动，大力发展航运金融、航运保险、航运经纪、航运交易和航运信息等现代航运服务体系；推进国际航运发展综合试验区建设；拓展上海航运交易所服务功能，开展船舶交易签证、船舶拍卖、船舶评估等服务；发挥上海港航电子数据交换中心和上海电子口岸平台叠加整合优势，建立上海国际航运中心综合信息平台；培育和发展海洋信息服务市场，建立并完善海洋信息服务体系。

（2）围绕上海打造世界著名旅游城市的发展要求，着力发展崇明三岛、浦东滨海、奉贤和金山海湾休闲旅游业，建成集生态观光、休闲度假、商务会展、户外运动等于一体的生态型旅游度假区。加快发展上海邮轮产业，依托上海港国际客运中心和吴淞口国际邮轮码头，形成世界邮轮旅游航线重要节点。大力发展海洋文化创意、展示交易、海洋文化旅游、会务论坛等相关产业。

（3）开展河口海洋水动力、水质、泥沙和风暴潮数值预报研究和海岸侵蚀、咸潮入侵、海上突发污染事件应急处置技术研究，提升风暴潮、赤潮、溢油污染扩散的预报和处理能力。预测分析上海沿海海平面上升趋势；评估上海沿海理论海平面上升与地面沉降的耦合技术和效应；分析相对海平面变化对海岸防护、防汛、排水和供水安全的影响。研究东海海底观测系统规划与选址、东海海底观测布网的工程装备、东海海底观测应用系统的组网等关键技术，推动东海海底观测应用系统建设。建立长江口、杭州湾海域环境承载能力模型，研究陆源污染物排海总量控制分配方案，确定近岸海域主要污染物总量控制指标，并提出相关保护对策。在现有长江口物理模型的基础上，拓展建立包括长江口、杭州湾以及上海近岸海域范围的物理模型。

五是以"数字海洋"上海示范区建设、上海市海域动态监视监测业务管理系统建设、上海市海洋经济运行监测评估体系建设为抓手，形成以网络平台为载体、数据中心为基础，应用平台为核心的海洋信息化框架体系。

（1）加强组织领导，健全管理体制，统一安排部署。进一步发挥"上海市海洋经济发展联席会议制度"的作用，加强对海洋事业发展重大决策、重大项目的综合协调，加强全市各涉海部门的沟通和协作，建立环保、海洋、海事、港口、渔业等部门之间政务协同机制。逐步完善投融资、成果转化、合作交流等长效机制，加强协作，优势互补，形成合力，激励产业发展，推动上海海洋经济又好又快发展。建设产学研公共服务平台，加快推进海洋科技创新，加强海洋高新技术人才的引进和培养，促进海洋科技成果的转化应用和产业化。研究制定海洋生态环境损害赔偿机制，对海洋生态环境造成损害的单位和个人，应依法进行生态赔偿，维护海洋生态环境。研究制定海洋经济科学发展的推进机制，加强产业引导，推进产业结构升级和优化布局。

（2）鼓励社会各类资本投资海洋企业，吸引集聚海洋产业风险投资，促进海洋经济持续发展；加大对海洋科技企业的金融支持，健全为高新技术企业服务的中小金融机构体系；加大海洋观测预报、环境监测、执法装备等基础设施建设的财政投入，提高海洋综合管理能力和公共服务水平。借助电视、广播、报刊、书籍、网络等媒介，普及海洋知识，加强海洋意识教育宣传，尤其要加强对中小学生进行海洋意识的培养；在市民群众中树立海洋资源是国家战略资源的观念，鼓励公众对海洋开发、保护和管理的支持、参与和监督，形成公众参与的良好氛围，吸引优秀人才参与海洋事业；通过举办世界海洋日纪念活动、海洋科普活动等，营造海洋文化氛围，丰富和完善海洋文化内涵，促进海洋事业又好又快发展。

第五节 江 苏 省

江苏要立足沿海，依托长三角，服务中西部，面向东北亚，建设我国重要的综合交通枢纽，沿海新型的工业基地，优化空间开发格局，加强区域内部资源整合，坚持开放合作，促进可持续发展，成为我国东部地区重要的经济增长极和辐射带动能力强的新亚欧大陆桥东方桥头堡。

一是要优化空间开发格局，选择发展基础好、资源环境承载力强的地区，推进集中集聚开发，依托省级以上开发区，优化产业布局，形成产业集群。根据江苏海洋资源、区位特点和海洋功能区划，海洋产业将实施"一带三圈八区"的空间布局。

（1）根据全省生产力布局总体要求，呼应沿沪宁线高新技术产业带、沿江基础产业带、沿东陇海线产业带，积极推进"沿海产业带"建设。

（2）因地制宜，发挥特色，建设东桥头堡经济圈、滩涂开发和新兴工业经济圈、江海联动经济圈。①东桥头堡经济圈。发挥连云港港口优势，大力发展海洋运输、物资贮运中转和边境贸易；依托连云港深水泊位和集装箱泊位建设，发展石油化工等临海工业；加快电力能源建设；发展海洋医药、海水化工；进一步发展海水养殖和水产品种苗繁育；加快发展滨海旅游业。②滩涂开发和新兴工业经济圈。沿海中部地区拥有丰富的滩涂后备土地资源，传统的海洋产业具有良好的基础和优势。重点开发建设大丰港、滨海港，发展海洋运输；在开发港口的基础上发展石化、电力等临海工业；依靠丰富的芦苇和林木资源发展造纸工业；建设新型的种植业和畜牧业基地；发展水产养殖和盐化工，把该圈建成无公害农产品和海水养殖基地、能源和新兴港口工业基地。③江海联动经济圈。重点开发洋口港和吕四港，加快建设南通港，发展海洋运输和仓储业，大进大出，充分发挥其作为上海国际航运中心北翼主要港口的功能和作用；在开发港口的基础上发展石油化工、电力等临海工业，建设新兴的基础化工生产基地，积极发展后道延伸的精细化工和新型医药，形成化工产业链。

（3）大力发展修造船工业，建成长三角地区新兴的造船工业基地；发挥原有优势，发展海水养殖和苗种繁育，建成江苏海洋渔业基地；发展现代物流业，建设长三角北翼的区域性现代化物流中心和江苏重要的物流枢纽中心城市；发展海洋医药和水产品加工业，确立新的优势；依托江浙沪，建设南黄海度假休闲基地。把该圈建成为精细化工、造船工业、能源、海洋医药、物流、海洋渔业基地。根据以港兴区的发展战略，沿海地区自北向南依托港口建设，重点形成赣榆临港产业区、连云港临港产业区、灌河口临港产业区、盐城港滨海港区临港产业区、盐城港大丰港区临港产业区、南通港洋口港区临港产业区、南通港吕四港区临港产业区、南通港临港产业区八大临港产业区。

二是要"依法、科学、适度、有序"地开发利用滩涂和近海资源，因地制宜，开发和保护并重。坚持企业运作、政府扶持，以结构调整和深度开发为重点，匡围和促淤结合，拓展海洋资源可持续利用空间。

（1）科学开发利用滩涂资源，合理匡围新的滩涂资源，论证规划匡围滩涂的可行性，匡围区主要分布在盐城和南通境内，新围海堤要逐步达标。要进一步探索滩涂匡围和开发利用的新技术、新工艺、摸索出一条省时、省钱、高效的匡围新路子。加大已围滩涂开发利用的力度，加快已围滩涂的供水、供电、道路等配套设施的建设。根据生产与建设需要，切实完善基础设施配套，使新围滩涂尽快投入使用。尽快确立生产建设用地指标与开发造地挂钩政策，建立"以耕地占地补偿费为主支持开发"的滚动机制，进一步落实全省耕地占补平衡，推动滩涂围垦工作顺利进行。

（2）加强沿海滩涂资源保护，新围的滩涂应避开保护区的核心区和河口影响行洪的区域及待开发的港口地段和旅游区，要避免新围海堤布局选线不当，加剧原有入海河道的闸下港道淤积，或增加安全隐患。大力开发辐射沙洲的海水养殖，重点养殖优质贝藻类；发展休闲度假旅游，推出野营、赶海、看海、看日出、垂钓、采文蛤等旅游项目，并纳入全省滨海旅游体系，整体组合，推向市场。确立以保护为主的近海渔业生产方针，强化渔业资源的保护，严格执行禁渔、休渔制度。积极探索在吕泗渔场投放人工鱼礁的可行性，加快建设海上牧场。在近海海域定期放流鱼苗、虾苗、海参苗、贝苗，增殖渔业资源。建立海州湾自然保护区，在保护区范围内划分海洋渔业资源增殖区、海岛鸟类、蛇类保护区，海贝、藻类海珍品繁殖保护区，海岸、岛礁、地貌保护区，沙生自然保护区和人工鱼礁区。建立海门东灶港外、小庙泓以北的牡蛎礁滩科学研究自然保护区，对宝贵的生物奇观进行卓有成效的保护。争取国家对近海底的矿产资源，特别是油气资源进行进一步的勘查。规范各类海上作业，治理陆域污染源，保护近海海水水质。

三是加快沿海地区的交通建设，消除瓶颈制约，形成港口、公路、铁路、航道、航空有机结合，干支相连，布局合理，城乡贯通，快捷便利的综合交通体系。

（1）抓住机遇，加快港口的建设步伐，改善投资环境，营造接受产业转移的平台。把建设 10 万吨级以上泊位的深水大港、发展临港工业，作为海洋经济新一轮发展的突破口，切实把以港兴区的战略落到实处。以建设深水泊位为中心，加快连云港的扩建。对港口地区的铁路线及站场的功能进行重新组合和布局，并对港区的公路进行改造扩建，提高通过能力。建设南通港洋口港成为长江中上游地区大宗散货中转和外贸运输的重要口岸，长江三角洲地区集装箱运输的支线港，国际深水海港，上海国际航运中心北翼的重要港口，我国发展综合运输的沿海枢纽港。

（2）积极推动中小港口建设，加快陈家港区、燕尾港区、堆沟港区、海头港区、射阳港区等中小港口建设，提升港口的综合功能。重点加速国家中心渔港、一级群众渔港建设，促进二级渔港的建设，完善和提高中心渔港的配套设施，建成供油、供水、供冰、消防、冷藏、加工、渔需物资供应和其他各类商业服务等配套齐全的现代化新型渔港。

（3）建成沿海高速公路、盐城北绕城高速公路，开工建设临沂至连云港高速公路、江都至海门高速公路，进一步完善高速公路网络；建成苏通长江公路大桥和开工建设沪崇苏过江通道，实现沿海地区与上海、苏南地区的直接通达；改扩建 204 国道南通至连云港段，加快各沿海港口疏港公路、沿海重点产业区、旅游风景区公路建设，形成合理的国、省道公路网结构。开展建设宁启铁路南通至启东段、连云港至盐城段、南通至上海段铁路的前期工作；配合盐城港滨海港区、大丰港区、南通港洋口港区、吕四港区等港口开发，根据需要建设由新长铁路通向港区的铁路支线，初步形成沿海地区的铁路网络。

（4）完善港口集疏运条件，尽快建设连云港疏港航道。着重解决碍航设施多，航道等级低，成网水平低，航道、港口和船闸不配套等问题。根据区域客货运量的增长需求和国家的统一布局，对现有的连云港、盐城和南通三个机场进行改、扩建，积极增加航线、航班，优化机型结构，提高航空供给和服务水平，以适应沿海地区经济发展与产业带建设对航空运输业的要求。

四是以整治陆源污染、海洋重点功能区生态恢复和海洋环境保护为重点，着重抓好污染严重的城市毗邻海域、河口附近海区的污染防治和近海生态环境修复，促进海域环境质量的改善，确保沿海地区社会经济的可持续发展。

（1）通过工业结构调整，推行清洁生产，实施工业废水达标排放，筹建专业公司进行治污管理等措施，加大工业污染防治力度，严格控制环境负荷，实施南通大型达标水排海工程。加强海上流动污染源控制和重大涉海污染事故控制。完善港口船舶废弃物接收处理设施，逐步过渡到运输船舶油类污染物零排放；完善海上石油勘探开发含油污水的处理系统及应急系统；实施海上船舶溢油应急计划，港口全面配备溢油应急设备；增加渔港的船舶污染物接收处理设施，逐步减少渔船排污入海量；加强海上倾倒区的监督管理和执法监察。对于沿海具有有毒化学品、储油设施可能发生涉海重大污染事故的企业事业单位，要制订发生重大污染事故的应急预案。

（2）江苏省沿海地区湿地面积较大，具有极高的生物生产力和生态意义，保护的重点首先是盐城国家级珍禽自然保护区、大丰国家级麋鹿自然保护区和省级长江北支河口湿地生态系统保护区。严禁在保护区的核心区开发建设生产性设施和扩大人居面积，对未建自然保护区的海滨湿地不能随意开发，积极恢复被破坏的湿地，妥善处理湿地开发和保护之间的关系。同时，要加强海洋自然保护区、海洋人工鱼礁区、海洋"蓝色工程"示范区的建设。

（3）完善配套法律法规体系建设，建立环境信息系统和环境管理决策支持系统，形成海洋环境监视监测预警预报业务化体系，增强宏观管理能力。加强海洋环境监测，建立立体监测网络，及时准确掌握环境污染状况和碧海行动计划的实施效果。严格实行建设项目的"环评"、"三同时"、限期治理、污染物排放总量控制等各项环境管理制度。严格按照海洋功能区划，调整产业布局，规范从事海洋开发的各类活动，严禁建设污染严重的项目，使海水水质能满足盐业、自然保护区、养殖、旅游、港口等不同功能的需要。加强入海河流沿线企业的环境管理，确保入海水质符合省政府批准的地表水功能区划的要求。在采用行政、法律手段的同时，适当采取经济手段加强管理。同时，加快建设海域空间基础地理信息系统，健全海洋气象、风暴潮、赤潮、海洋地质灾害等的预警预报和防御决策系统，逐步完善沿海防潮工程和海上应急救助体系，提高防灾减灾能力。

五是深入推进科技兴海，加强海洋创新平台建设，加快海洋产学研一体化建设，推动海洋经济发展水平全面跃升。

（1）依托高等院校、科研院所和骨干企业，优化配置海洋科技资源，加快建设国家海洋局（江苏）海涂研究中心、中国科学院海洋研究所（南通）、江苏省（连云港）沿海港口工程设计研究院、江苏省（南通）海洋工程与装备研究院、江苏省（盐城）海上风电研究院等一批国家级、省级海洋科技创新平台，增强海洋科技创新能力和国际竞争力。

（2）围绕港口物流、海洋工程装备、风电装备、高技术船舶、海洋生物医药等领域，组建国家级或省级工程技术研究中心，建设一批设计服务、检验检测等科技公共服务平台。支持国家级科研机构在江苏设立海洋科研基地，吸引一批境外科研院所到江苏落户或参与研发。扶持一批海洋战略规划、勘测设计、海域评估等中介机构。

（3）完善国际科技交流合作机制，加强与日、韩及欧美的海洋科技交流合作。以加快突破核心技术瓶颈、显著增强竞争力为目标，以培育自主知识产权为重点，优先支持具有自主知识产权的重大科技成果转化，鼓励企业对自主拥有、购买、引进的专利技术等进行转化，不断提升海洋产业创新能力。

（4）组织优势科技力量，在海水增养殖、海水综合利用、海洋新能源、海洋工程装备制造、海洋生态环境保护与修复等重点领域研究攻关，取得一批重要科技成果并实现产业化。

（5）加快构建产业技术创新联盟，加强产学研结合，推动企业联合创新，提升海洋特色产业发展水平和整体竞争力。重视引智工作，广招海洋高层次人才，大力推进人才国际化进程，鼓励和支持人才向沿海地区、苏北地区流动，完善人才培养、引进、激励和使用机制，为人才创造良好的工作和生活环境。集成省级涉海科技计划和项目，支持海洋学科带头人创新创业。

（6）实施海洋专业人才知识更新工程，完善继续教育体系，提高海洋专业人才持续创新能力。加大连云港等地高校海洋学科建设和海洋产业人才培养力度，支持有条件的高校增设海洋专业。支持江苏沿海地区引进国内外优质教育资源，与本地各类高等院校开展合作办学和科学研究，培养适应发展需要的各类人才。完善为江苏沿海开发提供人才支持的工作机制，探索建立政府、社会、用人单位和个人多元化的人才开发投入体系。依托高新技术开发区、科技企业孵化器等平台，鼓励留学归国人员到江苏沿海地区创业。支持开展专业技术和职业技能培训，形成一批支撑产业发展的高技术、实用型人才队伍。

第六节 浙 江 省

准确把握新时期海洋事业发展的阶段性特征，紧紧围绕浙江海洋经济发展示范区和舟山群岛新区两大国家战略的实施，统筹推进浙江海洋事业发展，加强海洋综合管理，规范海洋开发活动，保护海洋生态环境，提高海洋公共服务水平，强化海洋科技自主创新能力，繁荣海洋教育和文化事业，为实现海洋经济强省目标奠定坚实基础。

一是紧扣浙江海岛开发实际，创新资源节约和环境友好发展模式，加大海岛开发保护力度，确保海岛资源开发利用与资源环境承载力相适应，实现海洋经济可持续发展。

（1）加快全省海岛保护相关规划和办法的编制与实施，加大重要海岛生态保护与开发力度，完善海岛基础设施建设，加强无居民海岛的保护，切实保护和利用好海岛资源。健全海岛保护与利用制度。编制与实施重要海岛及无居民海岛的保护和利用规划，通过实施重要海岛的分类开发与保护、无居民海岛岛群的分级管制与分类引导等措施，逐步完善无居民海岛开发与保护制度，推动无居民海岛资源实现合理利用与有效保护。

（2）按照总体规划、逐岛定位、分类开发、科学保护的要求，以培育重要海岛主导功能为方向，以港口物流、临港工业、清洁能源、滨海旅游、现代渔业、海洋科技和海洋保护等为重点，注重发挥重要海岛的独特价值，加大综合开发力度，进一步推进海岛开发开放，加快海洋经济升级发展。

（3）提倡和鼓励海岛与周边其他海岛地区实现基础设施的共建共享，充分发挥重要海岛对海岛地区发展的支撑和带动作用。

（4）贯彻实施海岛保护法，开展海岛普查和岛碑设置工作，增强全社会的海岛保护意识，加强海岛资源的分类管理与有效保护。加强岸线资源保护，建立以岸线基本功能管制为核心的管理机制，进一步落实海洋功能区划，集约化利用岸线资源，规范岸线开发秩序，调控岸线开发的规模和强度，在满足海洋经济发展需要的同时，最大限度地提高岸线资源的利用价值，推动沿海地区社会、经济、环境和谐发展。积极推进海洋可再生能源开发与海水综合利用，加强沿海地区潮汐能、风能的开发利用，合理布局发电站，缓解滨海地区的用电矛盾。加强海水综合开发利用，保障海岛区域的淡水供应。

二是积极实施"蓝色碳汇"行动，加强海洋蓝色生态屏障建设，建立健全滨海湿地保护管理机制，加强海洋生态环境监测与评价、海洋污染控制与治理、海洋生态保护与修复、促进海洋自然生态恢复。

（1）加强海洋、环保、交通、海事、水利、林业、气象、渔业等涉海部门的协作，有序推进部门间涉海监测、观测数据共享。完善涉海部门年度联合执法制度，以防止入海污染物为重点，加强对陆源排污口、海洋工程、违规倾废、船舶及海上养殖区生活垃圾排海污染等联合执法检查，强化海洋环境监督管理。进一步完善海上突发环境事故的应急预案和应急处置机制，有序做好事故处置清理、监测评估、生态修复等工作。完善海洋环境现状与趋势评价，进一步优化监测站位和监测指标，增加监测频次。开展重点海域环境容量评估，查清入海污染物主要来源、途径、强度及分布状况，评估特定海域主要污染源及特征。建立海陆联动、区域协作的海洋环境保护工作机制、入海污染物浓度控制与污染总量控制制度。推进海洋生态损害赔（补）偿办法的制定和实施，建立海洋生态损害评估和海洋生态损害跟踪监测机制。合理分配入海主要污染物指标，实现"管""治"并举，加强海洋环保和生态建设研究成果应用，制订并实施近岸海域污染防治规划，有计划削减工业、城市生活污水直排口主要污染物排放强度。加强对油品、矿石、粮油等大型物资储运基地项目环境质量控制，防止对岛屿及其周边海域造成环境污染。

（2）推进海洋生态系统修复，加强海洋生物多样性保护，逐步形成区域性海洋生态系统保护带。加强滨海湿地生态功能保护，建立滨海湿地生态修复示范区，维持潮间带湿地面积和生态功能。开展海洋牧场、大型海藻场建设，实施水生生物资源养护生态修复行动。制订海域海岛海岸带整治修复保护规划及年度实施计划，科学确定整治、修复和保护项目。加大海洋大型藻类、盐沼植物和红树林等碳捕获海洋植物种养殖和保护力度，开展"蓝色碳汇"补偿机制研究。在重点浅海养殖区大力栽培大型海藻，吸收并固定海水中的碳、氮和磷等生源要素，降低海区富营养化。建立象山港和乐清湾大型海藻栽培示范基地，改善海湾水质环境。初步建成浙江近岸海域浮标实时监测系统，实现对重点海域主要生态环境参数的在线监控。在舟山、温州组建浙北、浙南海洋环境应急监测中心，加强突发应急事件处置、响应、预测、评估等基础能力。

三是依托各类科技兴海平台，强化科技对海洋经济发展的支撑作用和公共服务功能，发展和繁荣海洋教育、文化事业。

（1）加快科技兴海平台建设，支持涉海科研机构发展，引导高校科研力量把研究领域延伸到海洋，重点建设一批国家、省部级涉海重点实验室、工程技术研究中心等科技创新服务平台，支持企业建立海洋科技研究平台。支持在浙涉海科研机构规模化发展，支持其在各地市成立分支机构，在土地指标、人才引进等方面给予优先考虑。积极搭建科研机构同政府、企业的合作平台，通过人员挂职、共建博士后流动站、共建技术研究中心等形式，成为浙江海洋事业发展的重要支撑。同时，依托浙江大学、国家海洋局第二海洋研究所、浙江工业大学、浙江财经学院、宁波大学、浙江海洋学院等高校院所的科研优势，积极引导优秀科研团队将研究重点向海洋领域延伸。努力挖掘海洋交叉学科的发展潜力，引导与海洋学科融合发展，提升浙江海洋科研能力。在此基础上，支持企业设立独立技术开发平台，作为提升企业自主创新能力、培育壮大企业、做大做强优势产业的重要手段。支持企业与科研院所、高校共建技术开发平台，成为海洋科研成果转化和推广的重要平台之一。建立海洋科技推广服务体系，鼓励科研院所、高校、推广机构、企业参与海洋科技创新成果推广应用，支持海洋科技培训机构、科研成果推广机构的能力建设。建立一批具有辐射带动效应的科技兴海示范区园区和基地，并随着科技兴海工作的不断深入，逐步扩大领域和范围。

（2）以海洋文化的传承与发展为基础，以海洋文化旅游产业为突破口，加大海洋文化同各相关产业的互动融合，加快繁荣海洋文化事业。深入开展海洋文化资源的挖掘，形成系统的海洋文化资源保护库，将海洋文化资源分级分类加以保护。支持海洋民俗文化申请列入文化遗产、非物质文化遗产名录。创新海洋民俗文化传承与发展方式，运用影视、娱乐等多种形式创新再造海洋民俗文化。全面开展海洋文化名市、名县、名镇创建工作，大力促进海洋文化事业建设。大力实施品牌战略，打造浙江海洋文化旅游大品牌，把浙江海洋建设成为旅游者体验中国海洋文化的大本营。以滨海城市为依托，加快建设宁波—舟山、温州—台州、杭州湾三大滨海旅游区，构建完善的海洋文化旅游目的地体系。努力挖掘历史文化旅游产品，积极开拓现代文化旅游产品，传承再造民俗文化旅游产品，构建完善的海洋文化旅游产品体系。以建设舟山群岛新区为契机，加大对海洋文化旅游开发的政策扶持力度，深化海洋旅游管理体制改革。

四是发展海洋公共服务事业，完善海洋公共服务体系，加强海洋基础性工作，提高海上交通安全保障、海洋经济支撑服务能力，扩大海洋公共服务范围，提高海洋公共服务质量和水平。

（1）加快推进海洋信息化建设，积极应用各类涉海调查成果，加快推进涵盖海洋资源管理、海洋环境保护、海洋防灾减灾、海洋经济运行监测评估、海洋执法监察、海洋科技管理等功能在内的海洋综合管理与服务信息系统的建设。建设省级海洋与渔业数据中心，加强基础数据的统一管理，有序推进海洋信息共享，保障信息安全。促进海洋信息资源的有效利用，健全信息发布制度，为海洋行政管理、海洋经济建设、海洋公共服务等方面搭建信息交流与应用平台，全面提高全省海洋管理和服务信息化水平。

（2）提高海洋灾害应急指挥能力。建立健全统一指挥，分级管理，运转高效的省、市、县三级海洋灾害应急体系、管理体制和运行机制，建立浙江省海洋灾害应急指挥中心。

（3）以明确涉海重大工程和围填海工程等重要区域的海洋灾害风险隐患为基础，开展沿海重点区域的风暴潮、海啸灾害区划和沿海海平面变化调查评估，编制灾害风险区划图和应急疏散图，重新核定重点岸段的警戒潮位，增强海洋灾害科学评估。完善海洋环境观测监测体系，建设由海洋站、志愿船、海上观测设施等组成的海洋灾害综合观测监测平台，推进海洋通信网络的升级，实现海洋观测监测信息的实时接收与传输。

（4）加强海洋专项调查与测绘，深化近海海洋综合调查与评价，协助和配合国家继续开展专属经济区和大陆架综合调查，开展外大陆架海域、海洋安全通道和重要渔业资源区等综合调查。加强海上交通管理和海洋通道安全保障，严格船舶检验、登记、签证制度，规范船舶航行、停泊和作业活动，加强危险货物管控、交通事故处置、海底障碍物清除的监督管理。

（5）加强对涉海产业发展的指导，提高对海洋经济发展的服务能力，引导海洋产业结构调整，优化区域产业布局，推动海洋产业向"一核两翼三圈九区多岛"的总体布局发展。

第七节　福　建　省

福建地处东南沿海，是东海、南海的结合部，临近港澳，面对台湾地区，具有发展海洋经济优越的区位条件，利用闽台之间地缘相近、血缘相亲、文缘相承、商缘相连、法缘相循的独特优势，建设对外开放、统筹协调和全面繁荣的海峡西岸经济区。

一是充分发挥市场机制配置资源的基础性作用，改造提升传统海洋产业，释放传统产业新活力，形成适应需求、布局优化、空间拓展的高素质海洋产业体系。

（1）海洋运输业要适应外向型经济大进大出和解决煤炭、石油、矿石等短缺物质进出的需要，按照规模化、大型化、集装箱化和信息化的要求，加快建设海峡西岸港口群，拓展港口经济腹地，培育和发展现代港口物流园区，构建台湾海峡西岸航运新格局。将厦门港建成国际性航运枢纽港，将福州港建成全国综合交通布局中重要的主枢纽港，将湄洲湾（南、北岸）建成全国性的主枢纽港和综合性工业港，将宁德港、漳州港初步建成为海峡西岸经济区拓展两翼、对接两洲服务的地区性重要港口。

（2）进一步深化海洋渔业结构调整，突出建设海洋农牧化工程，着力提升产业素质，增加渔民收入，推动传统渔业向现代渔业转变，实现数量型渔业向质量型渔业转变。积极发展海产品精深加工业，以水产品保鲜、保活和低值水产品精深加工为重点，在主产区、渔港周边建设加工园区，培植一批水产业龙头企业和名牌产品。积极发展休闲渔业，建成一批休闲渔业基地。倡导健康养殖模式，加强水产种苗和病防体系建设，防治养殖病害发生。鼓励发展与渔业增长相适应的第三产业，拓展渔业空间，延伸产业链条，推进渔业产业化进程。

（3）滨海旅游业要突出海洋生态和海洋文化特色，以盘活海滨旅游资源存量为前提，以优化旅游产业结构为动力，以厦门、福州和泉州为中心，构建海滨旅游发展带，建成我国最重要的海滨旅游目的地和亚太地区新型海滨旅游经济繁荣带。完善滨海旅游业布局，优先建设"四岸"（黄金海岸、假日海岸、绿色海岸和阳光海岸）、"四岛"（鼓浪屿、东山岛、湄洲岛和平潭岛）、"三湾"（三都澳、浮头湾和泉州湾），形成"一带"（沿海海滨高速公路旅游经济带）、"三大功能组团"，（指闽南厦门—漳州—泉州旅游功能组团、闽中福州—莆田旅游功能组团和闽东宁德旅游功能组团）、"六大旅游区"（福州、厦门、泉州、漳州、莆田、宁德六大旅游功能区），使滨海旅游真正成为福建海洋经济的一个重要支柱产业。推进海洋历史文物、文化遗产的保护和建设，不断扩大厦门鼓浪屿、湄洲妈祖文化、泉州海丝文化、漳州火山地质公园和福州船政文化等品牌的影响。继续加大力度开展对台旅游市场营销工作，进一步密切闽台旅游经贸关系，努力将"海峡西岸旅游繁荣带"延伸为"环海峡旅游繁荣区"；借助亚太经济持续发展的良好趋势，积极发展日本、韩国、东南亚等客源市场，努力拓展欧洲、北美、大洋洲客源市场。

二是以海洋功能区划为基础，依靠沿海城市密集区的综合优势，推动海洋产业跨越式发展，增强海洋经济发展的核心带动作用。以福州、厦门、泉州三大中心城市为重点，推动海洋主导产业和新兴产业跨越式发展。

（1）闽东拥有全省最长的海岸线、最多的滩涂和渔场、最好的天然良港，丰富的滨海非金属矿产资源、旅游资源和海洋新能源等诸多独特的优势。应加大三都澳、三沙、赛岐、沙埕等港口建设力度，构建较为完善的港口海运体系，实现"以港兴市"；以沿海高速公路全线贯通和福温铁路开工建设为契机，优化产业结构，积极发展能源电力、修造船、钢铁等临海重化工业。大力发展海洋水产养殖业和水产加工业，拓展海洋农牧化，发展滨海旅游业，把闽东海洋经济集聚区建设成为福建东北部临海工业、水产养殖、修造船、海洋新能源和重要滨海旅游业快速发展的新兴区域。

（2）湄洲湾、泉州湾海洋经济集聚区具有良好深水岸线，宽坦的陆域，便捷的交通，丰富多样的旅游资源。今后发展应充分利用湄洲湾和泉州湾良好的深水岸线条件，以湄洲湾南北两岸中心城市为依托，以沿海县市为载体，以大型工业项目（如炼化一体化、能源电力、泉州斗尾造船基地等）启动为契机，加快推进石化产业的集聚，形成规模优势和集群优势，成为东南沿海重要的海洋经济发展新的亮点地区。同时，以妈祖文化、泉州"海上丝绸之路"等为纽带，建设福建中部滨海对外开放旅游区。

（3）厦门、漳州海洋经济集聚区拥有良好的港址、丰富的浅海滩涂和海洋生物资源，富有特色的旅游资源，有良好开发前景的滨海矿产资源条件，雄厚的海洋科技力量。应充分发挥厦门和漳州所拥有的良好的海洋资源优势及雄厚的海洋科技力量，以拓展闽港台海洋合作为重点，以发展外向型的综合海洋经济为主攻方向，争取尽快建成我国东南沿海重要的海洋综合开发基地和海洋经济的优势区域。厦门应充分发挥海洋科技优势，加快体制创新，推进科技产业化，大力发展海洋高新技术产业，壮大港口运输、临海工业和滨海旅游业，优化提高海洋渔业，建成国家南方海洋研究中心、区域性国际航运物流中心、海峡西岸经济区临海工业集聚中心、亚太地区著名的生态型滨海旅游度假中心，以及我国有影响的都市型渔业创新基地、海洋教育培训基地；把漳州建成闽台渔业基地、港口型新兴制造业基地（古雷）、海滨旅游度假基地和创汇农业基地。

　　三是以生态省建设为目标，坚持海洋生态保护与海洋资源开发并举、海洋污染防治与海洋生态保护并重的原则，严格实施海洋功能区划制度，重点加强沿岸环境保护、生态环境建设和海域保护，促进海洋经济可持续发展。实行陆海兼顾、河海统筹，"预防为主、防治结合"的方针，以恢复和改善近岸海域水质与生态环境为目标，以控制入海污染物和海洋生态修复为重点，进一步加强对沿海城镇、开发区和旅游风景名胜区等重点地区陆源污染的控制。加强对入海排污口的监测，限期整治和关闭污染严重的入海排污口，严格限定和管制废物倾倒区。对于一些开发强度大、工业集中的港湾或沿海经济开发区，要建立统一的污染物排放集中处理控制区。依法对海洋工程、海岸工程进行严格的海洋影响评价论证，优先发展资源节约型、环境友好型的开发项目。加大港口、船舶污水及垃圾处理力度，提高船舶和港口防污设备的配备率。加强海上油气开发、海洋工程和船舶溢油的管理，严防海上突发污染事故的发生。沿海主要港口所在地政府要成立海洋污染事故应急指挥中心，并制订相应的应急预案，重点治理和保护河口、海湾和城市附近海域，继续保持未污染海域环境质量。规范海水养殖行为，要在海域养殖容量调查研究的基础上，科学规划，合理控制养殖品种、规模和密度，在福宁湾、三都湾、兴化湾、平海湾、东山湾等近海重点增养殖区建设一批生态养殖示范区。加强海洋国土资源管理，建立和完善海洋环境监测体系、海洋防灾减灾体系、海洋生态环境管理体系和重大海洋污损事件应急处理机制。依法对海洋工程、海岸工程进行海洋环境动态跟踪监测。积极开展海洋环境监测能力的标准化建设，建立海洋环境质量公报、滨海旅游海域环境质量信息公告制度。进一步加强海洋与渔业环境监测协作网络建设，提高海洋与渔业环境监测水平、增强海洋与渔业污染事故鉴定和应急处理能力。加强典型海洋生态系保护，修复近海重要生态功能区，建立和完善各具特色的海洋自然保护区，形成良性循环的海洋生态系统，开展海洋生态保护及开发利用示范工程建设。

四是充分利用福建与台湾共处台湾海峡的区位优势，积极探索闽台共同发展海洋经济的新途径、新方式，实现优势互补、共同发展的"双赢"目标。

（1）扩大现有台商投资区范围，积极承接台湾地区新一轮产业转移，推进闽台产业全面对接，更加主动承接台湾地区电子信息、机械、石化和生物、医药等产业的转移，建设光电、信息、化纤、农业、造船等闽台工业合作基地，壮大临海工业。鼓励台商投资福州、厦门港、湄洲湾港口码头和现代服务业，引导台商参与福州、厦门、漳州、泉州旅游资源的开发，稳步扩大海峡两岸之间的旅游服务。紧紧抓住海峡两岸农业合作试验区扩大到全省范围的契机，开展大规模、深层次、宽领域的海峡两岸渔业合作，建设海峡两岸渔业合作区。

（2）利用福州港、厦门港与高雄港定点货物直航试点和台湾地区农产品零关税进口大陆的有利时机，促进通关便利化，使直接往来的金马航线成为台湾地区农产品进入大陆的一条低成本、快速便捷的海上通道。强化海峡两岸海上货物直航通道在促进闽台进出口中的主渠道作用，争取让直接往来货运航线能延伸到台湾本岛，逐步将福州、厦门建成对台货物集散地和中转基地。

（3）通过定期兴办"海峡两岸海洋论坛"及涉海商品产品博览会，强化福建在对台海洋合作交流方面的基地作用。利用"两马""两门"台胞人员直航试点和福建居民赴金门、马祖、澎湖旅游的契机，做好台胞进出福州港、厦门港的中转及相关服务工作，逐步将福州、厦门、湄洲湾等港口建成台胞进出大陆或大陆居民赴台旅游的人员往来的中转基地。

（4）实行BOT、股权转让、合资合作等多种灵活方式，吸引台资参与港口设施、运输企业等的投资经营，包括合作开通新航线、成立合资航运公司、合作建设港口信息网络等，提高港口对涉台货物通行的吸引力。充分利用邻近台湾的优势，做好向金门、马祖等台湾主要岛屿供水工程建设规划和前期工作，争取项目早日形式建设。针对台湾岛内和邻近大陆岛屿的需求，在沿海选择条件具备的围头、连江等地规划建设原料资源供应基地，实现砂石、建材等直接输台。

（5）比照CEPA的做法，争取国家支持福建在对台涉海合作方面，率先探索与台湾建立更紧密的经贸合作关系。适当放宽台资对涉海产业投资的限制；

降低台湾原产地的海洋产品和海洋用品的进口关税，对部分紧缺的海洋产品、海洋用品，实行低关税或零关税；积极探索建立台湾海峡航运港口体系，争取厦门港分担高雄港货源；放宽赴台旅游的限制，允许外省居民以旅游团的形式经福建赴金门、马祖、澎湖旅游，争取开辟对台涉海合作新领域。

五是继续有效组织实施"科技兴海计划"，进一步推进科技体制改革，强化人才队伍建设，促进产学研结合，为海洋经济发展注入持久动力。

（1）在福州、厦门等海洋科研力量和海洋开发企业较为集中的地方，通过科研资源的适度整合，争取建立国家南方海洋科研中心和国家实验室、中试基地，以及若干国家和省级工程（技术）研究中心、海洋高技术产业化基地和重大项目实验示范基地。积极利用福建项目成果交易会等平台，促进科研机构与生产企业的对接，推介、引进、消化一批海洋科研成果。加强国际海洋科技合作和交流，加强闽台海洋科技合作，建立全方位、多层次的国际海洋科技信息网络。按照市场运作、政府推动原则，构建研究所、院校及企业和民间资本联合组建的海洋开发研究科技创新体系，突出企业在海洋科技创新中的主体作用。

（2）重点加快海洋生物制药、海洋生物育种、海洋产品深加工、海洋活性物质提取、海洋化工、海洋能利用和海洋环保产业等新技术的引进、消化，开发一批具有自主知识产权的核心产品。力争在应用细胞工程、基因工程育种技术，培育海水养殖新品种，防治水产养殖病害，开发海洋系列特效药物和高附加值的海洋功能食品等方面有新的突破。

（3）组建由自然科学、社会科学联体的福建海洋科技研究院，建立一批包括公益型和技术推广服务型的科研院所，逐步形成一支"开放、流动、竞争、协作"的海洋科技队伍，提高科技和人才的集成度。积极扩大厦门大学、集美大学、厦门海洋职业技术学院等高等院校的海洋院系办学规模，加快培养和引进一批创新型人才。加强海洋重点学科建设，加快建设涉海类博士后流动站、博士点、硕士点和国家级重点学科、本科重点专业。在海洋科技人才的管理上，变静态管理为动态管理，建立双向选择的用人机制，制定平等竞争的用人政策，形成科技人员能上能下、能进能出的良性机制。加强与省内外、国内外高等院校、科研院所的产学研合作，推进基层水产技术推广机构改革试点，建设水产科技示范场，加快形成国家推广机构和其他所有制推广组织共同发展、优势互补的新型水产技术推广体系。要围绕海洋产业发展的重点和热点问题，精心组织实施海洋与渔业科技推广工程，尽快把能显著增产、增效的先进技术大面积推广到生产中去。鼓励创办海洋科技区域创新服务中心，提高海洋技术中介服务水平。进一步加强关键技术和共性技术的攻关，提升海洋传统产业，培育海洋高新技术产业，逐步提高高新技术产业在海洋经济中的比重。

六是加强市场建设，重点是要建立和完善财政扶持、金融支持、民间自筹、吸引外资等开放式、多元化的投入机制和资本市场体系，促进人流、物流、资金流、信息流等资源要素更加通畅流动、集聚与整合，实现更快更好的发展。着力建设重点产区和销区的水产品批发、渔港批发市场，努力实现批发市场与产业基地的有机结合，走市场连基地、基地促市场的发展路子，同时依托批发、集贸市场建立完善市场信息网，逐步培育无形市场、虚拟市场，实现有形市场与无形市场的有机结合。

（1）加强港口海运与城市、区域物流配送网络的统一规划、资源整合和配套建设，发展壮大社会化、专业化的物流企业，培育产业集群，开放行业配送中心和企业自有物流配送机，发展第三方物流。充分利用港区、保税区功能合一的港区保税功能，建立以保税功能为主的全程监管、快速通关的绿色通道，建设出口加工为主要内容的国际物流园区。积极鼓励国际知名的物流公司和具备条件的国内货运公司在我省主要港口设立物流配送中心试点。加快物流信息平台建设，促进海洋运输生产的自动化管理，提高现代物流管理水平。

（2）大力推行海洋开发建设的市场化运作，一是对具有稳定收入的海洋资源开发或基础设施建设项目，全部实行项目责任制，按市场原则确定项目的投入、产出政策，并对一些收入水平较低的项目，实行财政补偿。二是建立平等竞争的市场环境，科学依法确定海洋基础设施、海洋资源使用的收费管理办法，形成合理的收入补偿机制；对海域使用权、无居民岛使用权实行公开拍卖制度，推进海域使用权抵押贷款制度，拓宽融资渠道。三是做好重要领域的项目招商工作。按照海洋产业发展规划的要求，精心策划选择海洋油气资源的勘探、港口码头、跨海大桥、仓储物流、海洋生物制药、临海石化、电力、新能源等领域的项目，将项目建设的内容、投资估算、项目建设运营方式、经营年限及相关的优惠条件等向社会公布，通过多种方式招商。对已建成有效益的码头、桥梁等海洋基础设施等项目，要盘活存量资产，通过出让经营权、股权等方式吸引社会资金投资。对新的海洋资源开发、基础设施建设项目，实行直接投资、合资、合作、BOT等多种灵活的投资经营方式。

（3）支持海洋资源开发和基础设施建设项目，通过发行股票、债券融资。

大力开发银企合作，促进金融部门把海洋产业作为重点投资的产业，开辟海洋产业发展专项贷款，逐年增加贷款额度，对海洋开发重点项目要予以优先安排贷款，重点扶持。各级财政要加大对海洋开发管理专项转移支付力度，设立海洋事业发展专项资金，建立健全财政性资金对海洋开发管理投资正常增长机制，增加公共财政对海洋管理的投入。创新财政投资机制，综合运用国债、担保、贴息等政策手段，降低民间资本进入门槛，带动社会资金投入海洋开发建设领域，促进经济发展。充分发挥政府信用，积极争取扩大国际金融组织贷款、外国政府贷款、国内政策性贷款对海洋开发的投入。

第八节　山　东　省

立足山东半岛在海洋产业、海洋科技、改革开放和生态环境等方面的突出优势，科学确定山东半岛蓝色经济区发展定位，全面提升对我国海洋经济发展的引领示范作用。以培育战略性新兴产业为方向，以发展海洋优势产业集群为重点，统筹海陆经济发展，推动创新发展，绿色发展，深化改革，精准发力海洋经济。

一是要转变发展方式，密切跟踪世界海洋经济发展趋势，加快培育海洋优势产业，调整优化产业布局，推动海洋经济发展由粗放增长型向集约效益型转变。

（1）大力实施现代海洋渔业重点工程，提高综合效益，进一步巩固海洋第一产业的基础地位。调整渔业养殖结构，着力培育特色品种，加快完善水产原良种体系和疫病防控体系，建设全国重要的海水养殖优良种质研发中心、海洋生物种质资源库和海产品质量检测中心，打造一批良种基地、标准化健康养殖园区和出口海产安全示范区。实施海外渔业工程，争取公海渔业捕捞配额，适当增加现代化专业远洋渔船建造规模，巩固提高过洋性渔业，加快发展大洋性渔业，建设一批海外综合性远洋渔业基地，提高参与国际渔业资源分配的能力。同时，以结构调整为主线，以海洋生物、装备制造、能源矿产、工程建筑、现代海洋化工、海洋水产品精深加工等产业为重点，坚持自主化、规模化、品牌化、高端化的发展方向，着力打造带动能力强的海洋优势产业集群，进一步强化海洋第二产业的支柱作用。加强海洋生物技术研发与成果转化，重点发展海洋药物、海洋功能性食品和化妆品、海洋生物新材料、海水养殖优质种苗等系列产品，培育一批具有国际竞争力的大企业集团。

（2）重点发展造修船、游艇和邮轮制造、海洋油气开发装备、临港机械装备、海水淡化装备、海洋电力装备、海洋仪器装备、核电设备、环保设备与材料制造等产业，建设国家海洋设备检测中心；加强潮汐能、波浪能、海流能等海洋能发电技术的研究，建设海洋能源利用示范项目；加快企业兼并重组和资源整合，打造综合性设计集团和大型专业化施工集团，培育一批具有国际竞争力的龙头企业；以大型企业集团为龙头，加快兼并重组，引导海洋化工集聚发展。巩固盐业大省地位，优化盐化工组织结构和产业结构，积极推进地方盐化工骨干企业与中盐总公司等企业合作，推进盐化工一体化示范工程，形成以高端产品为主的产业新优势，建成海洋化学品和盐化工产业基地；积极开发鲜活、冷鲜等水产食品和海洋保健食品，提升海产品精深加工水平，支持龙头企业做大做强。

（3）加快发展生产性和生活性服务业，积极推进服务业综合改革，构建充满活力、特色突出、优势互补的服务业发展格局，提升海洋第三产业的引领和服务作用。做大做强海运龙头企业，积极发展沿海和远洋运输，推进水陆联运、河海联运，培植壮大港口物流业，加快构建现代化的海洋运输体系。大力推行港运联营，把港口与沿海运输和疏港运输结合起来；有效整合港口物流资源，大力培育大型现代物流企业集团，加快发展第三方物流；发挥好保税港区、出口加工区和开放口岸的作用，规划建设一批现代物流园区和大宗商品集散地；突出海洋特色，推动文化、体育与旅游融合发展，建设全国重要的海洋文化和体育产业基地，打造国际知名的滨海旅游目的地。

二是统筹海陆重大基础设施建设，着力构建快捷畅通的交通网络体系、配套完善的水利设施体系、安全清洁的能源保障体系和资源共享的信息网络体系，提高蓝色经济区发展的支撑保障能力。整合现有交通资源，加强各种运输方式的有效衔接，加快综合运输枢纽建设，大力发展多式联运、甩挂运输等先进运输方式，实现区域和城乡客运一体化、货运物流化。

（1）以青岛港为龙头，优化港口结构，整合港航资源，加快港口公用基础设施及大型化、专业化码头建设，培植具有国际竞争力的大型港口集团，形成以青岛港为核心，烟台港、日照港为骨干，威海港、潍坊港、东营港、滨州港、莱州港为支撑的东北亚国际航运综合枢纽。①青岛港要以国际集装箱干线运输、能源和大宗干散货储运集散为重点，依托青岛前湾保税港区，拓展港口物流、保税、信息、商贸等服务功能，建设成为现代化的综合性大港和东北亚国际航运枢纽港。②烟台港要进一步巩固提升区域性能源原材料进出口口岸、渤海海峡客货滚装运输中心、陆海铁路大通道重要节点和我国北方地区重要的集装箱支线港地位，加快西港区建设，提高烟台保税港区建设水平，发展成为环渤海地区的现代化大型港口。③日照港要提高大宗散货和油品港口地位，进一步扩大集装箱业务，服务大宗散货中转储运和集装箱支线运输。威海港要建成环渤海地区的集装箱喂给港和面向日韩的重要港口。④东营港、潍坊港、滨州港、烟台港莱州港区要依据《黄河三角洲高效生态经济区发展规划》确定的功能定位，加强深水泊位、航道、防波堤等公用基础设施建设，完善功能，提高吞吐能力，形成分工明确的黄河三角洲港口群。

（2）以山东省铁路主骨架为依托，扩大路网规模，完善路网结构，提高路网质量，打通环海、省际铁路大通道，加快重点铁路项目建设，构筑沿海快速铁路、港口集疏运和集装箱便捷货物铁路运输、大宗物资铁路运输和省际客货铁路运输体系，形成功能完善、高效便捷的现代化铁路运输网络。

（3）加快构筑智能化、宽带化、高速化的现代信息网络。改造优化现有网络基础设施，积极开展下一代互联网、新一代移动通信网、数字电视网等先进网络的试验与建设，全面推进信息基础设施升级换代，加快物联网、云计算发展。整合网络资源，积极推进电信网、互联网、广播电视网融合发展。规划建设青岛至现有互联网国际通信业务出入口的专用通信通道，开展面向全球的数据处理、托管和存储等业务。加强网络信息安全能力建设，建立健全各类网络信息安全保障制度。加快实施数字海洋工程，构建覆盖海陆的三维地球物理信息平台，完善海洋信息服务系统。推广使用区内城市一卡通。完善信息服务体系，构筑电子物流、电子商务、电子政务三位一体的跨地区、跨行业、跨部门口岸公共信息平台。

三是要把创新作为推动海洋经济发展的强劲引擎，加大重点领域和关键环节改革力度，形成有利于海洋经济科学发展的体制机制，进一步提高海洋经济对外开放水平，积极优化发展环境。

（1）整合海洋科教资源，着力加强海洋科技自主创新体系和重大创新平台建设，实施海洋高技术研发工程，突破一批关键、核心技术；加大各类人才培养力度，完善人才激励机制，聚集一批世界一流的海洋科技领军人才和高水平创新团队，构筑具有国际影响力的海洋科技教育人才高地。

（2）加快海洋重大科技创新平台建设，优化配置科技资源，加快构建以国家级海洋科技创新平台为龙头、以省级各类创新平台为主体的科技创新平台体系，全面增强海洋科技创新能力和国际竞争力，形成一批具有自主知识产权的科技成果，完善国际科技交流合作机制，进一步加强与日本、韩国、俄罗斯、乌克兰、印度，以及欧美等国家和地区的海洋科技交流合作。

（3）强化企业技术创新体系建设。鼓励符合条件的企业建设实验室、工程技术研究中心、博士后工作站和企业技术中心。支持企业与高校、科研院所建立多种模式的产学研合作创新组织，推动企业与科研机构建立产业技术创新战略联盟。

（4）实行支持自主创新的财税、金融和政府采购等政策，完善企业自主创新的激励和投入机制。制订和实施扶持中小科技企业成长计划，健全创业投资和风险投资机制，引导企业增加研发投入。加快建设海洋科技成果中试基地、公共转化平台和成果转化基地，加大国家高技术产业化专项资金的支持力度，组织实施一批高技术产业化示范工程，促进海洋高技术产业在青岛、烟台、潍坊、威海等地集聚发展，择优建设海洋产业国家高技术产业基地。

（5）完善海洋科技信息、技术转让等服务网络，规划建设青岛国家海洋技术交易服务与推广中心，引导企业制定知识产权发展战略，支持有条件的城市申报国家知识产权试点城市。以改革创新为根本动力，建设国家海洋经济改革开放先行区。深化重点领域和关键环节的改革，完善海洋产业政策体系，推进实施海洋综合管理，着力构建海洋经济科学发展的体制机制。深化海洋经济技术国际合作，建设中日韩区域经济合作试验区，打造东北亚国际航运综合枢纽、国际物流中心、国家重要的大宗原材料交易及价格形成中心，构筑我国参与经济全球化的重要平台。

四是要优化整合海洋教育资源，提高海洋高等教育和职业技术教育质量，打造全国重要的海洋教育中心。

（1）探索落实区内高等学校专业设置自主权的体制机制，加大区内战略性新兴产业相关专业设置的政策倾斜，增加海洋专业招生计划，加强海洋专业学院建设，构建门类齐全的海洋学科体系。支持中国海洋大学巩固海洋基础学科优势，重点发展与海洋经济密切相关的学科专业，将其建设成为世界一流的综合类海洋大学。支持山东大学、中国石油大学（华东）及区内其他高等院校结合自身优势和市场需求，选择发展特色海洋学科专业。支持区内重点高等院校和科研院所加强海洋相关学科建设，扩大高层次海洋人才培养规模。在投资、财政补贴等方面加大对海洋职业技术教育的支持力度，实施示范性职业技术院校建设计划，在沿海7市建设一批以海洋类专业为主的中等职业学校，规划建设1所国家级海洋经济技师学院。支持国内高校在区内建立涉海专业的教学、实习和科研基地。

（2）积极开展海洋教育国际合作交流，支持高等院校与世界知名大学和科研机构建立合作院校、联合实验室和研究所。在中小学普及海洋知识，建设青岛海洋教育科普基地。建立健全人才培养、引进、使用、激励机制，建设我国海洋高端人才聚集地和高素质人力资源富集区。实施高端人才培养计划，以两院院士、泰山学者和山东省有突出贡献的中青年专家为重点，加强创新型海洋科技领军人才队伍建设。依托国家重大科研项目、重大工程、重点科研基地和国际学术合作交流项目，打造高科技人才培养和集聚基地。实施海洋紧缺人才培训工程，选派优秀人才到国外培训。

（3）完善首席技师和有突出贡献技师选拔管理制度，实施"金蓝领"培训工程，培育高技能实用人才队伍。在中央引进海外高层次人才"千人计划"和海洋科教人才出国（境）培训项目等方面，加大对蓝色经济区的支持力度。建设一批海外留学人员创业园区（基地）和引智示范基地。加快培育专业性海洋人才市场，建设东北亚地区的海洋人才集聚中心和交流中心。

五是要依据不同海域生态环境承载能力，合理安排开发时序、开发重点与开发方式，拓展海洋经济的发展空间，实现蓝色经济的绿色发展。着力建设全国重要的海洋生态文明示范区，科学开发利用海洋资源，加大海陆污染同防同治力度，加快建设生态和安全屏障，推进海洋环境保护由污染防治型向污染防治与生态建设并重型转变。

（1）加大投入力度，完善海洋与渔业保护区建设，加强海洋自然保护区、海洋特别保护区、水产种质资源保护区建设。开展海洋特别保护区规范建设和管理试点，加大渔业产卵场、索饵场、洄游通道和重要水产增养殖区保护力度，构建完善的海洋与渔业保护区体系。推行海洋表层、中层、底层立体开发方式，提高海洋资源综合利用效率。此外，坚持发展与保护、利用与储备并重，加强对重要岸线的监管与保护。制定单位岸线和海域面积投资强度标准规范，严禁盲目圈占海域、滥占岸线。严格执行围填海计划，鼓励围填海造地工程设计创新，提高围填海造地利用效率，减少对海洋生态环境的影响。推广使用开采、分离、提取等先进技术，提高海洋能源、矿产、海水等资源综合利用效率。加强深海地质勘查，寻找新的可开发资源，增强后备资源保障能力。

（2）进一步完善海洋防灾减灾体系，制订实施海洋监测和防灾减灾应急能力建设规划，适时建设国家环黄、渤海海洋灾害预测与防灾减灾中心，加强机构和人才队伍建设，完善省市县三级海洋观测预报和防灾减灾体系。加快推进海洋观测台站、地波雷达监测系统等预报警报设施建设，增加监测观测密度和深度，形成海陆空一体的监测预报网络。着力突破风暴潮、赤潮、绿潮、海冰、海浪、地震海啸等重大海洋灾害精细化预警关键技术，提高海洋灾害监测预警水平。加强海洋气候气象研究，开展气候变化对沿海生态、社会、经济的潜在影响评估，研究制定海洋领域气候变化应对措施，推进海洋灾害风险评估、区划及警戒潮位核定工作。加强海洋气象灾害监测预警和服务能力建设，开展海洋气象灾害精细化预报技术研究，完善台风、寒潮、海上大风、海雾等气象灾害监测预警及应急服务系统。完善海洋灾害应急预案，健全管理机制，构筑海上安全生产和海洋灾害应急救助体系。加强海洋行政执法能力建设，保障用海秩序及海洋环境与生态质量，切实加强海事管理，积极发展海事仲裁业务。

六是依靠深化改革解决深层次问题，加快转变对外经济发展方式，率先构建充满活力、富有效率、更加开放、有利于科学发展的体制机制，不断增强海洋经济发展的动力和活力。

（1）加快转变政府职能，强化政府社会管理和公共服务职能，构建责任政府、服务政府和法治政府。创新海陆统筹管理模式，探索开展海洋综合管理试点，推行海上综合执法，加强海上执法、海洋维权能力建设。合理调整青岛、烟台、潍坊、威海等重点城市行政区划，规划建设青岛西海岸、潍坊滨海、威海南海等海洋经济新区。扩大县（市）经济管理权限，完善省财政直管县体制，进一步激活县域经济发展活力，赋予经济强镇部分县级经济管理权限。加快事业单位改革和行业协会、商会及中介组织改革。鼓励国有大中型企业和各类优势企业跨区域、跨行业、跨所有制兼并重组，着力培育一批以海洋产业为主体、具有国际竞争力的大型企业集团。大力发展非公有制经济，进一步完善政策，优化环境，放宽市场准入，支持民间资本进入海陆基础设施建设、公用事业等领域。在扩大国家服务业综合改革试点时，对烟台、潍坊等区内符合条件的城市予以优先考虑。健全完善现代市场流通体系，引进现代交易制度和流通方式，积极发展海洋商品的现货竞价交易和现货远期交易。

（2）深化金融体制改革，加快发展多层次的资本市场。在深化改革的基础上，提高开放型经济水平。加快调整出口贸易结构，深入实施科技兴贸战略，支持企业扩大自主品牌、自主知识产权产品出口，鼓励发展高端加工贸易，推动加工贸易转型升级。大力承接国际离岸服务外包，建设一批具有国际竞争力的服务外包示范基地。支持青岛大力发展服务外包产业，待条件成熟时创建中国服务外包示范城市。深入实施市场多元化战略，巩固日韩欧美高端市场，积极拓展东盟、拉美等新兴市场。加快调整进口贸易结构，扩大先进技术设备进口，完善重要进口资源储备体系，建设国家重要资源战略储备基地。建立东北亚地区标准及技术法规共享平台，实现与日、韩技术标准对接，强化与京津冀和长三角地区的对接互动。积极推动产业分工与协作，支持企业在海洋产业、高端制造业、现代服务业、科技教育等领域的交流与合作，促进市场开放融合。

第九节 广 东 省

广东是海洋大省，海域广阔，海洋资源丰富，海洋经济总量连续多年位居全国之首。应以提高产业竞争力和现代化水平为核心，以发展临海工业为重大突破口，以建设粤东、粤西和珠三角三大海洋经济区为重点，加强海洋综合管理、海洋资源和生态环境保护、海洋防灾减灾等体系建设，实现海洋经济加快发展、率先发展、协调发展和全面发展，率先建成具有全国领先水平的蓝色产业带。

一是依托现有产业基础和资源条件，发挥比较优势和先发优势，继续做优做强主导产业，推进重大项目建设，增强主导产业带动作用和辐射能力，以五大主导海洋产业为支撑拉动全省海洋经济跨越式发展。

（1）全面推进渔业结构的战略性调整，构建养殖、捕捞、加工、休闲渔业等结构合理的产业体系，全面提高渔区的经济水平和渔民的生活水平，实现传统渔业向资源管理型的现代渔业转变。大力发展外海和远洋渔业，推进现代化远洋渔船建造和渔船装备改造，重点发展大洋性渔业，提高远洋渔业的组织化程度和国际竞争力。发展高效的水产加工业，深挖海洋渔业资源深加工潜力，提高优质海洋渔业资源深加工产品的品位和档次，大力发展合成产品、海洋医药、功能保健产品、美容产品等。开展丰富多彩的渔文化活动，大力发展观赏鱼养殖及系列产品，拓展渔家乐等休闲渔业旅游项目。

（2）走新型工业化道路，加快发展临海工业，产业结构调整与产业转移相结合，重点打造能源基地、船舶工业基地、沿海石化产业基地和沿海钢铁基地，促进产业集群优化升级。发挥石化工业在重工业化阶段承接国际产业转移和带动产业升级的主导产业作用，加快临海石化工业的结构调整、总量扩张和产业升级，加速构建具有国际竞争力的石化工业体系。抓住国家继续勘探开发南海油气资源的机遇，积极发展油气勘探开发支持产业，为国家开展近海天然气水合物勘探工作提供配套支持，提高油气资源储备和加工利用能力，逐步形成油气资源综合利用产业群。以油气资源开发带动海洋工程和技术服务业的发展，启动具有高附加值的依托油气资源的大型能源项目，综合开发利用油气加工废弃物和副产品，延伸油气资源综合利用产业链。

（3）加强以沿海主枢纽港为重点的集装箱运输系统和能源运输系统建设，提高专业化运输水平。重点发展广州、深圳、珠海、湛江、汕头5个主枢纽港及惠州、茂名等重要港口，加快发展沿海中小港口，重点建设集装箱、煤炭和油气等专业化码头。以东西两翼大型煤电企业接卸码头及广州港煤炭接卸码头建设为重点，基本形成以电厂专用码头和广州港为主的煤炭运输系统。充分利用现有油品码头能力；根据实际需要，合理布局新点，完善油品运输系统；建设珠江三角洲LNG管道运输系统。加快疏浚沿海出海航道，重点建设主枢纽港航道工程项目。

（4）发挥优势，整合资源，提高旅游业整体质量和效益；突出海洋生态和海洋文化特色，增加滨海旅游内涵；重点发展滨海度假旅游产品，建设示范性旅游度假景区；加强旅游基础设施与生态环境建设，科学确定旅游环境容量，实现滨海旅游业的可持续发展。打造集休闲娱乐、科普教育、绿色生态于一体的生态旅游品牌，大力发展游艇旅游、海岛休闲探险旅游、风能发电观光和垂钓旅游等特色旅游，推动红树林、珊瑚礁、海草床等热带海洋风光旅游发展。开发海洋民俗旅游，凸显潮汕和雷州等海洋文化艺术和饮食文化特色，打造"南海开渔节"等品牌，开发海上丝绸之路等旅游项目。

二是做好新兴产业发展的条件储备，攻关产业关键技术，营造产业发展的良好环境，以推进经济社会和生态环境和谐发展为目标，以海洋高科技应用为主线，扩展海洋经济体系，增强海洋经济发展后劲。

（1）重点发展海洋生物活性物质筛选技术，重视海洋微生物资源的研究开发，加强医用海洋动植物的养殖和栽培。以集团化发展为重点，扶持一批上规模、创品牌的龙头企业。开发一批具有自主知识产权的抗癌、抗肿瘤药物，抗心脑血管疾病药物，抗菌、抗病毒药物，海洋生物毒素，努力开发一批技术含量高、市场容量大、经济效益好的海洋中成药，积极开发农用海洋生物制品、工业海洋生物制品和海洋保健品。加强海洋化工系列产品的开发和精深加工技术的研究，进行综合利用和技术革新，拓宽应用领域，加强盐场保护区建设，扶持海洋化工业发展。加快苦卤化工技术改造，发展提取钾、溴、镁、锂及其深加工的高附加值海水化学资源利用技术，扩大化工生产，提高海水化学资源开发和利用水平。把海水综合利用业作为重要的战略产业加以发展。

（2）制定鼓励、扶持海水综合利用业发展的政策，初步建立海水综合利用标准法规体系、政策支持体系、技术服务体系和监督管理体系，营造产业发展和基础研究的良好环境。建设较大规模的海水淡化和海水直接利用产业化示范工程，在深圳市等地区创建国家级海水综合利用产业化基地。建立滤膜法海水淡化技术装备生产基地，强化技术创新和转化能力，降低成本，使海水淡化水成为缺水地区和海岛的重要水源和以企业为主体的生产和生活用水。

（3）以推进经济社会和生态环境和谐发展为目标，以海洋高科技应用为主线，扩展海洋经济体系，积极培育未来产业成为海洋经济发展的亮点。实施海洋环保技术产业化战略。加大科技创新力度，加强环境污染控制、清洁生产、资源综合利用和现场快速污染监测等海洋环保技术的科学研究，推动海洋环保技术产业化基地和示范试验区建设，充分利用国内、省内的科技力量和工业技术基础，加强科研单位和应用单位的合作，将海洋环保技术成果转化为现实生产力。加快"数字海洋"建设步伐，加强海洋基础数据管理，推进海洋信息化进程，构建网络、基础数据、信息共享等平台。实施海洋电子政务工程，完善各级海洋政府网站和专业网站，扩大海洋信息的社会共享服务范围，加强海洋档案、海洋文献与情报的管理和产品服务，全面提高海洋信息及产品的服务能力。

三是立足海域自然属性特点，依据各区域的资源比较优势，统筹协调区域布局，调整优化区域空间结构，加强区域间资源整合、产业互动，促进形成分工合理、优势互补、协调发展的区域海洋经济新格局。结合社会经济发展水平，构建粤东、珠三角、粤西三大海洋经济区。

（1）粤东海洋经济区要充分发挥临海区位优势和海洋资源优势，以发展临海型、生态型、特色型工业为重点，大力推进工业化进程，成为海洋经济发展新的增长点。强化汕头东翼区域性中心城市的地位，积极构建工业经济带、生态经济带、东延城市经济带三大战略经济带，把汕头建设成现代产业协调发展、城乡经济整体推进的经济强市，带动整个粤东地区海洋经济的发展。打造南澳岛特色海岛生态游、休闲度假游，开展海上风能发电研究，建设一批科学试验基地，深化风能基地建设，加强南澎列岛的海洋保护区建设。

（2）珠三角海洋经济区要提升发展层次，继续做优做强，加强与香港地区、澳门地区的海洋合作，重点发展临海工业、海洋交通运输业，积极发展游艇、垂钓等适应高质量生活水平的滨海旅游。加强城市之间的分工协作和优势互补，整合区域内产业、资源和基础设施建设，发挥要素聚集和辐射带动作用，增强珠三角城市群的整体竞争力。强化广州、深圳的龙头带动作用，使其成为更具国际影响力的现代化中心城市。广州、深圳、珠海、中山、东莞等市重点发展海洋交通运输业，加强盐田港区、大铲湾港区、南沙港区、高栏港区等集装箱码头和专业化码头建设，建设广州港出海航道二期、深圳铜鼓航道、珠海高栏进港航道扩建工程，同时依托港口带动临海工业的发展，兴建一批临海高新工业园区，广州南沙建设成为石化、钢铁、造船等原材料工业和装备工业为主的现代化临海工业基地，珠海西区形成以重化产业为主的临海型大工业发展格局。江门市加快台山电厂建设步伐，开发崖门航道，促进银洲湖临海工业的发展，继续抓好海水养殖、捕捞以及水产品精细加工。

（3）粤西海洋经济区要充分利用海岸线长、海洋资源丰富的优势，强化工业的主导地位，重点发展临海重化工业、特色产业和配套产业，加快发展海洋交通运输业、滨海旅游业、海洋渔业，成为我省经济发展新的增长点。强化湛江、茂名区域性中心城市的地位，把湛江市建设成为现代化新兴港口工业城市，把茂名建设成为以能源、重化工业为主的现代化海滨城市。

四是合理开发"蓝色国土"，实施"碧海行动计划"，严格实施海洋功能区划，坚持海洋开发与保护并重、修复与保护并举的方针，保护自然资源和良性循环的生态系统，营造洁净的海洋环境。

（1）开展重点海域环境污染容量评价和海洋功能区环境质量现状调查，逐步实行污染排放总量和排放标准控制制度，推进排污许可制度。削减工业废水、城镇生活污水、农业面源污水和海域污染源的污染物排放总量。

（2）坚持从严控制围填海的原则，最大限度地保护有限的海洋资源，围海、填海必须按照有利于海洋产业协调发展和海洋生态环境得到有效保护的原则，对围海、填海项目进行科学论证、统一规划、严格管理、规范使用，及时对现有围海、填海工程进行检查和清理，开展沿海滩涂资源现状普查和围海、填海项目的科学论证。严格控制在海域生态系统、水动力条件、行洪排涝和交通航运敏感海域内进行围海、填海；逐步完善围海、填海的规范管理。

（3）加强倾倒区规范管理，严格控制倾倒区数量和范围。加强倾倒区使用的全程监控管理。严格控制在珠江口及邻近海域、海湾内设立新的倾倒区。对现有的海域倾倒区环境污染状况进行监测和回顾评价，调整和清理 20 米水深以浅的倾倒区，关闭对海域生态环境和海洋生物影响明显的倾倒区，初步建立海域倾倒区监控系统，逐步完善倾倒区的规范管理。合理利用疏浚泥等"废物资源"，做到循环利用，减轻倾倒区水域环境污染压力，进一步规范、完善海域倾倒区监管。

（4）重视河口和海湾的生态环境保护，加强对珠江口、韩江口、榕江口和珠江口海域的大亚湾、大鹏湾和深圳湾，粤东海域的柘林湾、汕头湾，粤西海域的海陵湾、水东湾和湛江湾等重点海域的综合整治。着重对污染严重海域进行生态修复和生态系统重建。在沿海各商用港口、国家中心渔港、一级渔港和省级区域性渔港建立含油废水和生活污水处理厂，确保进入港区的船舶油类污染物达到"零排放"和港区污水全面达标排放。

五是完善综合管理和协调机制，加快海洋产学研一体化建设，强化创新链、拓展产业链、部署资金链，以"三链融合"推动海洋经济发展水平全面跃升。

（1）加强海洋执法能力建设，实施广东省海洋与渔业执法装备建设项目，建造沿海执法船和海洋执法办公、检测、培训等基地，提高海域监察执法水平，强化海上联合执法管理，确保各项海洋法律法规的贯彻实施。积极探索海洋经济发展的市场机制，研究制定新的鼓励海洋开发的投资优惠政策，吸引更多的资金投入海洋开发。健全多元化投入机制，推动投资主体多元化、资金来源多渠道、组织经营多形式，鼓励社会资本进入海洋开发领域，拓宽海洋基础设施建设和海洋产业发展的投资、融资渠道，确立企业在发展海洋经济中的投资主体地位，发挥大型海洋产业企业集团参与国内外市场竞争的作用，努力提高重点海洋产业的国际竞争力。海洋行政主管部门要积极谋划新的重大海洋项目，落实重大项目，为推动海洋经济发展提供强大动力。实施科技兴海，加强海洋科技自主创新能力建设，实行高技术先导和重点突破战略，全面提高海洋产业竞争力。组织实施广东近海资源调查评价项目，摸清评价海洋资源本底。

（2）继续加大科技兴海投入力度，组织实施广东省重大科技兴海（兴渔）项目，选择一批对海洋经济发展具有关键性影响的重大技术项目实行公开招标，联合攻关，力争在海洋生物、海洋油气勘探、海水利用、海洋监测等领域达到国内领先水平，形成一批具有自主知识产权的海洋科技创新成果。强化海洋科技平台建设，加强中国南方海洋科技创新基地、广东海洋与水产高科技园海洋创新基地、广东省区域性水产试验中心和公共实验室建设。促进产学研结合，联合海洋科技力量与生产企业，积极培育一批科技型龙头企业，支持发展多种形式的民营科技企业。建设若干个海洋科技开发示范和中试基地，促进科技成果产业化。完善海洋科技与管理人才的培养、激励和使用机制，积极引进、培养海洋科技人才和海洋管理人才，整合现有的海洋科技教育力量，逐步形成一支"开放、流动、竞争、协作"的海洋人才队伍。整合驻粤大专院校、科研院所力量，把海洋开发知识及海洋开发形势列入基础教育体系，加强高等学校涉海专业建设，加快广东海洋大学建设步伐。

第十节　广西壮族自治区

广西要发挥北部湾经济区"陆海组合"的禀赋条件，开拓广西发展的新资源和经济活动空间，海陆互动，以港口为依托，以海洋产业为主体，打好传统产业基础，加快发展临海大产业，大力发展新兴海洋产业，努力把北部湾（广西）经济区建设成为我国重要的区域性海洋产业基地、物流中心和制造业中心。

一是坚持突出重点，大力发展支柱产业，着重加快发展北部湾（广西）经济区临海大产业，力争实现北部湾海洋油气业及其他滨海资源开发的重大突破。

（1）充分利用北部湾（广西）经济区原料和成品进出运距短、成本低的优势，大力发展石油化工产业，以建设北海大型炼油厂、钦州大型炼油厂及配套大型乙烯项目等为龙头，实施以上游带动中下游，以中下游促进上游的双向推进战略，延长产业链。通过上游的发展，带动下游相关产品生产；通过配套乙烯项目，生产乙烯衍生物、化纤原料和有机化工原料等，培育和发展石油化工产业集群。充分利用国家调整大型钢铁产业布局的有利时机，促进武钢与柳钢异地改造的合作，引进国内外大型钢铁集团在沿海建设现代化大型钢铁厂，努力把北部湾（广西）经济区建成冷热轧精品薄板等产品的南方大型钢铁基地。

（2）充分利用北部湾（广西）经济区林业资源优势及海水资源，以林浆纸一体化项目的林产企业为龙头，大力发展林浆纸一体化工程，提高产业集中度，按照"集中制浆，规模造纸"的原则，发展多种商品浆和各种纸及纸制品，带动上下游相关产业发展，培育和发展广西沿海林浆纸产业集群。

（3）充分利用北部湾（广西）经济区的港口资源，大力发展大型火电企业，继续建设钦州大型火电厂、防城港大型火电厂和北海大型火电厂。

（4）将北部湾（广西）经济区旅游业的发展，放在构建环北部湾旅游圈和南宁、防城港、北海组成的"金三角"的层面上，以旅游资源的近似性、地域联系的聚集性为基点，整体形成北部湾滨海旅游品牌。重点发展具有滨海特色的旅游业，突出海洋生态、海洋文化与北部湾的热带气候、沙滩海岛、边关风貌、京族风情的特色。以滨海休闲度假为主题，辅之以旅游观光和出境旅游以及休闲渔业旅游，与越南沿海共同打造滨海跨国旅游区，即海南三亚—广东湛江—广西北海、钦州、防城港—越南下龙湾旅游轴线。广西经济区的涠洲岛、斜阳岛、龙门诸岛和麻蓝岛等岛屿各具特色，通过建立海上植物园、动物园等景区景点，使其成为特色鲜明的海岛型旅游休闲度假区。

（5）通过引进、消化国内外海洋高新技术产业的成果，以企业为突破口，逐步开发海洋新兴产业。以医用海洋动植物的养殖和栽培为重点，加快人才的培养与引进，促进与区域外科研机构的联合开发；发展海洋生物制品业和海洋药业，主要包括以生产多糖、蛋白质、氨基酸、酯类、生物碱类、萜类和淄醇类等为主的生物制品和天然药物产业和以鲎试剂、珍珠系列药品和保健品等特色产品为基础的药物、功能食品、生化制品和农用产品产业。依托广西初步建立的海洋生物医药企业，推动海洋生物技术加快发展，逐步开发海洋生物制品。

二是按南向发展的态势，由海岸向外海逐步形成"一带一海"，形成（微观）主体功能相互协调、发展方向各有侧重的海洋经济发展格局。

（1）北海、钦州、防城港三个沿海城市构成了广西的滨海带，相互间聚集度较密，发展海洋经济都具有相类同的基础，终将与南宁市形成一个城市群。各沿海市要突出特色、发挥比较优势，海陆结合，形成各具特色的海洋经济。北海市依托较为完善的城市基础，继续抓住传统产业，突出新兴产业和临海大产业，重点发展滨海旅游、海洋水产、海洋生物技术、海洋交通运输、海洋矿产及临海大工业。钦州市利用区位条件，陆海结合，跨越式发展临海大产业，重点发展基础工业、临海大工业、海洋交通运输、海水养殖、滨海旅游业。防城港市突出枢纽物流中心的地位，全力建设出海主枢纽，配套城市基础设施。重点发展海洋交通运输、滨海旅游业、海水养殖、临海大产业。

（2）泛北部湾海域的开发，应加大投资力度开发潜在的资源，继续按照国家渔业结构调整方向，以中越北部湾划界及北部湾渔业合作协定为契机，推进外海及远洋渔业发展，以实现广西海洋捕捞业发展的战略性转变。随着中国-东盟自由贸易区建成及泛北部湾海洋领域的紧密联结，远洋渔业及海底油气资源合作开发的大幕将正式拉开，泛北部湾海域成为广西与各方在海洋经济领域上互为促进、共同发展的合作平台。北部湾湾口以南80～200米水深的陆架海域，是近十余年来才开辟的渔场，大部分为蓝圆鲹、金线鱼等经济价值较高的鱼类。可以在适度发展底拖网利用较丰富的底层鱼类资源的同时，积极发展刺钓、围网、变水层拖网等作业，充分开发尚有很大潜力的中上层鱼类资源。"四沙"海域，有丰富的底层经济鱼类及观赏鱼类，开发高附加值的海洋渔业。南海深海区开发，启动深海渔场试捕，拓宽作业渔场范围，利用大中型拖、围、刺、钓渔船，开发南海北部200米等深线以深至南海中部海域的渔业资源，捕捞鲔鱼、无斑圆鲹、太平洋塔乌贼等，提高外海渔业的产量。远洋渔业要在过洋性远洋渔业发展的基础上，推进大洋公海渔业开发，重点发展南太平洋、印度洋的金枪鱼延绳钓资源，并配合竿钓作业。同时，把北海作为远洋渔业在国内的加工和销售基地。

三是因地制宜，合理养护与开发并举，在保护的前提下开发利用，在利用的情况下促进保护区的发展，加强保护区特别是红树林和珊瑚礁生态系统的开发利用，大力提高保护区的产出效益。

（1）加强近海海洋生态的保护，继续完善山口红树林自然保护区、合浦儒艮自然保护区、北仑河口自然保护区等三个国家级保护区的管理，自然保护区的核心区范围全部列入禁止开发区，严格保护生态、维持天然环境。自然保护区的过渡区范围列入限制开发区，只宜于发展不影响到核心区的开发项目；边缘区范围列入优化开发区，有选择地发展可以促进保护区建设的开发项目。不断加强广西近海的北部湾二长棘鲷幼鱼、幼虾、牡蛎等天然苗种场和繁殖场的管理，对此类海域列入限制开发区。加快南海北部湾北部广西海域海洋渔业资源维持生态功能保护区推进工作，严格按照国家伏季休渔制度对北部湾渔场进行控制性管理。在完善自治区级的茅尾海海洋特别保护区建设的基础上，规划建设涠洲岛—斜阳岛珊瑚礁海洋生态区、北海沙田中华白海豚生态区、钦州三娘湾中华白海豚生态区、钦州七十二径生态区，均列入限制开发区，使海洋生态功能区与自然保护区形成功能上的梯级体系，实现生态保护和建设在规模上持续发展、在管理模式与经济开发与时俱进。

（2）加强海洋监测和赤潮监控，建立健全海洋生态环境保护的法律法规体系和功能完备的海洋生态环境监测网络，建设一批海洋生态和海洋水文监测站，加强赤潮等海洋灾害的预报、防治。通过控制过量无机氮、无机磷排放入近海水域，尤其是港湾水域，防止水体富营养化，预防和减少赤潮发生。借鉴国内的先进经验，与北部湾渔业结构调整密切结合，充分利用淘汰下来的废旧渔船建设人工渔礁，有效利用废旧资源促进渔业资源增长，开辟渔业恢复新途径。通过人工放流增殖渔业资源，重点布局在钦州七十二径海域、红树林海域、涠洲岛—斜阳岛珊瑚礁海域，这些海域均列入限制开发区。

（3）广西近海水域良好的生态环境是提供绿色海洋产品和服务的最大的资源优势，发展海洋经济必须以保护好环境为底线，为国家甚至是泛北部湾经济区留下一块"净土"。必须严格控制近海环境污染，加强港口、船舶和海洋工程的污染防治，建立完善环境污染、溢油与赤潮灾害监测及应急处理体系，控制重大涉海污染事故的发生。加强北海外沙内港、防城港区、钦州湾湾顶、铁山港湾顶以及南流江口、南康江入海口、鲎港江入海口等局部受污海域的综合整治和管理。

第十一节　海　南　省

海南应着力提高旅游业发展质量，打造具有海南特色、达到国际先进水平的旅游产业体系，形成以旅游业为龙头、现代服务业为主导的特色海洋经济结构。逐步将海南建设成为经济繁荣发展、生态环境优美、文化魅力独特、社会文明祥和的开放之岛、绿色之岛、文明之岛、和谐之岛。

一是按照"整体设计、系统推进、滚动开发"的空间发展模式，科学确定国际旅游岛建设的功能组团和海岸带功能分区，加强对主要旅游景区和度假区的规划控制。

（1）北部以海口市为中心，包括文昌、定安、澄迈三市县，重点发展文化娱乐、会议展览、商业餐饮、高尔夫休闲、金融保险、教育培训、房地产等现代服务业和汽车制造、生物制药、食品加工、高新技术等产业。根据条件适度集中布局特色旅游项目，培育发展一批定时定址的节庆、会展活动和体育赛事。海口市要发挥全省政治、经济、文化中心功能和旅游集散地的作用，加快工业化和城镇化步伐，增强综合经济实力，带动周边地区发展。文昌市逐步建设成为集卫星发射、航天科普、度假旅游于一体的现代化航天城。

（2）南部以三亚市为中心，包括陵水、保亭、乐东三县，重点发展酒店住宿业、文体娱乐、疗养休闲、商业餐饮等产业。根据市场需求，适度布局建设特色旅游项目，培育一批文化节庆、会展活动和体育赛事。建设好三亚热带海滨风景名胜区，将三亚打造成为世界级热带滨海度假旅游城市。发挥三亚热带滨海旅游目的地的集聚、辐射作用，形成山海互补特色，带动周边发展。

（3）中部包括五指山、琼中、屯昌、白沙四市县，发展重点在于处理好保护与开发的关系，在加强热带雨林和水源地保护的基础上，积极发展热带特色农业、林业经济，生态旅游、民族风情旅游，城镇服务业，民族工艺品制造等。重点建设国家森林公园和黎族苗族文化旅游项目。

（4）东部包括琼海、万宁两市，发展壮大滨海旅游业、热带特色农业、海洋渔业、农产品加工业等。将博鳌建设成为世界级国际会议中心。

（5）西部包括儋州、临高、昌江、东方四市县和洋浦经济开发区，依托洋浦经济开发区等工业园区，集中布局发展临港工业和高新技术产业，把儋州建设成为海南岛西部区域性中心城市。积极发展生态旅游、探奇旅游、工业旅游、滨海旅游等。包括海南省授权管辖海域和西沙、南沙、中沙群岛。充分发挥海洋资源优势，巩固提升海洋渔业和海洋运输业，做大做强海洋油气资源勘探、开采和加工业，大力发展海洋旅游业，鼓励发展海洋新兴产业。在保护好海洋生态环境的前提下，高标准规划建设特色海洋旅游项目。

二是逐步形成以滨海度假旅游为主导、观光旅游和度假旅游融合发展、专项旅游为补充的旅游产品结构。塑造与海南自然环境和旅游资源优势相匹配的旅游品牌形象，逐步形成海南旅游的核心竞争力。

（1）打造精品旅游线路，环海南岛热带滨海观光体验游依托沿海陆地和海上交通网络，将城镇、度假区、景区等连点成线，开发观光游、自驾游、自助游等；海南岛东线滨海度假休闲游完善度假设施和配套服务，突出滨海度假、运动休闲、康体养生、商务会展、航天科普等优势产品；海南岛中线民俗风情文化体验游以民族村寨、旅游小镇、民族文化博物馆等为载体，突出民族风情、民俗体验，开展民族民俗游；海南岛西线特色探奇体验游以西部特有的自然风光、历史遗迹、溶洞、库湖、矿山等资源为依托，开展观光游、自助游，增强游客的体验性；热带原始雨林生态游打造以热带雨林为特征的国家森林公园和国家级自然保护区，发展热带雨林科学考察、热带动植物研究、生态观光、雨林科普教育旅游；海洋探奇休闲游打造海洋国家公园品牌，开展海岛观光、海上休闲运动、邮轮游艇等旅游。

（2）突出本土文化，吸收异域文化，鼓励发展各类文化主题酒店。继续引进国内外著名酒店管理品牌，加强对产权式度假酒店开发建设、销售等环节的严格规范管理。逐步实现交通运输方式之间"零距离换乘"和旅游交通服务业的集团化、网络化发展。鼓励航空公司增加进出海南岛空中航线，支持旅游企业开展包机业务，逐步开通海南与主要客源地之间的"空中快线"。城市公交服务网络逐步延伸到周边主要景区、旅游小镇和乡村旅游点，开通观光巴士。根据海南的资源特点和旅游产品特色，海南国际旅游岛总体旅游形象定位为："阳光海南、度假天堂——世界一流的海岛休闲度假旅游目的地"。坚持以国内旅游市场为重点，积极发展入境旅游，有序发展出境旅游。

三是要加快推进以天然林保护、重点生态区域绿化、沿海防护林建设和保护、"三边"防护林建设、自然保护区建设、水土保持与生物多样性保护等为重点的生态保护工程建设。

（1）实施热带天然林的封山护林和封山育林工程，使全省天然林覆盖率稳定在19%。对沙化土地、水土流失地、西部荒漠化土地、25°以上的山坡地等重点生态区域实施造林绿化和还林；加大科技攻关力度，深化对海防林体系建设的研究，对海防林尽快展开功能分区、树种选育、抚育间伐、生态效益、更新方式的研究，增加海防林营造、养护的科技含量，提升沿海防护林的质量和生态功能；加快建设兼具防护、景观、绿化和经济作物功能的水边林、路边林、城边林"三边"防护林工程建设；在建设好已有各类自然保护区、森林公园的基础上，新建一批自然保护区、森林公园，实施湿地恢复示范工程，加大湿地自然保护区、湿地公园建设和管理；建立生物多样性信息和监测网络，建设珍稀濒危物种和种质资源迁地保存与繁衍基地；加强国家重点保护动植物生境的保育与恢复，把生态环境保护纳入经济社会发展综合评价体系和领导干部综合考核评价体系；强化动植物检验检疫工作，有效防控外来生物物种的入侵。

（2）重点加强工业点源、农业面源污染、城镇生活污水和大气污染的防治，建立产污强度准入制度，重点防治工业水污染和大气污染。开展入海河流、直排污染源和南海海域环境监测，严格水功能区管理和入河排污口监督管理。同时提高清洁能源比重，积极发展清洁能源和可再生能源，推进核电、液化天然气、燃料乙醇、风电、太阳能光伏发电等项目建设，实施太阳能利用和建筑节能工程。加强蓄能、变频、洁净煤、新能源汽车、节能灯、建筑节能等低碳技术及产品推广应用。大力发展绿色建筑、绿色交通，倡导和培养低碳生活方式和旅游方式，加快形成绿色低碳的生活方式和消费模式。

四是积极加快现代化基础设施建设，打造交通条件便利、能源供应充足、信息覆盖全面的海岛，为海洋经济整体跃升提供物质支撑。

（1）加快进出岛通道建设，推进琼州海峡跨海通道工程的前期工作，加快海口至广州、海口至南宁高速公路建设。对海口美兰机场、三亚凤凰机场进行扩能改造，适时建成开通运营博鳌机场，开展西部机场前期工作。加强港口基础设施和集疏运体系建设，重点建设洋浦、海口（马村）、八所、三亚、清澜五个港口，尽快形成功能完善、配套齐全的港口格局。加快建设邮轮码头，完善配套设施和服务，推进国际邮轮母港发展，延伸沿海公路主干线，分期、分段建设沿海观光公路，配套完善观景点设施。打通主干道通往旅游景区的连接通道以及景区和景区之间的连接通道，提高景区的可进入性。

（2）逐步建设完善登山道、自驾车服务基础设施、露营地设施，规范引导自发性旅游活动。重点滨海旅游城市要逐步建设完善游艇基础设施，在主要内河预留旅游航运通道和游艇码头发展空间。在主要旅游城市和大型旅游度假区，规划建设慢行交通系统及配套设施，满足自行车、轮滑、步行等休闲交通需求。建设海南昌江核电2台65万千瓦核电机组，积极推进LNG发电项目和抽水蓄能电站的前期工作，大力发展风能、太阳能、生物质能等新能源，加快建成东方感城、四更、高排等风电项目，以及临高县光伏并网示范工程等太阳能发电项目，按照规划有序开发海上风电项目。

（3）大力发展有线和无线宽带网络，实现高速宽带无线网络覆盖全岛，完善沿交通干线、连接所有行政村和景区景点的光纤网络，实现宽带无线网络全覆盖，建设"无线海南"。鼓励和扶持电信网、广播电视网和互联网"三网融合"。积极推进"物联网"、云计算等新的信息技术在经济社会各个领域的深入应用。加快建设旅游电子政务，提升旅游公共服务水平，鼓励发展电子商务，提升旅游经营管理和营销水平。建设旅游国际呼叫中心、"数字海南信息亭"、智能交通、电子商务、智能健康医疗、平安城市等重点信息化工程。

五是加快发展文化创意产业，推出具有地方特色和民族民俗特色的节庆活动，完善会展服务设施，大力发展娱乐演艺业，加强国际文化交流。

（1）丰富文化节庆活动中国海南岛欢乐节：办成海南国际旅游岛标志性的旅游节庆；围绕当地非物质文化遗产项目，如黎族苗族"三月三"、琼剧、黎族苗族歌舞、儋州调声、临高人偶戏等，策划举办相关活动；地方办好海口换花节、冼夫人文化节等节庆活动；举办好新丝路模特大赛总决赛、三亚天涯海角国际婚庆节等，策划举办国际性选美比赛、音乐节、艺术节、电影节，以及绘画、摄影比赛等；围绕海南地方特色水果、花卉、水产等，策划举办专项展销活动等。

（2）将会议展览活动做大做强，培养成海南特色——博鳌亚洲论坛、博鳌国际旅游论坛、中国（海南）国际热带农产品交易会、国际旅游商品博览会等。积极引进各类国际性、区域性会议、论坛等。吸引国内外大型企业、行业组织来海南召开年会、营销大会、专题会议等；创造条件，逐步打造一批固定时间、固定地点、有影响力的博览会、展销会，包括游艇展、旅游商品博览会等。

（3）实施市场多元化战略，在进一步巩固珠江三角洲、长江三角洲、环渤海湾、中国港澳台，以及俄罗斯、韩国、日本、东南亚等重点客源市场的基础上，大力开发国内大中城市，以及中亚、北欧、西欧、澳大利亚等客源市场。建立健全市场营销渠道，逐步在境内外主要客源地设立海南旅游办事处，依托主要客源地的大型旅游机构建立旅游营销代理网络。

参 考 文 献

曹升生.2010.加拿大的北极战略.国际资料信息,（7）：7～10

曹忠祥,任东明,王文瑞,等.2005.区域海洋经济发展的结构性演进特征分析.人文地理,
　（6）：29～32

陈国亮.2015.海洋产业协同集聚形成机制与空间外溢效应.经济地理,35（7）：113～119

陈明星,陆大道,张华.2009.中国城市化水平的综合测度及其动力因子分析.地理学报,
　64（4）：387～398

戴亚南.2007.区域增长极理论与江苏海洋经济发展战略.经济地理,27（3）：392～394

狄乾斌,王小娟,耿雅冬,等.2012.辽宁省海洋经济系统协调发展研究.地域研究与开发,
　31（5）：25～28

狄乾斌,吴佳璐,张洁.2013.基于生物免疫学理论的海域生态承载力综合测度研究—以辽宁
　省为例.资源科学,35（1）：21～29

凤凰财经.2016.山东半岛国家自主创新示范区启动建设.http：//finance.ifeng.com/
　a/20160710/14581564_0.shtml［2016-7-9］

福建省人民政府.2016.福建省"十三五"海洋经济发展专项规划.http：//www.fujian.gov.
　cn/zc/zwgk/ghxx/zxgh/201606/t20160607_1176946.html［2016-8-31］

盖美,田成诗.2003.大连市近岸海域水环境质量、影响因素及调控研究.地理研究,22（5）：
　644～653

盖美,田成诗.2004.大连市近岸海域水环境改善与城市社会经济协调发展.地域研究与开发,
　23（3）：114～118

高乐华,高强.2012.海洋生态经济系统交互胁迫关系验证及其协调度测算.资源科学,
　34（1）：173～184

高铁梅.2006.计量经济分析方法与建模 Eviews 应用及实例.北京：清华大学出版社

国家海洋局.2013.中国海洋统计年鉴2012.北京：海洋出版社

韩瑞玲，佟连军，佟伟铭．2012．基于集对分析的鞍山市人地系统脆弱性评估．地理科学进展，31（3）：344～352

韩增林，刘桂春．2003．海洋经济可持续发展的定量分析．地域研究与开发，22（3）：1～4

韩增林，王茂军，张学霞．2003．中国海洋产业发展的地区差距变动及空间集聚分析．地理研究，22（3）：289～296

韩增林，王泽宇．2009．辽宁沿海地区循环经济发展综合评价．地理科学，29（2）：147～153

河北省海洋局．2016．河北省海洋经济发展"十三五"规划．http：//www. hbdrc. gov. cn/web/web/ghc_fzgh/4028818b56610e0c156ea325f9f2cc4. htm［2016-9-2］

黄贤金．2004．循环经济产业模式与政策体系．南京：南京大学出版社

江苏省海洋与渔业局．2016．2015 年江苏省海洋经济统计公报．http：//jiangsu. hexun. com/2016-04-28/183591488. html［2016-4-28］

柯丽娜，王权明，李永化，等．2013．基于可变模糊集理论的海岛可持续发展评价模型—以辽宁省长海县为例．自然资源学报，28（5）：122～133

李博，韩增林，孙才志．2012．环渤海地区人海资源环境系统脆弱性的时空分析．资源科学，34（11）：2214～2221

李军．2010．山东半岛蓝色经济区海陆资源开发战略研究．中国人口资源与环境，20（12）：153～158

李靖宇，王偲．2010．关于中国实施"海上屯田"战略的务实推进构想．中国软科学，（5）：1～12

辽宁省人民政府．2011．辽宁省海洋经济发展"十二五"规划．http：//www. cme. gov. cn/gh/2013/df/2. html［2015-5-4］

刘波．2003．海洋可持续发展的系统动力学机制研究．天津大学博士论文

刘波，顾培亮．2004．从系统动力学角度研究海洋的可持续发展．天津大学学报（社科版），（1）：28～32

刘凤朝，潘雄锋，施定国．2005．基于集对分析法的区域自主创新能力评价研究．中国软科学，（11）：83～91

刘桂春，韩增林．2007．在海陆复合生态系统理论框架下：浅谈人地关系系统中海洋功能的介入．人文地理，3：51～55

刘华军，鲍振，杨骞．2013．中国二氧化碳排放的分布动态与演进趋势．资源科学，35（10）：1925～1932

楼东，谷树忠，钟赛香．2005．中国海洋资源现状及海洋产业发展趋势分析．资源科学，

27（5）：20～26

陆大道 . 1986. 2000 年生产力布局总图的科学基础 . 地理科学，6（2）：110～120

陆大道 . 1991. 区位论及区域研究方法 . 北京：科学出版社

陆大道 . 2002. 关于"点 - 轴"空间结构系统的形成机理分析 . 地理科学，（1）：1～6

陆大道 . 2003. 中国区域发展的新因素与新格局 . 地理研究，22（3）：261～271

马仁锋 . 2015. 中国海洋科技研究动态与前瞻 . 世界科技研究与发展，37（4）：461～467

苗长虹，魏也华，吕拉昌 . 2011. 新经济地理学 . 北京：科学出版社

慕小萍 . 2014. 辽宁省海洋经济发展路径及对策研究 . 沈阳：辽宁大学硕士学位论文

彭飞，韩增林，杨俊 . 2015. 基于 BP 神经网络的中国沿海地区海洋经济系统脆弱性时空分异
　　研究 . 资源科学，37（12）：2441～2450

齐建珍 . 2004. 资源型城市转型学 . 北京：人民出版社

千庆兰，陈颖彪 . 2006. 中国地区制造业竞争力类型划分 . 地理研究，25（6）：1050～1062

石莉，林绍花，吴克勤 . 2011. 美国海洋问题研究 . 北京：海洋出版社

束必铨 . 2011. 日本海洋战略与日美同盟发展趋势研究 . 太平洋学报，19（1）：90～98

宋云霞，唐复全，王道伟 . 2007. 中国海洋经济发展战略初探 . 海洋开发与管理，（3）：
　　48～54

孙才志，李欣 . 2013. 环渤海地区海洋资源、环境阻尼效应测度及空间差异 . 经济地理，
　　33（12）：169～176

孙才志，覃雄合，李博，等 . 2016. 基于 WSBM 模型的环渤海地区海洋经济脆弱性研究 . 地理
　　科学，36（5）：705～714

孙才志，杨羽頔，邹玮 . 2013. 海洋经济调整优化背景下的环渤海海洋产业布局研究 . 中国软
　　科学，（10）：83～95

孙才志，张坤领，邹玮，等 . 2015. 中国沿海地区人海关系地域系统评价及协同演化研究 . 地
　　理研究，34（10）：1824～1838

覃雄合，孙才志，王泽宇 . 2014. 代谢循环视角下的环渤海地区海洋经济可持续发展测度 . 资
　　源科学，36（12）：2647～2656

天津市海洋局，2015. 2014 年天津市海洋经济统计公报 . http：//www. tjzfxxgk. gov. cn/tjep/
　　ConInfoParticular. jsp?id=56676［2015-5-30］

天津市海洋局 . 2016. 打造海洋经济发展新样板——天津海洋经济科学发展示范区建设综述 .
　　http：//www. tjoa. gov. cn/content. aspx?id=642832643734［2016-4-5］

王双 . 2012. 我国海洋经济的区域特征分析及其发展对策 . 经济地理，32（6）：80～84

王长征，刘毅. 2003. 论中国海洋经济的可持续发展. 资源科学，25（4）：73～78

王其藩. 1994. 系统动力学（第二版）. 北京：清华大学出版社

王泽宇，郭萌雨，韩增林. 2014. 基于集对分析的海洋综合实力评价研究. 资源科学，36（2）：351～360

王泽宇，郭萌雨，孙才志，等. 2015. 基于可变模糊识别模型的现代海洋产业发展水平评价. 资源科学，37（3）：534～545

吴传钧，高晓真. 1989. 海港城市的成长模型. 地理研究，（4）：31

吴险峰. 2005. 我国海洋环境保护的法律原则和政策措施. 海洋环境科学，24（3）：72～76

徐凌，陈冲，尚金城. 2006. 大连国际航运中心建设 SEA 的系统动力学研究. 地理科学，26（3）：351～357

徐敬俊，罗青霞. 2010. 海洋产业布局理论综述. 中国渔业经济，1（28）：161～168

闫敏. 2006. 循环经济国际比较研究. 北京：新华出版社

杨山，潘婧. 2011. 港城耦合发展动态模拟与调控策略——以连云港为例. 地理研究，30（6）：1021～1031

杨羽颀，孙才志. 2014. 环渤海地区陆海统筹度评价与时空差异分析. 资源科学，36（4）：691～701

殷克东，方胜民. 2008. 海洋强国指标体系. 北京：经济科学出版社

殷克东，薛俊波，赵昕. 2002. 可持续发展的系统仿真研究. 数量经济技术研究，（10）：61～64

尹紫东. 2003. 系统论在海洋经济研究中的应用. 地理与地理信息科学，19（3）：84～87

于谨凯，莫丹丹. 2015. 海域承载力视角下海洋渔业空间布局适应性优化研究——基于响应面法的分析. 中国海洋大学学报，（4）：1～7

于谨凯，于海楠，刘曙光，等. 2009. 基于"点—轴"理论的我国海洋产业布局研究. 产业经济研究，（2）：55～62

于文金，朱大奎，邹欣庆. 2009. 基于产业变化的江苏海洋经济发展战略思考. 经济地理，29（6）：940～945

张远，李芬，郑丙辉，等. 2005. 海岸带城市环境—经济系统的协调发展评价及应用——以天津市为例. 中国人口资源与环境，15（2）：57～60

张德贤. 2000. 海洋经济可持续发展理论研究. 青岛：中国海洋大学出版社

张耀光. 1993. 辽河三角洲土地资源合理利用与最优结构模式. 大连：大连理工大学出版社

张耀光. 2015. 中国海洋经济地理学. 南京：东南大学出版社

张耀光, 韩增林, 刘锴, 等 . 2010. 海洋资源开发利用的研究—以辽宁省为例 . 自然资源学报, 25 (5): 785～793

张耀光, 王国力, 刘锴, 等 . 2015. 中国区域海洋经济差异特征及海洋经济类型区划分 . 经济地理, 35 (9): 87～95

张耀光, 魏东岚, 王国力, 等 . 2005. 中国海洋经济省际空间差异与海洋经济强省建设 . 地理研究, 24 (1): 46～55

赵亚萍, 曹广忠 . 2014. 山东省海陆产业协同发展研究 . 地域研究与开发, 33 (3): 21～26

赵宗金 . 2013. 海洋文化与海洋意识的关系研究 . 中国海洋大学学报, (5): 13～17

浙江省海洋与渔业局 . 2012. 浙江省海洋事业发展 "十二五" 规划 . http: //www. zjoaf. gov. cn/zfxxgk/ghjh/hyjjgh/2012/02/14/2012021400022. shtml [2012-2-14]

周溪召, 陈箭, 梁亮亮 . 2015. 上海海洋经济发展现状、问题及对策建议 . 对外经贸, (5): 43～45

朱凌, 林香红 . 2011. 世界主要沿海国家海洋经济内涵和构成比较 . 海洋经济, 1 (2): 58～64

朱念, 梁芷铭, 李伊, 等 . 2016. 广西北部湾海洋经济可持续发展研究 . 广西经济管理干部学院学报, 28 (2): 7～11

Baird A J. 1997. Extending the life cycle of container main ports in upstream urban locations. Maritime Policy&Management, 24 (3): 299～301

Barange M, Cheung W W L, Merino G, et al. 2010. Modeling the potential impacts of climate change and human activities on the sustainability of marine resources. Current Opinion in Environmental Sustainability, 2 (5): 326～333

Bess R, Harte M. 2000. The role of property rights in the development of New Zealan's seafood industry. Marine Policy, 24 (4): 331-339

Chen C, López-Carr D, Walker B L E. 2014. A framework to assess the vulnerability of California commercial sea urchin fishermen to the impact of MPAs under climate change. Geo Journal, 79 (6): 755～773

Cheung W W L, Pitcher T J, Pauly D. 2005. A fuzzy logic expert system to estimate intrinsic extinction vulnerabilities of marine fishes to fishing. Biological conservation, 124 (1): 97～111

Crowder L, Norse E. 2008. Essential ecological insights for marine ecosystem based management marine spatial. Marine Policy, 32: 772～778

Day V, Paxinos R, Emmett J, et al. 2008. The marine planning framework for South Australia: A new ecosystem-based zoning policy for marine management. Marine Policy, 32 (4): 535~543

Field J G. 2003. The gulf of guinea large marine ecosystem: Environmental forcing and sustainable development of marine resources. Experimental Marine Biology and Ecology, 296: 128~130

Gilpin R. 2007. War and Change in the World Politics. Shanghai: Shanghai People's Publishing House

Halpern B S, Longo C, Hardy D, et al. 2012. An index to assess the health and benefits of the global ocean. Nature, 488 (7413): 615~620

Jonathan S, Paul J. 2002. Technologies and their influence on future UK marine resource development and management. Marine Policy, 26 (4): 231~241

Kwak S J, Yoo S H, Chang J I, 2005. The role of the maritime industry in the Korean national economy: An input-output analysis. Marine Policy, 29 (4): 371~383

Magnus A, Ngoile K, Linden O. 1998. Lessons learned from Eastern Africa: The development of ICZM at national and regional levels. Ocean and Coastal Management, 37 (3): 295~318

Mahan A T. 2008. The Influence of Sea Power upon History (1660-1783). An C R, Cheng Z Q. Beijing: Liberation Army Publishing House

Managi S, Opaluch J J, Jin D, et al. 2005. Technological change and petroleum exploration in the gulf of mexico original research article. Energy Policy, 33 (5): 619~632

Mcconnell M. 2002. Capacity building for a sustainable shipping industry: A key Ingredient in improving coastal and ocean and management. Ocean&Coastal Management, 45 (9-10): 617-632

Samonte-Tan G P B, White A T, Tercero M A, et al. 2007. Economic valuation of coastal and marine resources: Bohol marine triangle, philippines. Coastal Management, 35 (2): 319~338

Schaefer N, Barale V. 2011. Maritime spatial planning: Opportunities & challenges in the framework of the EU integrated maritime policy. Journal of Coastal Conservation, 15 (2): 237~245

Verdesca D, Federici M, Torsello L, et al. 2006. Exergy-economic accounting for sea-coastal systems: A novel approach. Ecological Modelling, 193: 132~139